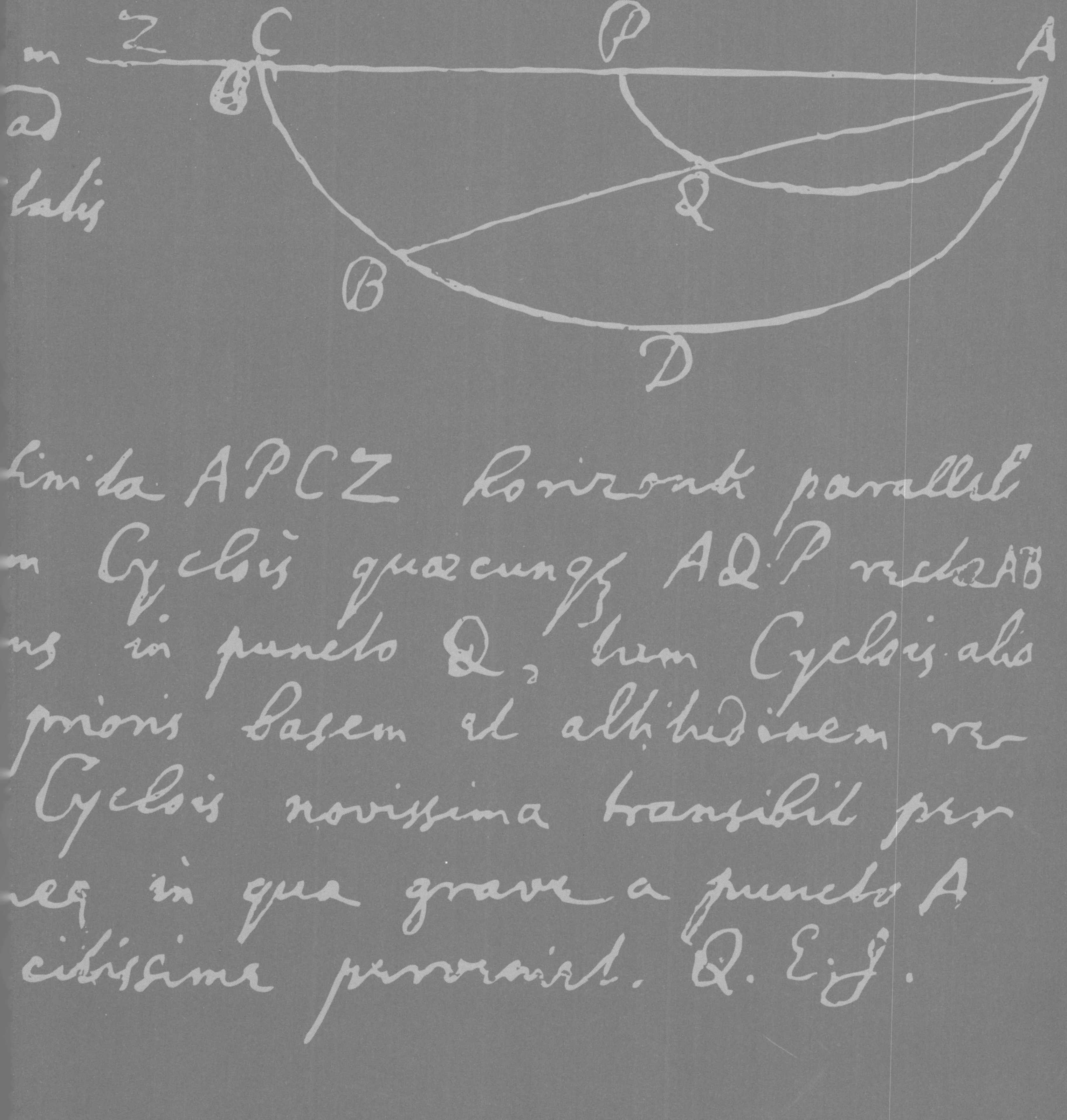
m
Z
C
P
A
ad
latis
Q
B
D
tinita APCZ horizonti parallela
n Cyclois quaecunque AQP rectae AB
ns in puncto Q, tum Cyclois alia
prioris basem et altitudinem re-
Cyclois novissima transibit per
neq in qua grave a puncto A
citissime perveniet. Q. E. I.

PHYSIK

PHYSIK

100 MEILENSTEINE
IN DER GESCHICHTE DER PHYSIK

Tom Jackson

Librero

Inhalt

DAS SUBATOMARE ZEITALTER

MODERNE PHYSIK

Einführung

DIE PHYSIK IST DIE GRUNDLAGE ALLER WISSENSCHAFTEN. OHNE SIE WÜRDE UNSER GESAMTES WISSEN IN EINZELTEILE ZERFALLEN. WIR KÖNNEN HEUTE DIE NATUR BIS INS KLEINSTE STUDIEREN – UND DOCH GIBT ES NOCH IMMER VIEL ZU ENTDECKEN.

ETWAS FASSBARES

Die Ideen und Taten großer Denker geben stets den Stoff für große Geschichten ab; hier sind gleich Hundert davon versammelt. Jede erzählt von einem gewichtigen Problem, aus dem eine Entdeckung wurde, die das Wissen um uns und die Welt veränderte.

Wissen ist nie von Anfang an vollständig. Es muss erarbeitet, Belege und Beweise müssen immer wieder neu betrachtet werden. Im Nachhinein können sich selbst aktuellste Ansichten als falsch, wenn nicht gar als lächerlich erweisen. Auch unsere technisierte und vernetzte Welt basiert auf zunächst fassbaren, dann Schritt für Schritt wachsenden und immer klareren Erkenntnissen über unsere Wirklichkeit.

DIE NATUR DER DINGE

Die Geschichte der Physik ist zunächst nichts anderes als eine Befragung der Natur. Auch der griechische Begriff *physikē* bedeutet „Naturforschung". Seit Beginn unserer Zivilisation fragen sich Menschen, was der Luft, dem

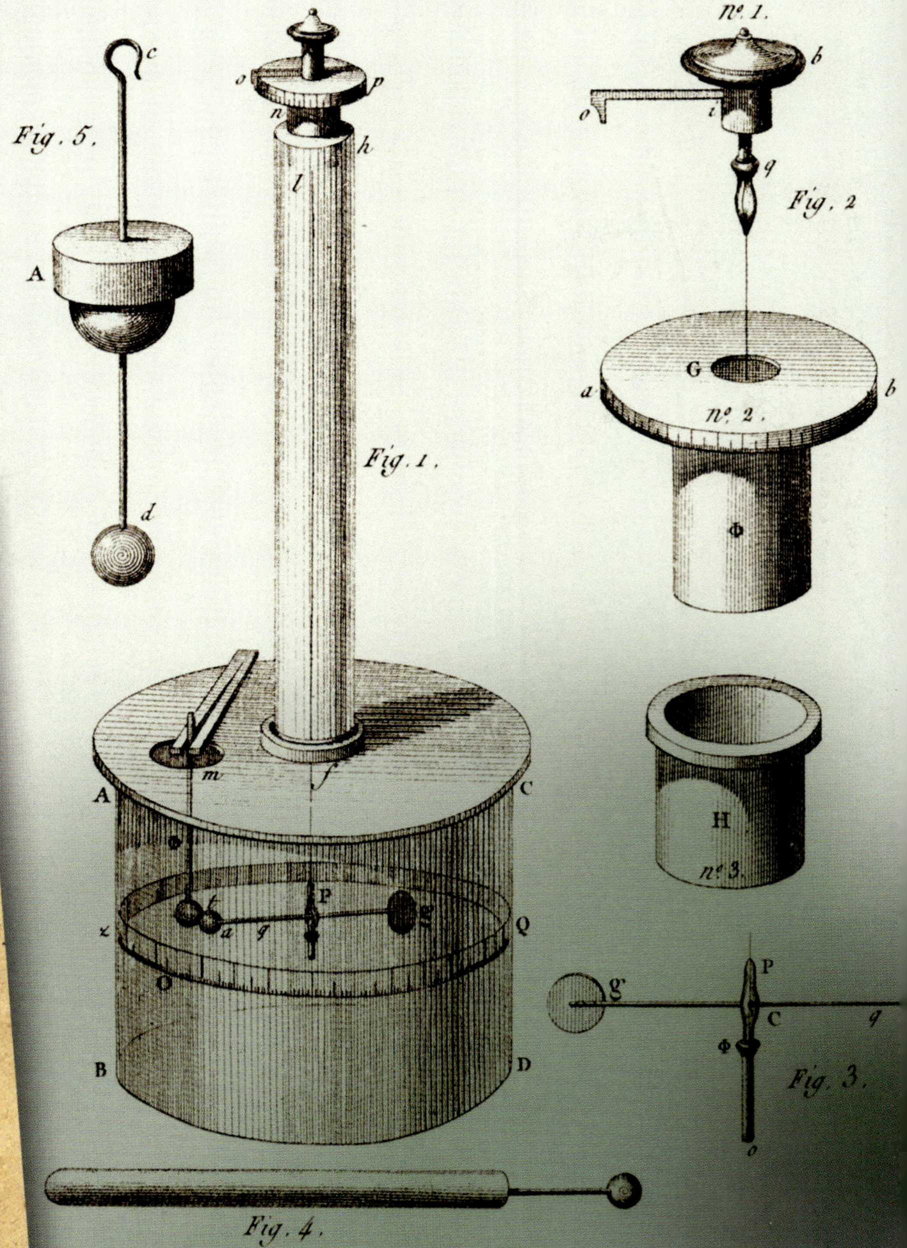

Links: Ein arabisches Manuskript aus dem 16. Jh. enthält die Zeichnung einer Maschine, die das Fließen von Wasser in eine Rotationsbewegung umsetzt.

Oben: Handwerkskunst und Präzision zeichnen die empfindliche Drehwaage aus, mit der die Stärke elektrischer Ladung gemessen wurde.

Wasser, der Erde ihre Form verleiht und in welcher Beziehung sie zu den Sternen stehen. Das irdische Reich schien permanent im Fluss zu sein, während der Himmel (zunächst) als dauerhaft und beständig erschien.

Der Samen, aus dem die Physik erwuchs, bestand aus der Idee, das gesamte Universum – von den Wellenbewegungen der Ozeane bis zu den Spiegelbildern der Sterne auf ihrer Wasseroberfläche – folge einem Bündel von Gesetzen. Jahrhunderte des Nachdenkens und Experimentierens – und nicht zuletzt viele Zufallsentdeckungen! – zeigen, dass wir mit dieser Intuition nicht falsch liegen: Die universellen physikalischen Gesetze erlauben uns, das Verhalten der Sterne in fernen Galaxien genauso zu verstehen wie die elektrischen Impulse in einem Computer. Diese schier endlose Bandbreite macht die Physik zur Wissenschaft par excellence.

DIE TÖCHTER DER PHYSIK

Welche Wissenschaft wir auch betrachten, ob Chemie, Biologie, Geologie usw.: Jede weist eine eigene Geschichte auf und liefert zahllose wertvolle Beiträge zu unserem Wissen. Sie alle entwickelten sich auf dem Fundament der Physik und stießen von da aus in neue Wissensgebiete vor.

So erklärt die Chemie die Struktur der natürlichen und künstlichen Substanzen, aus denen unsere Welt besteht. Ausgehend vom physikalisch beschriebenen Atom untersucht sie dessen Eigenschaften und Verhalten in chemischen Reaktionen, wie Verbindungen eingegangen und wieder gelöst und so die zahllosen Formen von Materie Erde gebildet werden. Die Biologie berichtet davon, wie Lebensformen – die komplexesten Systeme des Universums – funktionieren. Dabei greift sie auf die Chemie zurück, um den Weg der Energie zu verfolgen, der einen Körper lebendig macht. Die Geologie zeigt u. a., dass selbst Bergmassive in Bewegung sind. Dafür greift sie auf Erkenntnisse der Physik zurück – z. B. auf Untersuchungen der Wärme, Akustik und Materie – und sie erklärt, wie gewaltige Kräfte unseren Planeten permanent umgestalten.

Betrachten wir zunächst, wie die Physik sich aus dem Reich der Mythen und Spekulation heraus zur grundlegenden Disziplin aller wissenschaftlichen Erkenntnis entwickelte.

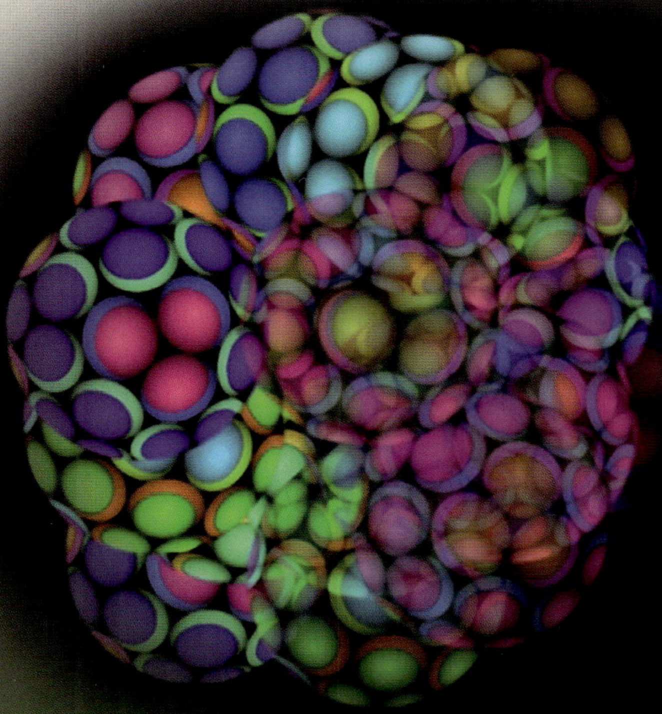

Oben: Mithilfe moderner Teilchenbeschleuniger und empfindlicher Sensoren können Physiker die extrem filigrane Struktur kleinster subatomarer Teilchen untersuchen.

Rechts: Präzise konstruierte Kühlschränke zur Erzeugung niedrigster Temperaturen führten zur Entdeckung der Supraleiter, die in einem magnetischen Feld frei schweben.

ZWEIGE DER PHYSIK

Wie alle Wissenschaftsgebiete unterscheidet auch die Physik verschiedene Spezialgebiete. Anders als andere Disziplinen gliedert sie sich jedoch zunächst in zwei grundlegende Bereiche: die klassische und die moderne Physik. Während in den meisten Wissenschaften jeweils alte Ideen durch neue ersetzt wurden, basiert die moderne Physik auf vollkommen anderen Prinzipien als die ältere, klassische Schwester – zu gültigen Erkenntnissen gelangen die Spezialgebiete beider Forschungsbereiche.

KLASSISCHE MECHANIK

Sie untersucht die Frage, wie sich Objekte verschiedener Masse durch Krafteinwirkung bewegen.

ELEKTRODYNAMIK

Sie erforscht die elektrischen Ladungen, elektrische Ströme, den Elektromagnetismus sowie elektromagnetische Strahlung, darunter sichtbares Licht, Radiowellen und Röntgenstrahlen.

STATISTISCHE MECHANIK

Sie liefert eine Kalkulationsmethode zur Abbildung der Bewegung unsichtbarer Moleküle und Atome.

KLASSISCHE PHYSIK

Sie ist die Physik der alten Schule und beschäftigt sich mit wahrnehmbaren Phänomenen wie der Bewegung von Objekten, der Energieübertragung durch Maschinen oder der Erzeugung von Elektrizität oder Schall. Im späten 19. Jh. glaubten einige Physiker, die klassischen Theorien hätten sämtliche Rätsel gelöst. Mit den neuen Theorien, die um 1910 aufkamen, erwies sich diese Annahme indes als grundlegend falsch.

Unten: Ein Gerät zur Messung des Zusammenhangs von Wärme und Arbeit

AKUSTIK

Sie erforscht Schallwellen, die durch einen physikalischen Träger wandern.

OPTIK

Sie erforscht die Beschaffenheit des Lichts und das Verhalten von Lichtstrahlen.

THERMODYNAMIK

Sie untersucht die Frage, wie Wärme durch Materie transportiert und in andere Energieformen (z. B. Bewegung) transformiert wird.

MATERIALKUNDE

Hier werden die verschiedenen Arten von Materie und ihre Eigenschaften untersucht.

RELATIVITÄT

Sie fragt: Wie interagiert eine sich bewegende Masse mit Raum und Zeit?

QUANTENMECHANIK

Sie erforscht physikalische Phänomene auf der Ebene kleinster subatomarer Teilchen.

Unten: Durch eine Kernfusion verursachte Explosion

KERNPHYSIK

Sie erforscht Struktur und Verhalten des Atoms.

MODERNE PHYSIK

Mit Beginn des 20. Jhs. stieß die klassische Physik in extremen Bereichen – dort, wo winzige Irrtümer zu Fehlinterpretationen führten – an ihre Grenzen. Die Theorie der Relativität sucht Fragen des Raums und der Zeit in größeren Dimensionen zu bewältigen, während die Quantentheorie Materie in kleinstem Maßstab untersucht. Die große Hoffnung der Physik im 21. Jh. geht dahin, eines Tages beide Theorien zu vereinen.

PHYSIK KONDENSIERTER MATERIE

Sie untersucht Flüssigkeiten und Festkörper im Hinblick darauf, wie sich deren Atome und Moleküle auf Quantenebene verhalten.

TEILCHENPHYSIK

Sie beschreibt das Verhalten grundlegender Partikel, aus denen sich Materie zusammensetzt, sowie die Kräfte zwischen ihnen.

ASTROPHYSIK UND KOSMOLOGIE

Die Astronomie nutzt die Atomphysik und andere moderne Theorien, um das Verhalten der Sterne und anderer Formationen im Universum zu erklären.

1 Die Natur verstehen

Wie bereits gesagt: Das Wort *Physik* kommt aus dem Griechischen und bedeutet „Natur". Die Fähigkeit des Menschen, die Natur zu erforschen und zu verstehen, ist selbst „natürlich".

Wie jedes Lebewesen, das essen muss oder gefressen wird, beobachtete auch der primitive Mensch permanent seine Umgebung. Auch wir beobachten sie genau und schlussfolgern, was als Nächstes passieren kann. Für solche Schlussfolgerungen benötigen wir Erfahrungen. Aber wir können auch „um die Ecke" denken und Wissen auf neue Situationen übertragen – kurz gesagt: Wir können uns Dinge vorstellen, die noch nicht geschehen sind, oder solche, die nicht geschehen können.

Der Garten Eden, wie ihn Hieronymus Bosch sah: Der Sündenfall, bei dem Adam und Eva erstmals Scham empfanden, wird von manchen als der Moment gesehen, in dem die Menschheit eine „Theorie des Geistes" erhielt. Damit ist das uns Menschen gemeinsame Wissen darum gemeint, dass sich unsere Gedanken von denen der Geister um uns herum unterscheiden. Haben die Tiere der Schöpfung ebenfalls eine „Theorie des Geistes"? Wir Menschen glauben das nicht – aber es könnte auch sein, dass sie dasselbe über uns denken.

Entscheidungen

Menschen besitzen ein Gehirn, das blitzschnell eine große Anzahl von Entscheidungen treffen kann und permanent neugierig ist. Zudem ist unser Gehirn so konstruiert, dass es von einer Umgebung eine geistige Karte erstellen und auch die Veränderungen im Laufe der Jahreszeiten darin verzeichnen kann. Vor allem aber nutzen wir unsere grauen Zellen, um mit anderen Menschen zu kooperieren und von ihnen Informationen zu erhalten. Wer einen Fehler macht und darüber berichten kann, macht ihn kein zweites Mal. Menschen können ihr Wissen über Erfolge und Fehlschläge anderen mitteilen; wir lernen daher nicht nur durch eigene Erfahrungen, sondern auch durch die anderer.

Fragen

Dieses kumulierte, von Generationen weitergegebene Wissen führte zur Kultur: ein Koffer voller Wissen und Traditionen, der Antworten auf viele wichtige Fragen enthält, z. B.: Wo finden wir zu dieser Jahreszeit Nahrung? Wie lange dauert es, bis das Getreide reif ist? Doch es gibt auch Fragen, auf die die Erfahrung nicht antworten kann: Woher kommt die Natur?

DIE MAKEL DER OLYMPIER

Die Schöpfung liegt in der Hand allmächtiger Gottheiten, die alle Antworten kennen. Deren Wahrhaftigkeit zu hinterfragen bedeutet, die Götter selbst infrage zu stellen. Doch die alten Griechen verehrten zahlreiche solcher Gottheiten. Sie waren überaus menschlich, verliebten sich, kämpften gegeneinander und hielten nicht unbedingt das Zepter der Geschicke in ihrer Hand. Vor diesem Hintergrund stellten die griechischen Philosophen die Fragen nach dem Universum. Den Rest findet man in der Geschichte der Naturwissenschaften.

Versammlung der allzu menschlichen olympischen Götter

Schöpfungsgeschichten aus Indien und China erzählen häufig von einer Welt oder einem Himmel, die von mehreren Tieren getragen werden – meistens sind dies mächtige Elefanten, riesige Schlangen oder kräftige Schildkröten.

Verstehen

Um ein Bild zu vervollständigen, taten wir Menschen, was wir immer tun: Wir stellten uns mögliche Antworten vor. Mit der Zeit formten unsere kulturellen Werkzeuge eine komplette Weltsicht, die noch immer die einzelnen Komponenten enthielt, die notwendig waren, damit wir nicht verhungern, die uns aber auch einen Platz innerhalb der Natur zuwies – und erklärte, woher sie kam.

Es gibt so viele Schöpfungsmythen, wie es Kulturen gibt. Die Boshongo in Zentralafrika glauben, das Universum sei durch das Erbrechen des großen Bumba entstanden; andere Mythen sehen die Welt als Kind einer Mutter Natur oder als eine aus dem Chaos entstehende Ordnung; die berühmtesten indes beschreiben, wie die Welt aus dem Nichts erschaffen wurde. Für diese Mythen gibt es naturgemäß keine Beweise – und genau hier beginnt die Geschichte der Physik.

Die Physik kann als eine Art Schöpfungsgeschichte verstanden werden. Gegenwärtig bestätigt sie, dass das Universum aus dem Nichts entstand. Anders als im Mythos aber prüft sie jedes kleinste Detail auf Beweise hin – und jeder dieser Beweise kann sich jederzeit ändern. Schauen wir, was die Geschichte uns erzählt.

DIE PIRAHÃ

1980 entdeckte der US-amerikanische Anthropologe Daniel Everett, dass die Pirahã, ein indigenes Volk in Brasilien, keine Mythologie besitzen. Die Pirahã glauben nur, was sie selbst erleben und akzeptieren nichts von dem, was ihnen jemand erzählt – es sei denn, er hat es selbst erfahren. Auch unternehmen sie nichts, um Wissen zu sammeln; Neuheiten von Nachbarstämmen werden ganz einfach gekauft.

2 Thales, der Vater

WENN ES EINEN ANFANG DER WISSENSCHAFTEN GIBT, DANN DEN DER PHYSIK; UND WENN DIE PHYSIK IRGENDWO BEGINNT, DANN IN GRIECHENLAND – UND ZWAR IN DER STADT MILET. Hier lebte Thales, den man heute allgemein als Vater der Naturwissenschaften betrachtet.

Seine Taten hatten weitreichende Folgen – über Thales selbst weiß man indes kaum etwas.

Thales lebte an der Wende des 7. zum 6. Jahrhundert v. Chr. und ist alles andere als eine historische Figur. Keine seiner Schriften hat überlebt; doch viele Werke späterer Philosophen weisen direkte Bezüge zu ihm auf. Als gesichert gilt, dass er ein Vertreter der hellenistischen Kultur war und in Milet lebte, an der Westküste der heutigen Türkei, seinerzeit ein wichtiges Handelszentrum. Thales wusste daher gewiss einiges über die älteren Zivilisationen in Ägypten und Babylonien; vielleicht ist er sogar selbst dorthin gereist.

Man wird ihn indes nur im Nachhinein als Wissenschaftler bezeichnen können. Er ist nachweislich der Erste, der mystischen Erklärungen misstraute und die Ursache von Naturphänomenen einzig auf der Basis dessen, was er beobachten konnte, zu ergründen suchte. Seine Naturtheorie hat beinahe etwas Kindliches: Als Erstes musste er festlegen, woraus das Universum bestand. Thales dachte monistisch, d. h. er nahm an, alles bestehe aus ein und derselben Grundsubstanz: Wasser. Aus seiner Sicht besaß es drei entscheidende Eigenschaften: Wasser ist lebensentscheidend, es bewegt sich und fließt – und es kann seine Form ändern.

Noch weitreichendere Folgen aber hatte Thales' Geometrie (es gibt eine Theorie zum Dreieck, die nach ihm benannt wurde) sowie seine Fähigkeit, die Sonnenfinsternis vorauszusagen, die, so sagt man, den Krieg zwischen zwei Königreichen beenden half.

DIE SIEBEN WEISEN

Thales von Milet gehört zu den altgriechischen Sieben Weisen – Philosophen, Politiker und Juristen des 7. und 6. Jhs. v. Chr., die das Fundament der modernen Welt gelegt haben. Zu ihnen zählen außerdem Bias von Priene, Chilon von Sparta, Kleobulos von Lindos, Myson von Chen, Pittakos von Mytilene und Solon von Athen.

Eine Bildmontage (auf der Basis von Büsten) aus dem 19. Jh. zeigt die Sieben Weisen bei einem inszenierten Bankett. Thales ist wahrscheinlich der rechts am Rand Sitzende.

3 Atome: kleiner Anfang

MODERNE PHYSIKER VERSUCHEN SICH EIN BILD VON DEM ZU MACHEN, WAS IM INNEREN EINES ATOMS VOR SICH GEHT. Solche Fragen hätten Demokrit, der vor rund 2400 Jahren die Eigenschaften des Atoms umriss, gewiss ein breites Grinsen entlockt. Am Ende behielt er – beinahe – recht.

LEUKIPP

Die Idee des Atoms formulierte erstmals Demokrits Lehrer Leukipp; er starb, als sein Schüler noch ein Kind war. Leukipp nahm an, Atome bewegten sich zufällig. Demokrit indes ging vom Gegenteil aus und betrachtete alle Bewegung, jede Form und jede Veränderung von Atomen als Ergebnis spezifischer Interaktionen der Atome untereinander.

Anhänger des Monismus waren merkwürdige Zeitgenossen. Ein Argument des Parmenides im 5. Jh. v. Chr. etwa hätte so lauten können: „Alles im Universum besteht aus einem ‚Etwas'; also ist das ‚Nichts' unmöglich. Damit ‚etwas' sich bewegt, muss es einen Raum einnehmen, in dem zuvor ‚nichts' war – was, wie ich schon sagte, unmöglich ist. Daher ist alle Bewegung und jede Veränderung, die wir beobachten, eine Illusion."

Demokrit galt als lustiger Geselle – man nannte ihn den lachenden Philosophen. Das Porträt aus dem Jahre 1628 von Hendrick ter Brugghen lässt an einen Trinker denken.

Veränderungen im Kleinen

Eine neue Theorie, die diesen logischen Zirkelschluss zu widerlegen suchte, wurde von Leukipp aufgestellt und später von Demokrit aus Thrakien weiterentwickelt. Der Atomismus besagte, Materie könne nicht endlos auseinandergenommen werden; man stoße schließlich auf Atome – winzige, unsichtbare und unteilbare Bausteine, aus denen sich alles andere zusammensetzt (das griechische Wort *átomos* bezeichnet „das Unteilbare"). Jede Veränderung in der Natur geschehe also einzig aufgrund einer neuen Zusammensetzung von Atomen. Doch der Gedanke, Materie setze sich aus mehr als nur einem Bestandteil zusammen, war mit dem Monismus nicht völlig aus der Welt. So glaubte Demokrit, dass Atome nicht unbedingt identisch sein mussten. Allgemeine Merkmale der Materie könnten auf Eigenschaften ihrer Atome zurückgeführt werden. Fließendes Wasser etwa bestehe demnach aus weichen, runden Atomen, feste Materie aus ineinander verhakten; Salzatome seien besonders spitz und stachelig, daher ihr Geschmack. Selbst die Seele bestehe aus Atomen, die aber so klein seien, dass sie durch Materie hindurchdringen. Bis zum 18. Jahrhundert blieben Atome indes nur eine Idee.

4 Vier Elemente und mehr

Den Philosophen, die auf Thales folgten, genügte das monistische Prinzip, nach dem alles aus Wasser besteht, nicht. Sie verließen sich auf die Intuition, nach der das Universum aus einer Reihe von Substanzen, den Elementen, besteht.

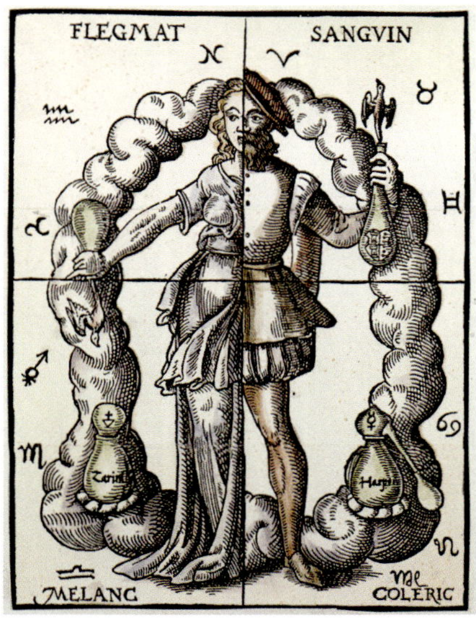

Ein Holzschnitt aus dem 16. Jahrhundert zeigt, wie das Verständnis von Geschlecht, Medizin, Persönlichkeit und den natürlichen Substanzen im Vier-Elemente-Universum eingebettet war.

Insbesondere Aristoteles, der griechische Philosoph aus dem 4. Jahrhundert v. Chr., lenkte die Physik in neue Bahnen. Er war ein Schüler Platons – und als die beiden großen Denker des Westens hinter den Mauern der Olivenhaine von Platons Akademie miteinander debattierten, stand der monistische Gedanke, nach dem das Universum einzig aus Eis, Wasser und Dampf besteht, schon nicht mehr im Zentrum. Da schien eine weitaus ältere Idee, die aus Mesopotamien und Ägypten stammte und die auch in Indien und China vertreten wurde, schon vielversprechender. Im 5. Jahrhundert v. Chr. nahm Empedokles wie folgt darauf Bezug: Die Natur besteht aus vier fundamentalen Substanzen – eine davon ist Wasser, die anderen sind Erde, Feuer und Luft. Später nannte man sie „Elemente" (nach dem lat. *elementum* für „Grundstoff").

Die Natur von allem

Der Grundgedanke besteht darin, dass sich alles aus diesen Elementen zusammensetzt; vier Elemente waren nötig, um die beobachtbare Natur zu erklären. So war Dampf der Nachweis für Wasser, Hitze entstand aus Feuer, weiche Dinge wa-

Auch nachdem Nikolaus Kopernikus seinen Beweis veröffentlicht hatte, demzufolge die Erde um die Sonne kreist (1543), zeigten Karten wie diese aus Portugal das Universum noch immer als Schichten von Sphären – mit der Erde im Zentrum.

DAS FÜNFTE ELEMENT

Ein regulärer Polyeder ist ein 3-D-Objekt, bei dem alle Seiten, Flächen und Winkel gleich sind; die geläufigste Form ist der Würfel, aber es gibt auch andere, z. B. den Tetraeder, den Oktaeder, den Dodekaeder und den Ikosaeder – die sogenannten Platonischen Körper. Platon nahm an, dass diese wenigen perfekten Körper mit der Substanz des Universums in Verbindung stehen. Den ersten vier Formen ordnete er daher die vier Elemente zu. War aber war mit dem fünften, dem 20-seitigen Ikosaeder? War dies der Äther – das alles umfassende Element, das den Raum zwischen den ersten vier füllte? Diese Idee eines fünften Elements (der „Quintessenz", nach lat. *quintus* für „fünf") wurde bis ins 20. Jahrhundert hinein verfolgt.

Das Detail aus Die Schule von Athen *von Raffael (1511 für den Papstpalast gemalt) zeigt Platon (links) und Aristoteles (rechts) als zentrale Figuren, umringt von zahlreichen großen (nicht christlichen) Denkern. Platon zeigt nach oben, denn er glaubt, die Wirklichkeit basiere auf nicht wahrnehmbaren „Formen", während Aristoteles nach vorn weist: Für ihn gilt nur das Hier und Jetzt fassbarer Gegenstände.*

ren mit Luft gefüllt, harte mit Erde. Diese Vorstellungen fanden auch Eingang in die Medizin: So kennzeichne den Sanguiniker, dass er zu viel Luft, den Phlegmatiker, dass er zu viel Wasser im Blut hat; gelbe Galle führt zu einer feurigen Disposition und kalte Erde in schwarzer Galle zu Austrocknung und Melancholie. In der vorwissenschaftlichen Medizin wurde Gesundheit als Harmonie der vier „Säfte" bestimmt.

CHINESISCHE VERÄNDERUNGEN

Die Idee der Elemente ist keine westliche Erfindung. Die klassische chinesische Weisheit kennt fünf: Erde, Feuer, Holz, Metall und Wasser (keine Luft!). Der chinesischen Weltsicht zufolge repräsentieren diese „Elemente" zugleich fünf Stadien im endlosen Kreislauf von Wachstum, Tod und Erneuerung: Holz nährt das Feuer; Feuer erzeugt die Erde (Asche); Erde enthält das Metall (Erz); Metall trägt das Wasser (in undurchlässigen Gefäßen) und Wasser verhilft dem Holz zum Wachstum.

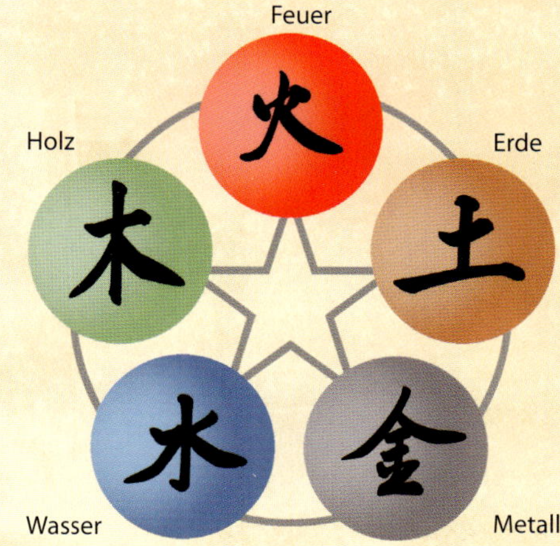

Das geschichtete Universum

Empedokles zufolge wirken die Elemente durch die Macht der Liebe zusammen, während Unfrieden sie auseinandertreibt. Der Kampf um Harmonie ist die Ursache für Veränderungen im Universum. Platon glaubte, die materielle Welt sei eine Illusion der Sinne und die Elemente seien perfekte, unveränderliche Formen. Aristoteles unternahm es, beide Ideen zu verbinden.

Für ihn resultiert Veränderung daraus, dass die Elemente nach ihrer Reinheit suchen. Den Beweis dafür sah er in der Schichtung unseres Planeten, die er sodann auf das gesamte Universum ausweitete. Demnach besteht die unterste Schicht aus Erde, dem Gestein unter unseren Füßen; als Nächstes kommt das Wasser der Ozeane, dann die Luft und schließlich ein Feuerring. Regen ist das Ergebnis von Wasser auf der Suche nach seinem richtigen Ort, Lava eine Mischung aus Luft, Wasser und Feuer, die der Erde entweichen. Die vier Elemente der Welt reichen bis zum Mond. Dahinter liegen, in immer größeren konzentrischen Hüllen, die Sonne, die Planeten und Sterne: All dies bestand aus „Äther", dem himmlischen fünften Element. Aristoteles' Universum erschien so plausibel, dass es bis ins 19. Jahrhundert hinein kaum infrage gestellt wurde.

5 Heureka, das Prinzip des Archimedes

Archimedes veränderte die Welt wie kaum ein anderer antiker Wissenschaftler. Seine berühmteste und bedeutendste Entdeckung machte er beim Baden.

Ein Holzschnitt von 1547 zeigt die Heureka-Episode. Archimedes will ein Bad nehmen; im Badehaus liegen einige Metallgegenstände herum, darunter auch eine Krone. Beachten Sie die runden Tonnen: Die äußeren fangen das von den innen versenkten Gegenständen verdrängte Wasser auf.

Wie kommt es, dass feste Körper schwimmen? Die Frage steht bei der Suche nach Erklärungen für die Welt um uns herum ganz oben auf der Liste. Ihre Antwort fand sich jedoch nicht im Versuch, die Natur zu verstehen, sondern war eher das Resultat des Versuchs, einem Betrug auf die Spur zu kommen. Der Höhepunkt der berühmten Episode ereignete sich in einem öffentlichen Bad in Syrakus, einer griechischen Kolonie an der Ostküste Siziliens. Hier erlebte Archimedes einen seiner ersten „Heureka"-Momente (griech. *heureka:* „Ich hab's gefunden!")

Den besten Bericht darüber lieferte rund 250 Jahre später Vitruv (1. Jahrhundert v. Chr.), ein römischer Architekt und Bewunderer des Archimedes: Der König von Syrakus, Hieron II., hatte eine goldene Krone als Opfergabe an die Götter in Auftrag gegeben. Er hatte jedoch den Verdacht, dass sie nicht vollkommen aus Gold war und ließ deshalb Archimedes, den klügsten Mann der Stadt, holen. Der aber durfte die heilige Krone nicht einschmelzen oder auseinanderschneiden. Deshalb suchte er nach einer anderen Beweismethode.

BERECHNUNG VON PI

Die Zahl Pi (griech.: π) benennt das Verhältnis des Umfangs eines Kreises zu seinem Durchmesser. Die Babylonier gaben sich mit einem Annäherungswert von 3,125 (25/8) zufrieden; die Ägypter bezifferten Pi mit 3,16 (256/81). Archimedes widmete sich dieser Frage mithilfe des mächtigsten Instruments der Griechen – der Geometrie: Er stellte sich den Kreis als ein aus unendlich vielen Dreiecken bestehendes Vieleck mit unendlich vielen kleinen Seiten vor; indem er immer mehr Seiten und ihre Längen hinzunahm, näherte er sich Schritt für Schritt dem exakten Umfang. Mit den dem Kreis einbeschriebenen Vielecken, beginnend bei Sechsecken, und durch wiederholtes Verdoppeln der Eckenzahl bis zu 96-Ecken konnte er schließlich Pi errechnen, dessen Wert er zwischen 3,140845 und 3,142857 ermittelte: ein Ergebnis, das über 500 Jahre lang Bestand haben sollte.

Indem man einen Kreis in immer mehr Dreiecke umwandelt, nähert man sich dem Wert seines Umfangs; ganz exakt trifft man ihn jedoch nie.

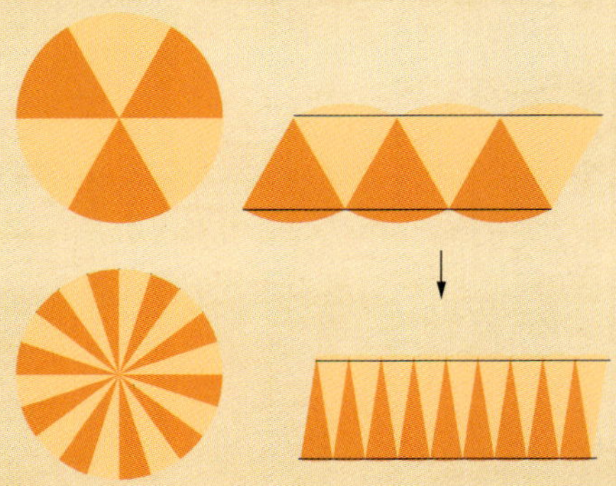

Badezeit

Archimedes musste die Dichte der Krone ermitteln: Wieviel Materie enthielt ihr Umfang? Ein Vergleich mit der Dichte derselben Menge reinen Goldes würde Hieron die Antwort auf seine Frage geben. Der Legende nach beobachtete Archimedes eines Tages, während er in die Badewanne stieg, wie das Wasser von seinem Körper verdrängt wurde. Wenn man nun die Krone ins Wasser setzte – müsste sie nicht gleichfalls Wasser in der Menge ihres Volumens verdrängen? Und wenn man ihr Volumen durch ihre Masse teilte, erhielt man ihre Dichte – Heureka! Die Methode zeigte, dass Hieron tatsächlich betrogen worden war. Die Dichte der Krone bewies, dass sie aus einer Gold-und-Silber-Legierung bestand.

Wie die Dinge schwimmen

Doch Archimedes beließ es keineswegs dabei. Um 250 v. Chr. schrieb er *Über schwimmende Körper:* „Jedes schwimmende Objekt verdrängt genau die Menge seines Gewichts an Flüssigkeit." Die vollständigere Version dieser Entdeckung wurde als archimedisches Prinzip bekannt: „Die Auftriebskraft eines Objekts ist gleich dem Gewicht des Wassers, das es verdrängt." Wenn das Gewicht des verdrängten Wassers dem des Objekts entspricht, gleitet es unter Wasser (das Objekt hat dann dieselbe Dichte wie das Wasser). Ist das Gewicht des Objekts größer als das des Wassers, sinkt es (die Auftriebskraft ist dann ein ungleiches Gegengewicht zur Schwerkraft). Ist das Gewicht eines Objekts indes geringer als das Gewicht des Wassers, wird es auf dessen Oberfläche schwimmen. Mithilfe einer Reihe von Ableitungen fanden andere Denker heraus, dass Archimedes eine wichtige Entdeckung gemacht hatte, nämlich: Bewegung entsteht durch die Wirkung gegensätzlicher Kräfte.

DIE ARCHIMEDISCHE SCHRAUBE

Das Instrument war keine Erfindung des Archimedes, sondern wurde bereits von den Ägyptern konstruiert, um die Hängenden Gärten Babylons zu bewässern, bevor es in Europa bekannt wurde: Die Schraubenpumpe setzt sich über die Schwerkraft hinweg und befördert Wasser nach oben. Sie besteht im Grunde aus zwei simplen Elementen: einer trogförmigen Rampe und einer sich darin drehenden Spirale, die das Wasser nach oben befördert, bis es dort herausfließt.

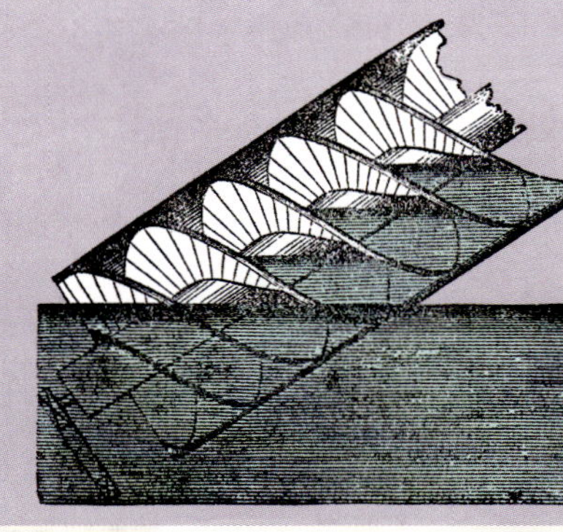

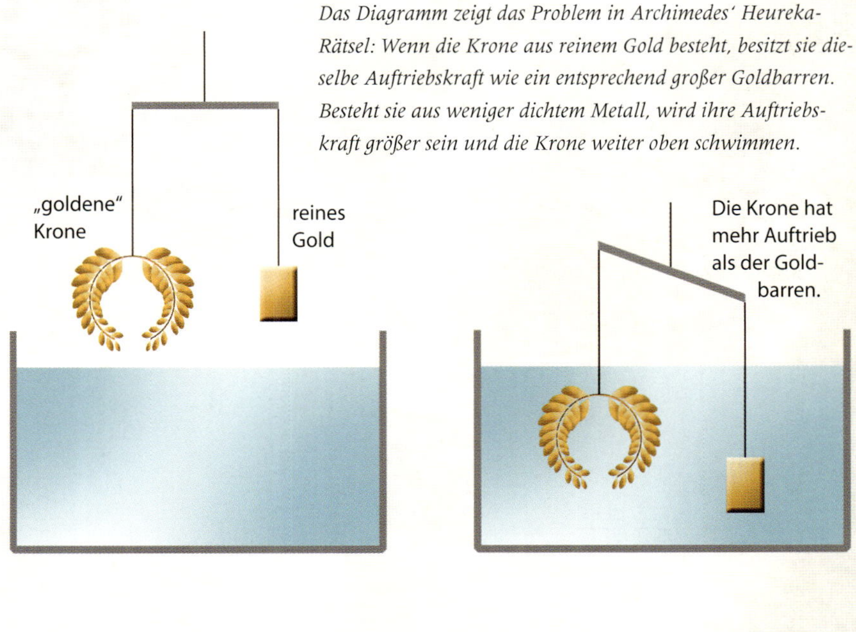

Das Diagramm zeigt das Problem in Archimedes' Heureka-Rätsel: Wenn die Krone aus reinem Gold besteht, besitzt sie dieselbe Auftriebskraft wie ein entsprechend großer Goldbarren. Besteht sie aus weniger dichtem Metall, wird ihre Auftriebskraft größer sein und die Krone weiter oben schwimmen.

6 Maschinenbau

DIE PHYSIK BILDET NICHT NUR DIE GRUNDLAGE FÜR DIE NATURWISSENSCHAFTEN, SONDERN AUCH FÜR DIE TECHNIK. Einer der ersten nach wissenschaftlichen Erkenntnissen konstruierten Apparate fand Anwendung im Theater.

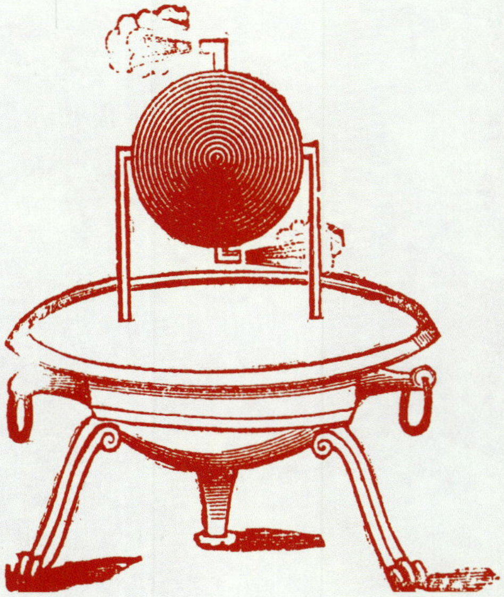

Herons „Äolipile" bestand aus einer Messingkugel zwischen zwei einander gegenüberliegenden Düsen. Aus einem von unten beheizten Wasserkessel steigt durch die Düsen Dampf in die Kugel auf, der diese qua Rückstoßprinzip zum Drehen bringt. Dabei nutzte Heron die Aktion und Reaktion von Kräften, das universelle Gesetz der Bewegung, das erst 15 Jahrhunderte später Isaac Newton formulierte.

Die ersten Mechaniker waren griechische Erfinder. Das Wort „Maschine" entstammt dem griechischen *mechanē* („Werkzeug") – einem Gerät im Theater, mit dessen Hilfe Schauspieler auf der Bühne in die Luft gehoben wurden. Zwar sind keine Zeichnungen dieser Geräte überliefert, doch man nimmt an, dass sie eine Kombination aus Hebekran und einfachem Flaschenzug waren. Es gab sie spätestens seit dem 4. Jahrhundert v. Chr. – also bereits vor Archimedes, dem nachgesagt wird, er habe den Hebel erfunden – und zwar mit der vielzitierten Aufforderung: „Gib mir einen Hebel, der lang genug ist, und ich hebe die Welt aus den Angeln." Archimedes stellte seine Entdeckung in den Dienst der Verteidigung seiner Heimatstadt gegen die römische Belagerung. Mithilfe seiner „Kralle" konnten Schiffe des Gegners aus Wasser gehoben oder gekippt werden, sodass Wasser hineinlief und das Schiff sank.

MECHANISCHE SPIELZEUGE

Die Griechen liebten mechanische Spielzeuge (*automata* genannt). Heron von Alexandria baute ein Gerät, das die Darstellung dieser vollkommen mechanisierten Schmiedewerkstatt inspiriert haben könnte, bei der mit Wasser betriebene Automaten Metall hämmern.

Eine Reaktion erzwingen

Zu den bemerkenswertesten Erfindungen von Archimedes' Nachfolger Heron von Alexandria (1. Jahrhundert n. Chr.) gehört das „Windrad", das die Kraft des Windes dazu nutzte, eine Orgel anzutreiben. Eine weitere war die durch eine Münze betriebene Maschine im Tempel: Das Gewicht einer Münze hob einen Hebel an und gab einen kleinen Schwall heiliges Wasser frei. Seine berühmteste Erfindung aber ist der sogenannte Heronsball (auch Äolipile genannt), bei dem durch die Erhitzung von Wasserdampf eine mechanische Reaktion, ein Rückstoß wie bei einer Raketendüse, erzeugt wird. Heron stillte mit der Erfindung vor allem seine Neugier. Und die Neugier danach, wie sie genau funktionierte, sollte eines Tages das Gebiet der Mechanik ins Leben rufen, die Physik der Kraft und der Bewegung.

7 Lichtstrahlen erkennen

„SEHEN HEISST GLAUBEN" – DOCH KÖNNEN WIR UNSEREN AUGEN TRAUEN? Eine Antwort verdanken wir einem arabischen Gelehrten des 11. Jahrhunderts.

Die Titelbildillustration einer späteren Ausgabe von Alhazens Buch vom Sehen *aus dem 13. Jh. des polnischen Autors Witelo zeigt Archimedes' „Brennspiegel" in Aktion. Der Legende nach fing er mithilfe von Bronze-Parabolspiegeln das Sonnenlicht ein und setzte damit römische Schiffe in Brand. Alhazen beschrieb diese gekrümmten Spiegel ausführlich in seinem Buch.*

Alhazen (auch Ibn al-Haytam genannt) tat etwas, mit dem manche noch heute Schwierigkeiten haben: Er unterschied zwischen Astrologie und Astronomie. Jene kennt keinerlei Beweise, während diese ausschließlich auf der Beobachtung der Lichtbewegungen am Himmel basiert. Seine Forschungen brachten den im Irak geborenen Gelehrten im Jahr 1011 nach Kairo an den Hof des Fatimidenkalifs. Dort sollte er einen Damm durch den Nil bauen. Das war leicht gesagt – doch Alhazen merkte bald, dass es unmöglich war und täuschte eine Geisteskrankheit vor, um von der Aufgabe entbunden zu werden, ohne sich den Zorn des Kalifen, des damals mächtigsten Mannes der Erde, zuzuziehen.

Geradlinige Lichtstrahlen

Für die folgenden zehn Jahre wurde Alhazen unter Hausarrest gestellt; am Ende dieser Zeit veröffentlichte er sein berühmtes *Kitab-al Manazir* (*Buch vom Sehen*, 1021). Darin bewies er anhand erster wissenschaftlicher Experimente, dass das Licht gradlinige Strahlen aussendet: Er beobachtete Licht durch eine hohle Röhre hindurch; verschloss er das eine Röhrenende, war das Licht nicht länger sichtbar. Damit hatte er erstmals den empirischen Beweis erbracht, dass Licht in gerader Linie auf das Auge trifft. Er beschrieb die Lichtstrahlen mithilfe der Geometrie (und lieferte ein frühes Beispiel angewandter Mathematik).

Bis dahin hatte man entweder angenommen, das Auge selbst sende Strahlen aus, die von seiner Umgebung reflektiert würden, oder aber die Objekte sendeten vollständige Bilder aus, die auf das Auge träfen. In seiner korrekten Beschreibung kombinierte Alhazen beide Annahmen: Von einem Objekt strahlt Licht aus und trifft in gerader Linie auf das Auge, wo es ein Abbild des Objekts liefert.

DIE CAMERA OBSCURA

Alhazen liefert die erste Beschreibung einer Camera obscura, einer Lochkamera. Denselben Effekt beobachtete er in der Natur, etwa bei Sonnenstrahlen, die durch Löcher in Blättern als Lichtflecken auf den Boden fallen; je kleiner das Loch, desto besser das Bild.

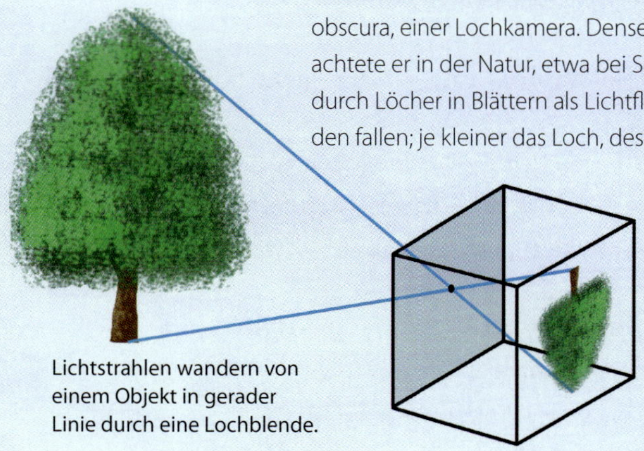

8 Die Mechanik

Die Physik basiert auf der Annahme, dass das Universum nach Regeln funktioniert. Im 12. Jh. zogen islamische Gelehrte den Schluss, dass die Regeln, nach denen die Dinge sich bewegen, diese auch zum Stillstand bringen.

Ein arabisches Manuskript (wahrscheinlich aus dem 16. Jh.) zeigt eine Anwendung der Mechanik: Die Zeichnung veranschaulicht eine Maschine zur Aufwärtsbeförderung von Wasser, bei der ein von Wasser betriebenes Rad mithilfe von Zahnrädern einen mit Eimern bestückten Riemen in Bewegung setzt.

Gut 14 Jahrhunderte lang stellte kaum jemand Aristoteles' Theorie der Bewegung infrage. Danach durchschnitt ein Objekt mit seiner Vorderkante die Luft und wurde gleichzeitig hinten von der Luft angeschoben – Bewegung also als Resultat einer konstanten Kraft. Der persische Gelehrte Al-Biruni beobachtete dagegen, dass ein Körper, der sich nicht gleichförmig bewegte (also Richtung oder Geschwindigkeit änderte), in einer bestimmten Phase beschleunigen musste. In Bagdad bestätigte Abu'l-Barakat diesen Gedanken, indem er konstatierte, Bewegung entstehe durch einen kurzen Stoß, permanent angewendete Kraft hingegen führe zur Beschleunigung. Ein Jahrhundert später untersuchte der Perser Al-Khazin Gewichte und Gleichgewichte. Er baute auf Arbeiten seiner Vorgänger auf und führte die Ideen zur Dynamik und zur Statik zum Gebiet der Mechanik zusammen.

9 Kraft und Trägheit

Averroës (auch Ibn Ruschd genannt), ein islamischer Universalgelehrter im Spanien des 12. Jahrhunderts, beschrieb u. a. die Trägheit und damit einen zentralen Aspekt der Physik der Bewegung.

Averroës' Porträt nach Raffaels Fresko Die Schule von Athen *im Vatikan; er ist einer der wenigen islamischen Gelehrten, die sich in der päpstlichen Residenz abgebildet finden – ein Hinweis auf die Bedeutung seiner Arbeiten für den Fortschritt des menschlichen Wissens.*

Averroës schrieb drei bedeutende Kommentare zur Physik des Aristoteles; aus diesem Grund nannten europäische Gelehrte ihn später schlicht „den Kommentator". In diesen Kommentaren beschrieb er Kraft als etwas, das die Bewegung eines Körpers veränderte. Vor allem aber stellte er fest, dass Körper (Objekte) einen Widerstand gegen die Veränderung in der Bewegung in sich trugen – und zwar jenseits des dabei entstehenden Luftzugs und der Schwerkraft. Diese „Trägheit", wie wir heute sagen, sah Averroës in Verbindung mit dem fünften Element, dem Äther. Diesen hatte Aristoteles nur jenseits des Mondes angenommen – und so glaubte auch Averroës, nur Himmelskörper besäßen Trägheit. Erst viel später verstand man Trägheit als universale Eigenschaft aller Materie.

10 Künstliche Regenbogen

Alle bisherigen Versuche, das Phänomen des Regenbogens zu erklären, schlugen fehl – bis ein Deutscher beschloss, Regentropfen aus Glas selbst herzustellen.

In allen Kulturen kommt dem Regenbogen eine besondere Bedeutung zu – mit schillernden Interpretationen wie die einer himmlischen Wasserschlange, der Halskette einer Göttin oder einer Brücke zwischen Himmel und Erde. Das optische Phänomen tritt auf, wenn es regnet und gleichzeitig die Sonne scheint.

Meteorologie, die Wetterkunde, ist ein außerordentlich komplexes Gebiet. Kaum verwunderlich also, dass Menschen früher Sternschnuppen und Kometen als ähnliche Phänomene wie Blitze, Hagel und Nebel betrachteten. Was den Regenbogen betrifft, irrte sich selbst Averroës: Er dachte, der Regenbogen sei ein partielles Abbild der Sonne – reflektiert durch einen gekrümmten Spiegel aus Wassertropfen in einer Wolke. Erst im Jahr 1300 bot Dietrich von Freiberg eine bessere Erklärung. Er beobachtete anhand mit Wasser gefüllter Glaskugeln, dass ein Lichtstrahl auf dem Rücken des künstlichen „Regentropfens" gebrochen und von dort reflektiert wird. Eine zweite Brechung beim Verlassen des Tropfens spaltete weißes Licht in seine Farbkomponenten auf. Der Regenbogen ist also das Resultat vielfacher Brechungen und Reflexionen von Sonnenstrahlen.

11 Ockhams Rasiermesser

In einem Buch des Philosophen Wilhelm von Ockham aus dem Jahr 1323 findet sich eine Zeichnung: Sie zeigt den Autor glatt rasiert – ein Beispiel der Funktion seines Rasiermessers. Oder machen wir es uns hier zu einfach?

Ockhams Rasiermesser hat in der Tat nichts mit Körperpflege zu tun. Es handelt sich dabei vielmehr um eine Forschungsregel zur Bildung schlüssiger Hypothesen und Theorien, die sich aus einem Sparsamkeitsprinzip herleitet. Dass sie Ockhams Namen trägt, ist eher einem Zufall geschuldet, obwohl er in seinen Arbeiten vielfach über das „Gesetz der Sparsamkeit" schrieb. Die beste Beschreibung stammt von dem eine Generation älteren Thomas von Aquin: „Es ist überflüssig anzunehmen, dass etwas, das durch weniges erzeugt werden kann, durch vieles erzeugt wurde." Mit anderen Worten: Beginne mit der einfachsten Theorie und werde nur dort komplexer, wo es notwendig ist – dieses Prinzip gilt bis heute als ein grundlegender Baustein der Wissenschaft.

12 Der Impuls

Paris besass eine der ersten Universitäten – als Wilhelm von Ockham in den 1320er-Jahren dort unterrichtete, war sie bereits 100 Jahre alt. Einer seiner Studenten brachte die Physik in mehr als nur einer Richtung voran.

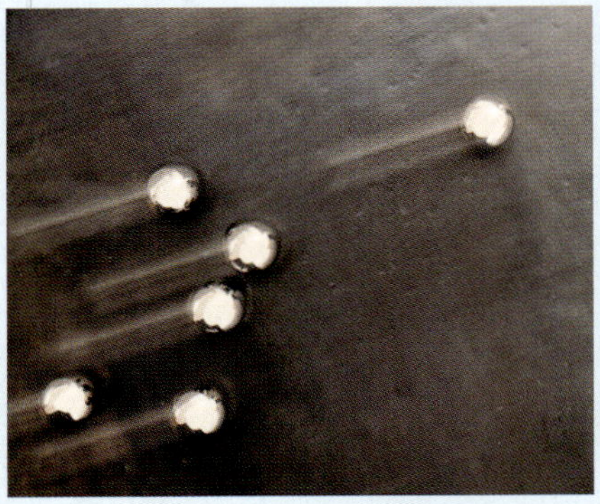

Buridan stellte fest, dass der Schwung ein Objekt endlos in Bewegung hielt, wenn eine Gegenkraft nicht dafür sorgte, ihn zu bremsen.

Jean Buridan hatte bei Ockham studiert, bevor er dessen Assistent wurde. Sein Leben war ebenso bewegt, wie er die Physik in Bewegung bringen sollte. Er benutzte die islamischen Kenntnisse der Mechanik, um einen eklatanten Bruch mit den aristotelischen Lehren zu vollziehen – seinerzeit in Europa ein ungeheuerlicher Akt: Wenn ein Objekt durch eine Kraft in Bewegung gerät, bewegt es sich aufgrund eines „Impulses" fort: Dieser Schwung verbleibt beim Objekt und die Bewegung endet erst, wenn eine andere, entgegengesetzte Kraft den Schwung stoppt. Dieser Gedanke steuert bereits auf moderne Impulstheorien zu.

13 Die Gezeiten

Heute wissen wir, dass Ebbe und Flut durch die Schwerkraft von Sonne und Mond bewirkt werden. Im Mittelalter glaubte man, die Schwerkraft wirke nur abwärts; was aber bewegte dann das Meer hin und her?

Eine erste Verbindung zwischen dem Mond und den Gezeiten wurde bereits in der Antike gezogen. Doch die Zyklen des Mondes entsprachen nicht den Spring- und Nippfluten. 1523 hielt der Italiener Federico Grisogono fest, wie die Kraft des Mondes einen Teil des Ozeans in die Form eines verlängerten Eis zog. Eine zweite, schwächere Kraft der Sonne konnte diese Verlängerung ändern. Nippfluten entstehen demnach, wenn beide Kräfte senkrecht zueinander wirkten, Springfluten, wenn Sonne und Mond in dieselbe Richtung ziehen. Was aber bewirkt diesen Zug – die Schwerkraft? Oder ein Magnetismus?

Auf lokaler Ebene scheint es, als bewegten die Gezeiten das Wasser auf den Strand zu und von ihm weg. Aus globaler Perspektive wird der Ozean in die Form eines Eis gezogen, die Höhe des Wasserspiegels ändert sich.

14 Wie ein Magnet funktioniert

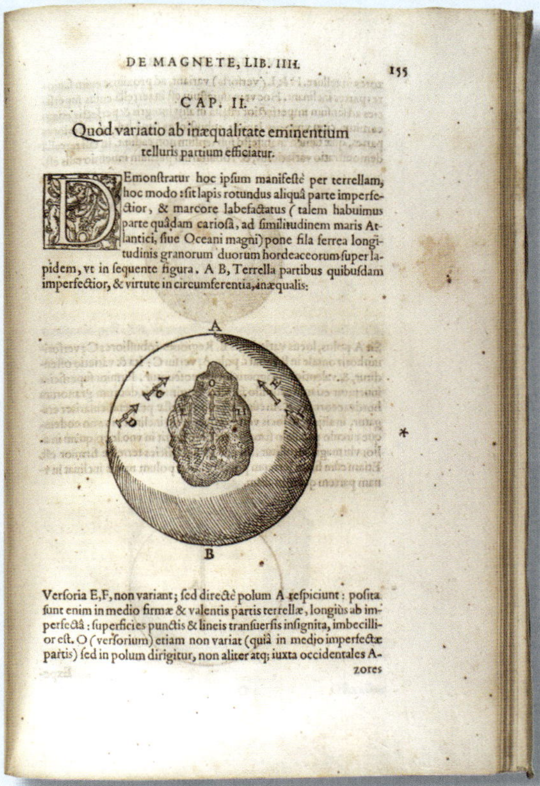
DE MAGNETE, LIB. IIII. 155

CAP. II.

Quòd variatio ab inæqualitate eminentium telluris partium efficiatur.

DEmonſtratur hoc ipſum manifeſtè per terrellam, hoc modo: ſit lapis rotundus aliquâ parte imperfectior, & marcore labefactatus (talem habuimus parte quâdam carioſâ, ad ſimilitudinem maris Atlantici, ſiue Oceani magni) pone fila ferrea longitudinis granorum duorum hordeaceorum ſuper lapidem, vt in ſequente figura. A B, Terrella partibus quibuſdam imperfectior, & virtute in circumferentia, inæqualis:

A

B

Verſoria E,F, non variant; ſed directè polum A reſpiciunt: poſita ſunt enim in medio firmæ & valentis partis terrellæ, longiùs ab imperfectâ: ſuperficies punctis & lineis tranſuerſis inſignita, imbecillior eſt. O (verſorium) etiam non variat (quià in medio imperfectæ partis) ſed in polum dirigitur, non aliter atq; iuxta occidentales Azores

William Gilberts Entdeckungen wurden im Jahr 1600 in der Abhandlung De Magnete *(Über den Magneten) veröffentlicht.*

IM JAHRE 1600 ZEIGTE EIN ENGLISCHER ARZT, DASS DIE ERDE NEBEN DER SCHWERKRAFT NOCH WEITERE KRÄFTE AUSÜBT; unser Planet ist auch ein riesiger Magnet.

Der griechische Philosoph Theophrastos schrieb im 4. Jahrhundert v. Chr. über *magnítis líthos* (die Steine in Magnesia). Bei den Steinen der griechischen Region Magnesia handelte es sich um Magneteisensteine, also natürliche Magneten. In China wurden sie seit dem 1. Jahrhundert als Kompass eingesetzt – zunächst nur bei rituellen Handlungen, seit dem 11. Jahrhundert aber auch zur Navigation von Schiffen. Diese Technik verbreitete sich in den folgenden 400 Jahren in ganz Asien und Europa.

Über den Magneten

Der Arzt der englischen Königin Elisabeth I., William Gilbert, erforschte die Kräfte des Magnetismus und der Elektrizität; letzterer gab er sogar den Namen: mithilfe des griechischen Wortes *elektron* für „Bernstein" (dieser lädt sich statisch auf, wenn man ihn reibt). Im Jahre 1600 entdeckte Gilbert, dass Kompassnadeln stets nach Norden zeigen, weil unser gesamter Planet ein Magnet ist. Zuvor hatte man angenommen, die Kompassnadel werde vom Polarstern oder einem mysteriösen Eisenland hoch oben im Norden angezogen. Gilbert bewies, dass sich Kompassnadel und Erde ebenso nach dem Gesetz von Anziehung und Abstoßung verhalten wie zwei Magneten. Das gelang ihm mithilfe seiner „Terella", einem Modell der Erde in Gestalt eines kugelförmigen Magneteisensteins. Eine auf diesem Stein platzierte Kompassnadel verhielt sich genauso wie auf der Erde. Magnetismus und Elektrizität sind ebenso Naturkräfte wie die Schwerkraft. Doch sind sie miteinander verbunden – und gibt es noch weitere solcher Kräfte?

ENTDECKER DER POLE

Der Kompass und sein Einsatz bei der Navigation gehen auf den Chinesen Shen Kuo zurück, der seine Erfindung 1088 in seinen *Traum-Essays, Pinsel-Unterhaltungen am Traumbach* veröffentlichte. Darin spricht er von einer Kompassnadel, die – unbehindert – stets nach Norden weist (der Nordpol eines Magneten wird vom magnetischen Nordpol der Erde angezogen). Shen stellte auch fest, dass der Kompass immer wenige Grade westlich des geografischen Nordpols anzeigte.

15 Gesetz der Brechung

Licht biegt oder bricht sich, wenn es von einem lichtdurchlässigen Träger in einen anderen wandert; der Knick in einem Trinkhalm im Wasserglas beweist es. Ältere Beweise wurden durch Lichtbrechungen in durchsichtigen Wasserschüsseln erbracht. Ließ sich dabei ein Muster erkennen?

TOTAL-REFLEXION

Trifft ein Lichtstrahl in einem bestimmten Winkel auf eine mediale Schnittstelle, geht er nicht gebrochen hindurch, sondern wird refektiert. Das Phänomen nennt man „Totalreflexion"; es tritt z. B. bei Diamanten oder beim Glitzern einer Wasseroberfläche auf.

Diamanten haben einen Brechungsindex von 2,4 (einem der höchsten aller natürlichen Mineralien). Der Schliff der Steinoberfläche bewirkt, dass das eintretende Licht gebrochen und zurück an die Oberfläche reflektiert wird; so entsteht der kostbare Glanz.

Heron von Alexandria ist das Reflexionsgesetz zu verdanken: Wenn ein Lichtstrahl auf eine glatte reflektierende Oberfläche trifft, wird er im selben Winkel zurückgeworfen, in dem er auftrifft – jedoch auf der anderen Seite einer gedachten Vertikalen (des Lots). Deshalb wirft der Spiegel unser Spiegelbild derart zurück, dass wir die linke Seite rechts sehen (und umgekehrt).

Naturforscher suchten nach einem ähnlichen Gesetz für die Lichtbrechung, bei der ein Lichtstrahl seine Richtung ändert, sobald er ein Trägermedium verlässt und in ein anderes eintritt. Schon Averroës hatte beobachtet, dass Licht, das über eine gebogene Grenze tritt (z. B. eine Glasschüssel), nicht vollständig im selben Winkel bricht. Ein größerer Eintrittswinkel führt zu einem größeren Austrittswinkel. Deshalb funktionieren Glasschüsseln wie optische Linsen.

Getrennt zahlen

Das Brechungsgesetz trägt den Namen des Holländers Willebrord Snell; er entdeckte es 1621. Voraussetzung für das Snellius-Gesetz ist der Brechungsindex eines Mediums; er wird anhand der Lichtgeschwindigkeit in einem Medium im Verhältnis zum Vakuum (mit dem Index 1) ermittelt. Die Brechung ist das Ergebnis einer veränderten Lichtstrahl-Geschwindigkeit beim Eintritt in ein anderes Trägermedium. Licht, das im Winkel von 0° (im Verhältnis zum Lot) auftrifft, bricht nicht, sondern geht gerade durch (aber mit veränderter Geschwindigkeit). Licht, das in einem Winkel auftrifft, bricht, weil ein Teil des Strahls die Grenze früher übertritt (und seine Geschwindigkeit ändert) als andere. Licht, das auf ein Medium mit höherem Brechungsindex trifft, wird in kleinerem Winkel brechen; ein niedrigerer Brechungsindex bewirkt dagegen einen größeren Brechungswinkel.

$$n_1 \sin\theta_1 = n_2 \sin\theta_2$$

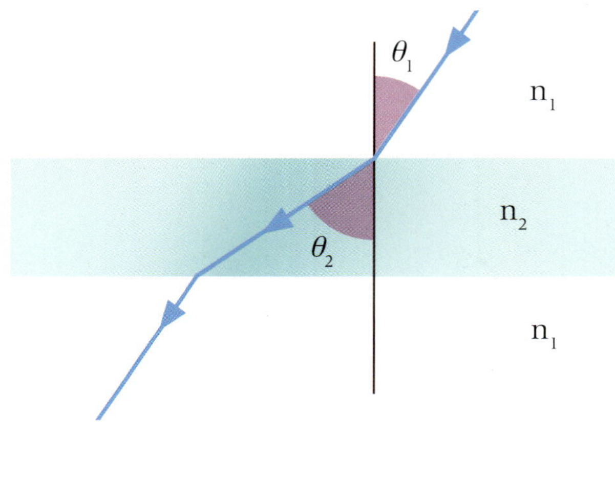

Beim Snellius-Gesetz arbeitet das Licht mit dem Brechungswinkel: n_1 und n_2 sind die Brechungsindizes der Trägermedien; θ_1 ist der Eintrittswinkel und θ_2 der Brechungswinkel. Beim Lichtaustritt aus dem zweiten Medium verläuft die Berechnung umgekehrt.

16 Der Mann mit dem Fall

Der Legende nach stieg Galileo Galilei auf den Schiefen Turm von Pisa, um Fallexperimente durchzuführen. Wahrscheinlich war es ganz anders – der bedeutende Forscher war jedenfalls der Erste, dessen Experimente einige universelle Wahrheiten über den freien Fall zutage förderten.

Nachdem Gelehrte lange Zeit in den Lehren des Aristoteles nach einer Erklärung für die Bewegung von Objekten gesucht hatten, wischte Galileo Galilei alle bisherigen Annahmen beiseite und begann von vorn. Das Ergebnis ist heute weniger bekannt als seine astronomischen Beobachtungen; sie zeigten, dass sich nicht alles um die Erde dreht. Für unser Verständnis vom Universum wurden sie außerordentlich wichtig.

Galileo interessierte sich nur für Beweise, die er selbst erbringen konnte. Die Geschichte vom Experiment auf dem Schiefen Turm benutzte er wohl nur, um Aristoteles' Theorie der Bewegung (nach der schwere Objekte schneller fallen als leichte) zu entlarven. Seine anderen, tatsächlich durchgeführten Experimente mithilfe von Bällen und Rampen zeigen, dass ein fallendes (oder rollendes) Objekt einer permanenten Kraft ausgesetzt ist und daher konstant beschleunigt. Diese Beschleunigung (a) führt zu einer Entfernung (d), die das Objekt zurücklegt, die sich wiederum proportional zum Quadrat der Zeit (t) verhällt, in der das Objekt in Bewegung ist. Anders als seine Vorgänger war Galileo in der Lage, das Fallgesetz in eindeutigen mathematischen Begriffen zu formulieren $(d = at^2)$. Wenn also die moderne Physik irgendwo ihren Anfang nahm, dann hier.

Galileo steht im Zentrum dieser Darstellung aus dem Jahr 1840, die eine Demonstration des Fallgesetzes in Pisa zeigt. Seine Ideen werden von Adelsherren (rechts) und Kirchenvertretern wie Philosophen abgelehnt – doch schließlich überzeugt sein Rampenexperiment.

17 Über den Druck

„Die Natur hasst das Vakuum" – diesen Gedanken kannte bereits die griechische Antike. Damals glaubte man, ein Vakuum sei schlicht unmöglich, doch Untersuchungen der Kräfte, die auf Flüssigkeiten und Gase wirken, führten zu anderen Erkenntnissen.

Rekonstruktion des Barometers von Evangelista Torricelli: Die linke Seite der u-förmigen Röhre ist offen; von dort drückt Luft auf das Quecksilber, das auf der rechten Seite aufwärts wandert und den Grad des Luftdrucks angibt.

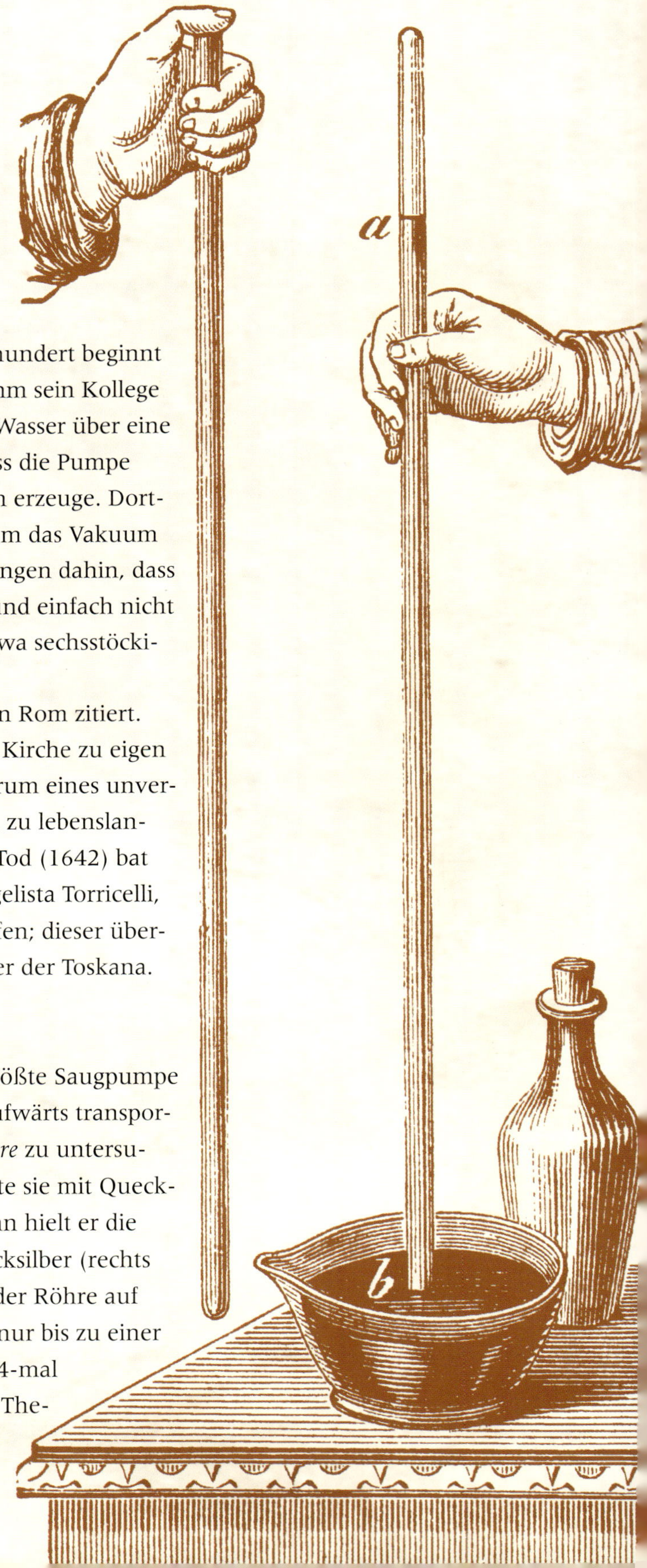

Wie viele wissenschaftliche Episoden aus dem 17. Jahrhundert beginnt auch diese mit Galileo Galilei. In einem Brief berichtet ihm sein Kollege Giovanni Battista Baliani 1630 von der Unmöglichkeit, Wasser über eine bestimmte Höhe hinaus zu pumpen: Man nahm an, dass die Pumpe durch einen Sauger Wasser ansauge und so ein Vakuum erzeuge. Dorthin würde das Wasser durch die Pumpröhre strömen, um das Vakuum zu füllen. Galileos Überlegungen zu Balianis Problem gingen dahin, dass die Kraft des Vakuums offenbar an ihre Grenzen stieß und einfach nicht stark genug war, um das Wasser über die Höhe eines etwa sechsstöckigen Gebäudes zu transportieren.

Drei Jahre später wurde Galileo vor die Inquisition in Rom zitiert. Er hatte Aristoteles' Weltsicht – die sich die katholische Kirche zu eigen gemacht hatte – widerlegt, nach dem die Erde das Zentrum eines unveränderlichen Universums war. Er wurde wegen Ketzerei zu lebenslangem Hausarrest verurteilt. Wenige Monate vor seinem Tod (1642) bat der inzwischen blinde Galileo den Mathematiker Evangelista Torricelli, ihm bei der Niederschrift seiner letzten Arbeiten zu helfen; dieser übernahm später Galileos Rolle als führender Wissenschaftler der Toskana.

Bau eines Barometers

Eines Tages wurde Torricelli gefragt, warum auch die größte Saugpumpe Wasser nur bis zu einer bestimmten Höhe (ca. 11 m) aufwärts transportieren konnte, und er beschloss, das Problem *en miniature* zu untersuchen: Er schloss das eine Ende einer Glasröhre und füllte sie mit Quecksilber – eine 14-mal dichtere Flüssigkeit als Wasser. Dann hielt er die Röhre mit dem offenen Ende in eine Schüssel mit Quecksilber (rechts im Bild) und beobachtete, wie die Quecksilbersäule in der Röhre auf 76 cm sank. Es sah so aus, als ob auch das Quecksilber nur bis zu einer bestimmten Höhe ansteigen konnte – und zwar rund 14-mal weniger als Wasser. Das genügte ihm, um die bisherige Theorie über Pumpen und Vakua auf den Kopf zu stellen.

Er entdeckte, dass eine Flüssigkeit nicht von der Saugkraft eines Vakuums, sondern vom Gewicht der Luft in die Höhe gedrückt wurde. Eine Flüssigkeitssäule erreicht ihre maximale Höhe, wenn ihr Gewicht mit dem der Luft ausbalanciert ist. Diese Entdeckung führte Torricelli zur Entwicklung des Barometers: Druck ist eine Kraft, die auf eine Oberfläche wirkt.

Blaise Pascal wiederholte höchstpersönlich sein Druckexperiment auf der Spitze des 50 m hohen Turms von Saint-Jacques-de-la-Boucherie, einer Kirche in Paris. Zu Ehren des Franzosen und seiner Arbeiten zum physikalischen Druck wird dessen Größe in Pascal (Pa) angegeben.

Die Kraft des Vakuums

Was aber war in dem Raum am geschlossenen Ende der „Torricellischen Röhre“? Was sonst außer einem Vakuum? Torricelli starb bereits 1647 – und Blaise Pascal setzte die Untersuchungen fort. Er schickte seine Anweisungen aus Paris an seinen Schwager Florin Périer ins Zentralmassiv; dieser führte ein berühmtes Experiment durch: Périer brachte ein Barometer an der Außenwand des Klosters Clermont-Ferrand an und beauftragte einen Mönch, den Stand der Quecksilbersäule täglich zu messen (er blieb gleich). Ein zweites Barometer schleppte er auf den Puy de Dôme, einen ca. 1460 m hohen Berg. Périer unternahm bereits sorgfältige Messungen auf dem Weg zum Gipfel – und fand heraus, dass die Quecksilbersäule desto weiter sank, je höher er stieg. Genau das hatte Pascal vorausgesagt: Mit zunehmender Höhe fiel der Luftdruck (da oben am Berg weniger Luft war). Mehr noch: Der Raum in der Röhre oberhalb des Quecksilbers wurde größer, obwohl er von der Außenwelt abgeschlossen war. Indem nichts hinzugefügt wurde, konnte nur das Nichts wachsen. Hier also war das Vakuum – der leere Raum, den die Schüler des Aristoteles so sehr verabscheuten.

Otto von Guericke wiederholte sein beeindruckendes Experiment im Jahre 1663 in der Nähe von Berlin für Friedrich Wilhelm I., Herzog von Preußen – wie dieser Stich in Guerickes Buch Experimenta nova *zeigt.*

Leergepumpt

1650 wechselt der Schauplatz nach Magdeburg. Hier hatte der deutsche Physiker Otto von Guericke eine Vakuumpumpe mit neuen Einwegventilen erfunden. Mit ihr pumpte er die Luft aus einer Kugel aus zwei Kupfer-Halbkugelschalen, die er zuvor abgedichtet zusammengelegt hatte. Sodann versuchten zwei Gespanne mit jeweils acht Pferden, die beiden Halbkugeln auseinanderzuziehen – ohne Erfolg. Sobald jedoch wieder Luft in die Kugel kam, ließen sich die beiden Hälften leicht auseinandernehmen. Das Vakuum selbst besaß also keinerlei Kraft. Vielmehr drückte der Luftdruck von außen die beiden Halbkugeln aufeinander. Aber welche Kraft in der Luft bewirkte diesen Druck?

18 Pendel

GALILEO SOLL AUCH DIE BEWEGUNGSGESETZE DES PENDELS ENTDECKT HABEN, als er eine frei schwingende Lampe in der Kathedrale von Pisa beobachtete. Dieser natürliche Rhythmus revolutionierte die Zeitmessung und führte zu neuen Erkenntnissen im Bereich der Bewegungsgesetze.

Christiaan Huygens ließ sich 1636 die Pendeluhr patentieren.

Wie wahr die nette Geschichte auch sein mag: Sicher ist, dass Galileo schon früh die Bewegung des Pendels ausführlich untersuchte. Bereits um 1602 hatte er herausgefunden, dass die Schwingungsperiode eines einfachen Pendels (also die Zeit, die ein Pendel benötigt, um einmal ganz nach links und rechts auszuschwingen) sich proportional zur Quadratwurzel seine Länge verhielt. Veränderte man die Masse des Pendelgewichts, änderte dies nichts an seiner Periode (ein schweres Gewicht schwingt also genauso wie ein leichtes). Vor allem fand Galileo mit kleinen Pendeln heraus, dass die Periode unabhängig von der Schwingungsweite (Amplitude) des Pendels war. Das bedeutete: Alle Pendel derselben Länge, die irgendwo auf der Welt in Schwingung versetzt wurden, wiesen exakt dieselbe Periode auf. Dieser „Isochronismus" (gleiche Schwingzeit) ermöglichte es, das Pendel zur Zeitmessung einzusetzen. Alles, was man brauchte, war ein Pendel mit der Periode von einer Sekunde … Und wieder einmal hatte Galileo die Welt verändert!

GALILEOS LAMPE

Bis heute hängt in der Kathedrale von Pisa eine Lampe (aus dem Jahr 1586) – und zwar an der Stelle, an der Galilei seine Untersuchungen zur Pendelbewegung unternahm. Angeblich hat er während des Gottesdienstes seinen Puls dazu benutzt, um die Schwingzeiten des Pendels zu ermitteln.

Tick und Tack

Die genaue Zeit war für die Kirche im Mittelalter enorm wichtig, denn sie organisierte all ihre Aktivitäten um die Gebete herum, die zu bestimmten Tageszeiten zu erfolgen hatten. Mechanische Uhren gab es seit dem 14. Jahrhundert (in Mailand z. B. seit 1335). Sie funktionierten mit einem Gewicht, das bei kontrollierter Geschwindigkeit sank. Diese Uhren waren alles andere als genau und mussten regelmäßig anhand astronomischer Beobachtungen neu eingestellt werden.

HARMONISCHE BEWEGUNG

Die Bewegung des Pendels erfolgt als Schwingung. Unter idealen Bedingungen, d. h. wenn keine Energie verloren geht (z. B. durch Reibung), stellen diese Schwingungen *die* einfache harmonische Bewegung dar – bei der die Geschwindigkeit *(v)* des Gewichts, seine Beschleunigung *(a)* und seine Verlagerung *(s)* vom zentralen Ausgangspunkt in perfekter Proportion zueinander stehen. Tatsächlich wird Reibung stets die Schwingung dämpfen – und so früher oder später anhalten.

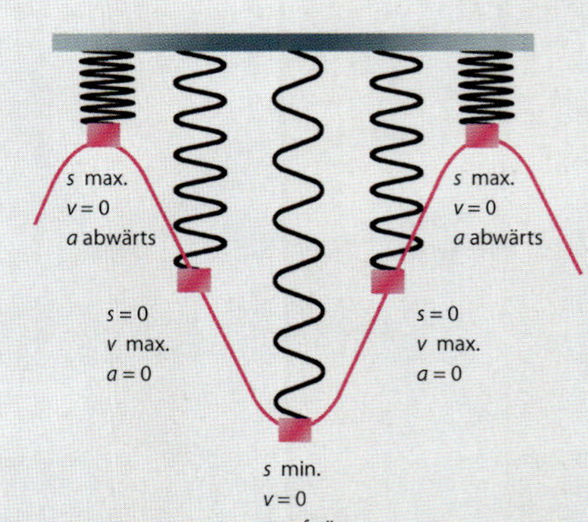

Bei seinem Tod 1642 hinterließ Galileo den Entwurf einer Pendeluhr – doch erst das Modell des Holländers Christiaan Huygens aus dem Jahre 1656 entsprach den Produktionsbedingungen seiner Zeit. Huygens Uhr wurde (ähnlich wie frühere Modelle) durch ein Zuggewicht angetrieben, nutzte jedoch ein Pendel, um es in Gang zu setzen. So konnten bestehende Kirchenuhren mithilfe genauerer Geräte nachgerüstet werden. Die Feinabstimmung wurde dadurch erreicht, dass man das Pendelgewicht etwas höher oder niedriger ansetzte, um eine Periode von genau einer Sekunde zu erreichen; solche einfachen Pendeluhren verloren pro Tag nur wenige Sekunden.

Pendel sind Beispiele für harmonische Schwingungen. Die Schwingung wird durch die sogenannte Rückstellkraft bewirkt – die stets zum zentralen Ausgangspunkt hinzieht –, die Größe dieser Kraft ist proportional zur Distanz zu diesem zentralen Punkt. Als Nächstes wandte ein junger Engländer dasselbe Prinzip an, um Dinge zu strecken.

19 Hookesches Gesetz

Robert Hook sollte zeitlebens im Schatten bedeutenderer Zeitgenossen stehen; doch ihm verdanken wir zahlreiche Entdeckungen – nicht zuletzt das Gesetz der Elastizität.

Robert Hooke wirkte an zahlreichen wissenschaftlichen Entdeckungen mit, auch wenn häufig andere dafür im Rampenlicht standen. Oft stritt er sich mit seinen Kollegen darüber, wer dieses oder jenes erfunden hatte. Bei Gelegenheit einer solchen Beschwerde sagte Newton: „Wenn ich weiter blicken konnte, so nur, weil ich auf den Schultern von Riesen stand."

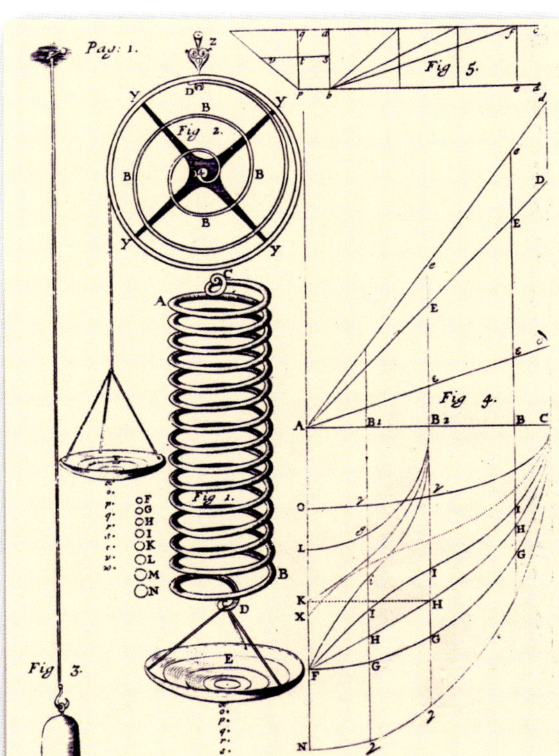

Ausdehnung der Wirklichkeit

Doch wie der Name bereits ahnen lässt: Das Hookesche Gesetz blieb seine Entdeckung. Als er es 1660 ankündigte, wählte er das Anagramm *ceiinosssttuv;* dahinter verbirgt sich der lateinische Satz *ut tensio, sic vis:* wie die Spannung, so die Kraft. Die Ausdehnung (oder Kompression) eines gegebenen Materials ist proportional zur darauf angewendeten Kraft – einer „Rückstellkraft", die nötig ist, um das Material in seine ursprüngliche Länge zurückzuversetzen. Verdoppelt man die Kraft, verdoppelt sich die Ausdehnung. Offensichtlich sind manche Materialien steifer als andere, doch das Gesetz gilt, solange das Material nicht bricht oder deformiert. Hooke experimentierte viel mit einfachen Federn; sein Gesetz gilt für das Zupfen einer Feder ebenso wie für Erdbeben oder die Vibrationen eines Atoms.

MONUMENT DER WISSENSCHAFT

Das Monument zur Erinnerung an den Großbrand in London baute Englands Toparchitekt Christopher Wren nach einem Entwurf von Robert Hooke. Im Innern der Säule an dem Ort, an dem 1666 der Brand entstand, führt eine Wendeltreppe nach oben, zur Messung elastischer Ausdehnung und Schwingung; eine Öffnung auf dem Dach gab den Blick für ein Teleskop frei.

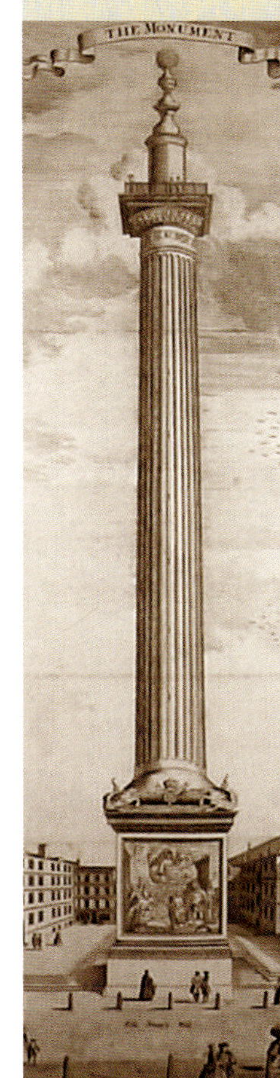

20 Gasgesetze

Obwohl er als Vater der Chemie bezeichnet wird, ist das berühmte Gasgesetz von Robert Boyle reinste Physik – denn es beschreibt, in welchem Verhältnis der Druck eines Gases zu seinem Volumen steht. Dieses und zwei weitere Gasgesetze brachten erste Erkenntnisse darüber, wie sich Materie auf der atomaren Ebene zusammensetzt.

In den späten 1670er-Jahren assistierte der Franzose Denis Papin (rechts) dem englischen Physiker Robert Boyle; das Bild zeigt die beiden in einem Labor voller Apparaturen und Gläser, darunter auch eine kugelförmige Vakuumpumpe (rechts im Hintergrund), die für Boyles Entdeckungen enorm wichtig war.

Pascal studierte Flüssigkeitskräfte und Hooke entdeckte eine Eigenschaft der Festkörper; Robert Boyle hingegen beschloss, von Guericke zu folgen und Gase zu untersuchen (die damals noch als „Lüfte" bezeichnet wurden, da man in der Natur kaum mehr als die klassischen vier Elemente Luft, Erde, Feuer und Wasser kannte). Boyle war zudem von Francis Bacon beeinflusst; der Engländer publizierte eine der ersten Beschreibungen wissenschaftlicher Methodik, auch wenn andere (nicht zuletzt Alhazen und Galileo) schon in ähnlicher Weise gearbeitet hatten. Boyle legte die Grundlagen eines bis heute bestehenden Skeptizismus in den Naturwissenschaften – insbesondere gegenüber den Behauptungen der Alchemisten.

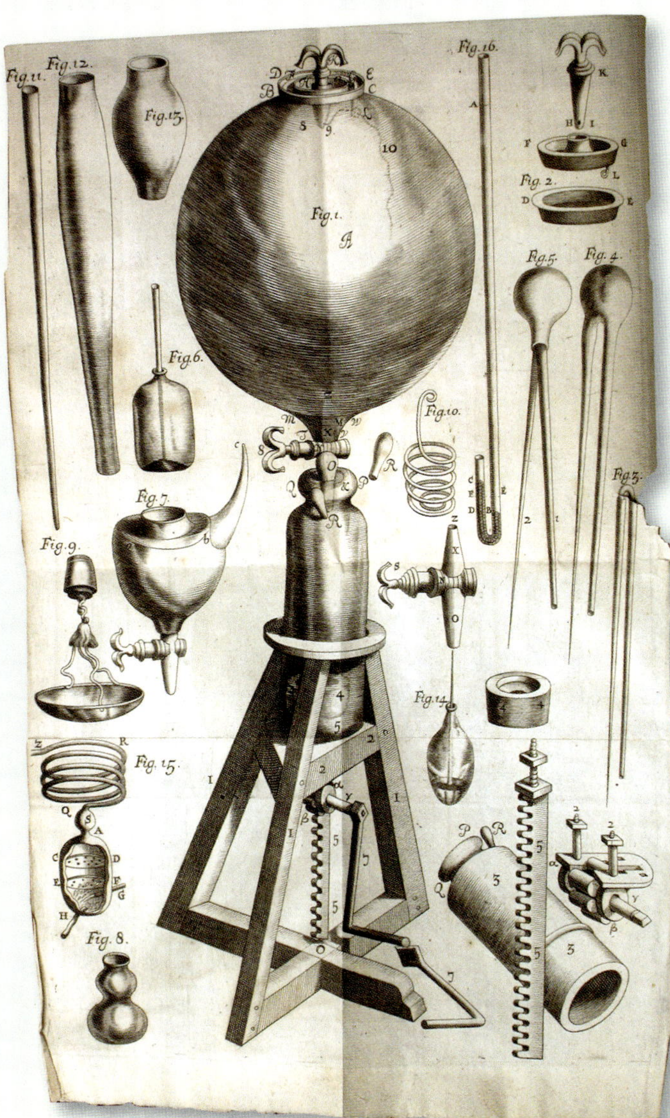

In Tuchfühlung mit der „Quelle der Luft"

Boyle stammte aus einer wohlhabenden irischen Familie und etablierte sich in London als Naturwissenschaftler. Er stellte Hooke als Entwickler einer nach dem Vorbild von Guerickes Vakuumpumpe gebauten Luftpumpe an. Auch ließ er sich für seine ersten Experimente von den besten

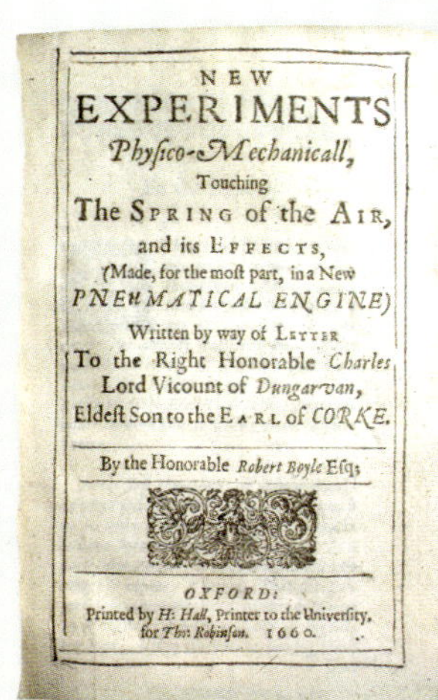

NEW
EXPERIMENTS
Physico-Mechanicall,
Touching
The Spring of the Air,
and its Effects,
(Made, for the most part, in a New
PNEUMATICAL ENGINE)
Written by way of Letter
To the Right Honorable Charles
Lord Vicount of Dungarvan,
Eldest Son to the Earl of Corke.

By the Honorable Robert Boyle Esq;

OXFORD:
Printed by H: Hall, Printer to the University,
for Tho: Robinson. 1660.

Boyles erste Veröffentlichung im Jahre 1660 unter dem Titel New Experiments, Physico-Mechanical, touching the Spring of the Air *enthielt zahlreiche detaillierte Zeichnungen seiner bahnbrechenden „pneumatic engine" (Luftpumpe).*

Glasbläsern der Stadt jede Menge ungewöhnlicher Gefäße anfertigen. Diese Experimente zeigten u. a., dass Schallwellen sich nicht durch ein Vakuum verbreiten, Flammen ohne Luft nicht brennen und Pflanzen und Tiere ohne Luft nicht leben konnten.

Außerdem erforschte Boyle die physikalischen Eigenschaften der „Lüfte"; so zeigte er z. B., dass in einem Vakuum eine Feder genauso schnell herabfiel wie ein Stein. Das führte zu der Annahme, dass die Luft – wenngleich unsichtbare – Materie enthält. 1662 veröffentlichte er das sogenannte Boylesche Gesetz: der Druck in einem mit Gas gefüllten Gefäß steigt an, wenn das Gas zu einem kleineren Volumen zusammengedrückt wird – der Gasdruck *(P)* ist umgekehrt proportional zum Volumen *(V)*, $P \propto 1/V$. Boyle benutzte sein empirisch erhobenes Gesetz zur Entwicklung der Idee, die Luft bestehe aus winzigen Teilchen, die sich in alle Richtungen bewegen und gegeneinander und gegen die Gefäßwände stoßen – und so Druck erzeugen.

Andere Gesetze

Mehr als ein Jahrhundert später kamen weitere Gesetze hinzu; sie hatten die Temperatur *(T)* zum Gegenstand: So besagt das Gesetz von Jacques Charles (1787), dass die Gastemperatur proportional zu seinem Volumen ist $(V \propto T)$, während nach dem Gesetz von Gay-Lussac (1802) sich der Gasdruck proportional zu seiner Temperatur verhält $(P \propto T)$. Gemeinsam formulieren diese drei Gasgesetze das Fundament der modernen Atomtheorie. Wie Boyle angenommen hatte, verhielten sich „die Lüfte" (Gase) so, wie es das griechische Wort *chaos* zum Ausdruck brachte, und wurden daher am besten als eine Ansammlung unabhängiger Einheiten betrachtet. Im Nachhinein wurde hier erstmals der Weg zur Entdeckung des Atoms beschritten, doch es sollte noch Jahrhunderte dauern, bis es sich als richtig erwies.

DREI GASGESETZE

Das Gay-Lussacsche Gesetz besagt: Wenn das Volumen konstant ist, wird Wärme den Gasdruck erhöhen – weil die Gasmoleküle schneller werden und sie härter und öfter gegen die Gefäßwände stoßen und so größeren Druck erzeugen.

Das Charlessche Gesetz besagt: Gase dehnen sich mit wachsender Temperatur aus. Je wärmer die Gasmoleküle, desto schneller üben sie Druck auf das Gefäß aus und dehnen sich aus, bis eine neue Balance erreicht ist.

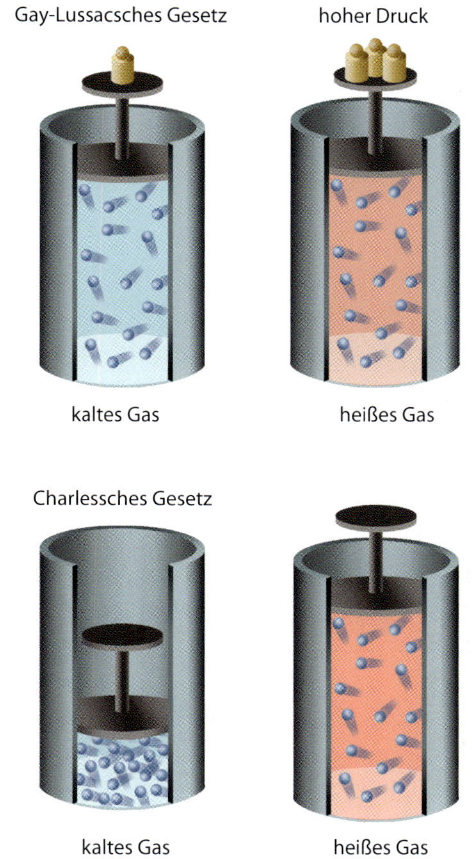

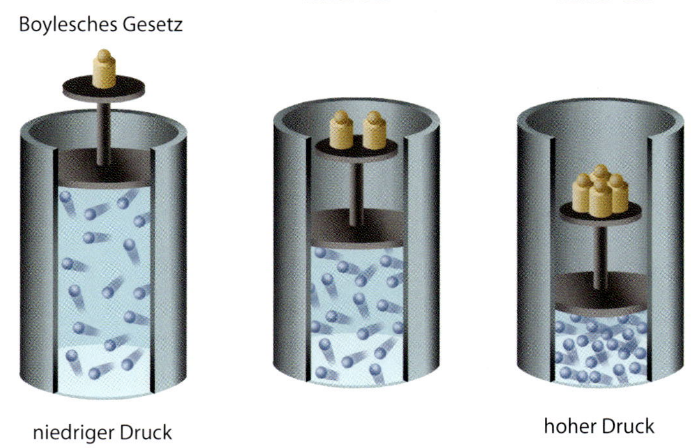

Das Boylesche Gesetz besagt: Der Druck eines Gases ist umgekehrt proportional zu seinem Volumen – das bedeutet: Wenn eine Gasmenge in ein kleineres Gefäß gepresst wird, erhöht sich der Druck, da seine Moleküle öfter gegeneinander und gegen die Gefäßwände stoßen.

21 Newtons Prinzipien

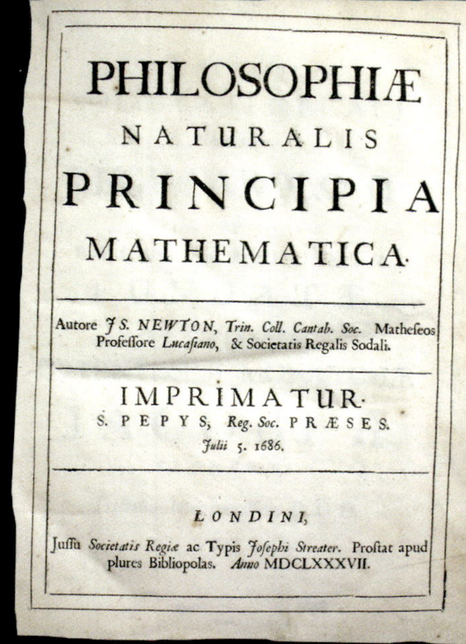
PHILOSOPHIÆ
NATURALIS
PRINCIPIA
MATHEMATICA.

Autore J S. NEWTON, Trin. Coll. Cantab. Soc. Matheseos Professore Lucasiano, & Societatis Regalis Sodali.

IMPRIMATUR.
S. PEPYS, Reg. Soc. PRÆSES.
Julii 5. 1686.

LONDINI,
Jussu Societatis Regiæ ac Typis Josephi Streater. Prostat apud plures Bibliopolas. Anno MDCLXXXVII.

Titelseite der Erstausgabe der Principia

GESCHICHTE WIRD VON SIEGERN GESCHRIEBEN – UND NEWTON GEHÖRT ZU IHNEN. Sein Hauptwerk *Philosophiae Naturalis Principia Mathematica* veränderte unser Verständnis der Schwerkraft und der Bewegung.

Ein Kupferstich Newtons in mittleren Jahren – zu dieser Zeit hatte er bereits die Physik und Mathematik auf ein neues Fundament gestellt; später ging er auch in die Politik.

Der Legende nach hatte Isaac Newton bereits als Junge die Idee der Schwerkraft – als ein Apfel vom Baum fiel, unter dem er gerade saß. Aber erst im hohen Alter erwähnte er diese Geschichte, die ihn als eine Art Seher erscheinen lässt, dessen Genie allein die wissenschaftliche Revolution in Gang setzte. Zu Lebzeiten musste Newton seine Entdeckungen vielfach verteidigen; er selbst erkannte auch die Errungenschaften vorangegangener Gelehrter an.

Eine notwendige Kraft

1609 entdeckte der deutsche Astronom Johannes Kepler, dass die Umlaufbahnen der Planeten elliptisch (nicht kreisrund) verlaufen. Wenig später weitete Galileo Galilei seine Untersuchungen fallender Objekte auf Geschosse aus und fand heraus, dass ihre Bahn eine Parabel beschreibt. Seit der Antike wusste man, dass Ellipsen und Parabeln verwandte Formen sind – und Newton stellte als Erster fest, dass die Kraft, die die Planeten in ihrer Bahn hielt, dieselbe ist, die Projektile schließlich zu Boden fallen lässt. Er behielt diese Theorie zunächst aber für sich. 1680 nahm Robert Hooke gegenüber seinem Kollegen Edmond Halley (der des Kometen) an, die Schwerkraft verhalte sich nach dem sogenannten Abstandsgesetz: Verdoppelte man die Entfernung zwischen zwei Körpern, so werde die Kraft zwischen ihnen geviertelt. Hooke konnte das aber nicht beweisen und so fragte Halley seinen Kollegen Newton, der zu Hookes Verwunderung erklärte, er habe das bereits gewusst.

DAS NEWTON

Die Maßeinheit der Kraft (N) wurde nach ihrem Entdecker benannt und besagt: 1 Newton beschleunigt 1 kg Masse in 1 m/s^2. Die Schwerkraft bei einem zu Boden fallenden Apfel (von ca. 100 g Gewicht) beträgt ca. 1 Newton.

$$F = ma$$

Mit Halleys Hilfe veröffentlichte Newton sein universales Gesetz der Schwerkraft – und zwar 1687 in seinen *Principia Naturalis Principia Mathematica*. Es besagt: Die Schwerkraft hält alle Masseobjekte zusammen. Sie verhält sich proportional zur Masse. Die Erde und der Apfel ziehen einander an, doch die Kraft bewegt den Apfel weit mehr als die Erde – deshalb fällt der Apfel auf die Erde (und nicht umgekehrt). Dem Abstandsgesetz zufolge nimmt die Anziehungskraft mit zunehmender Distanz deutlich ab. Mathematisch ausgedrückt lautet das Gesetz: $F = GMm/r^2$ – wobei die Schwerkraft *(F)* gleich der Masse *(M)*, multipliziert mit einer weiteren *(m)*, geteilt durch die Quadratsumme der Distanz zwischen beiden *(r)* ist. Die Schwerkraftkonstante *(G)* ist ein für die Berechnung notwendiger festgelegter Konversionsfaktor

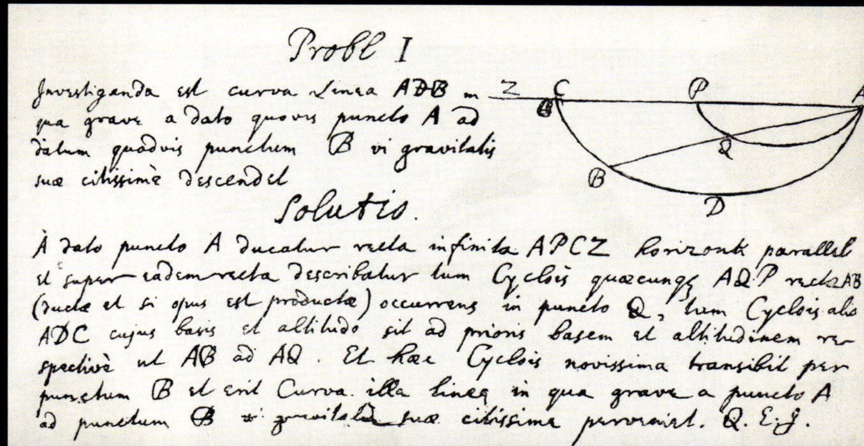

Probl I

Investiganda est curva Linea ADB in qua grave a dato quovis puncto A ad datum quodvis punctum B vi gravitatis suæ citissime descendet

Solutio.

A dato puncto A ducatur recta infinita APCZ horizonti parallela et super eadem recta describatur tum Cyclois quæcunque AQP rectæ AB (ductæ et si opus est productæ) occurrens in puncto Q, tum Cyclois alia ADC cujus basis et altitudo sit ad prioris basem et altitudinem respective ut AB ad AQ. Et hæc Cyclois novissima transibit per punctum B et erit Curva illa linea in qua grave a puncto A ad punctum B vi gravitatis suæ citissime perveniet. Q. E. I.

Zur Zeit Newtons war Latein die Sprache der Wissenschaft; so konnten Wissenschaftler aus verschiedenen Ländern miteinander kommunizieren. In dieser auf Lateinisch verfassten Notiz (um 1690) beschäftigt sich Newton mit der Brachistochrone: die (reibungsfreie) Bahn, auf der ein Objekt schnellstmöglich von einem Punkt zum anderen gelangt.

Das Gesetz der Bewegung

In Newtons *Principia* finden sich seine Beiträge zur Mechanik: die Bewegungsgesetze. Sie erläutern, wie eine Kraft mit einer Masse interagiert und dabei Bewegung erzeugt. Das erste Gesetz wiederholt Galileos Idee der Trägheit und besagt, dass die Masse den Zustand der Bewegung (auch deren Fehlen) so lange beibehält, bis eine Kraft von außen darauf wirkt und ihn verändert.

Das zweite Gesetz benennt die Größe einer Kraft als Masse multipliziert mit der Beschleunigung und findet dafür eine ebenso einfache wie bestechende Formel: $F = ma$. Diese Gleichung besagt, dass eine gleichförmige Kraft ein leichteres Objekt stärker beschleunigt als ein schweres – und dass zur Beschleunigung der doppelten Masse auf dieselbe Geschwindigkeit die doppelte Kraft notwendig ist.

Das dritte Gesetz: Wenn eine Masse Kraft auf eine zweite ausübt (Aktion), übt diese zweite Masse dieselbe Kraft auf die erste aus (Reaktion), nur in umgekehrter Richtung. Das erklärt, warum Steine fallen und warum wir nicht durch Wände gehen können. (Wer die Wand einzudrücken versucht, wird genauso hart zurückgedrückt.)

DIE GESETZE DER BEWEGUNG

I	II	III
Jedes Objekt in gleichförmiger Bewegung bleibt, solange keine andere Kraft von außen einwirkt, in Bewegung.	*Das Verhältnis zwischen der Masse eines Objekts* (m), *seiner Beschleunigung* (a) *und der einwirkenden Kraft* (F): F = ma.	*Auf jede Aktion folgt eine entsprechend große und entgegengesetzte Reaktion.*

22 Theorien des Lichts

Isaac Newton lehrte Mathematik und Physik in Cambridge und forschte meist im Geheimen. Seine Erkenntnisse veröffentlichte er erst viel später. Noch bevor er sich mit den *Principia* einen Namen machte, hatte er auch die Optik mit seinen Entdeckungen enorm vorangebracht.

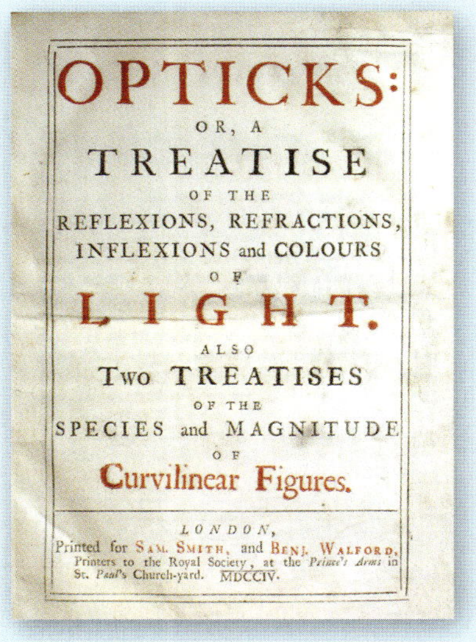
OPTICKS:
OR, A
TREATISE
OF THE
REFLEXIONS, REFRACTIONS, INFLEXIONS and COLOURS
OF
LIGHT.
ALSO
Two TREATISES
OF THE
SPECIES and MAGNITUDE
OF
Curvilinear Figures.
LONDON,
Printed for SAM. SMITH, and BENJ. WALFORD, Printers to the Royal Society, at the Prince's Arms in St. Paul's Church-yard. MDCCIV.

Die Titelseite der 1704 erschienenen Ausgabe der Opticks: *Anders als bei den* Principia *war dieses Buch in Englisch verfasst und auch insgesamt leichter verständlich; Newton beschrieb hier hauptsächlich seine optischen Experimente aus den vorangegangenen Jahrzehnten.*

Newton verdanken wir den Begriff „Spektrum“ – so nannte er die Regenbogenfarben, die wir sehen, wenn weißes Licht durch ein Prisma aufgespalten wird. In den frühen 1670er-Jahren experimentierte Newton mit dem Licht; seine Ergebnisse veröffentlichte er aber erst 1704 in seinem Buch *Opticks*. Da hatte er bereits ein Spiegelteleskop entwickelt, das bei der Betrachtung der Sterne statt einer Linse einen Spiegel zur Lichtbündelung nutzte. Denn Linsen produzierten seinerzeit ungewünschte Brechungen (d.h. Farbabweichungen), die zu verschwommenen Bildern führten.

In *Opticks* vertrat Newton die These, Licht bestehe aus einem Strom winzigster Teilchen. Das widersprach der Theorie Christiaan Huygens', der Licht als Resultat von Wellen betrachtete. Da Schatten aber scharfe Kanten hatten, widersprach Newton mit dem Argument, Wellen müssten sich dort kräuseln. Am Ende hatten beide irgendwie recht.

DAS SPEKTRUM

Newton stellte im Regenbogen die Farben Rot, Orange, Gelb, Grün, Blau, Indigo und Violett fest. Eigentlich wäre es einfacher gewesen, mit sechs Farben zu arbeiten; aber da Newton dachte, sieben sei eine Glückszahl, setzte er Indigo als siebte Farbe hinzu.

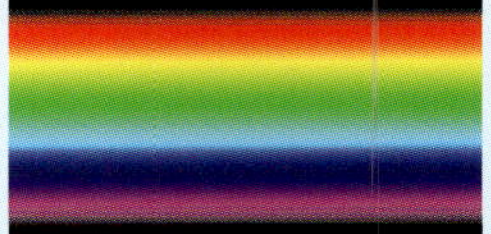

Das Bild zeigt Newton in einem abgedunkelten Raum seiner Universität – dort traf nur ein dünner Sonnenstrahl hinein, der durch ein Glasprisma aufgespalten wurde.

23 Der fliegende Junge: die Leitung von Elektrizität

DIE GESCHICHTE DER ELEKTRIZITÄT SETZT MIT DEM BEGINN DER PHYSIK SELBST EIN – ALSO BEI THALES. Bis in die 1720er-Jahre hinein wurde Elektrizität als Phänomen der Statik betrachtet; das änderte sich erst mit Stephen Gray.

Otto von Guericke war nicht nur der Erfinder der Vakuumpumpe, sondern auch der eines elektrostatischen Generators, der durch die Drehung eines Schwefelballs elektrische Ladung erzeugte (er funktionierte mit Reibung – wie ein Ballon, der aufgeladen wird, indem man ihn reibt). Neue Geräte optimierten das Verfahren: Francis Hauksbee nutzte sogar eine Vakuumpumpe, um mit einer leere Glasbirne elektrische Ladung aufzufangen.

Stephen Gray fand heraus, dass sich Elektrizität mit Drähten leiten ließ. Da er nicht genügend Metall hatte, nahm er stattdessen Verpackungsseile aus Hanf. Obwohl das kein optimaler Leiter war, schickte er damit Strom 240 m weit (nachdem er sich vergewissert hatte, dass nichts den Boden berührte oder „geerdet" war).

Showgeschäft

Statische Elektrizität war ein Publikumsmagnet. „Elektrotechniker", die Tricks mit Funken vorführten, waren bei gesellschaftlichen Abendessen *die* Attraktion. Doch nur wenige Wissenschaftler interessierten sich für diese Neuauflage eines alten Phänomens; zu ihnen gehörte Stephen Gray, ein ehemaliger Textilhändler, der solche Funken schon öfter bei Seidenwebstühlen beobachtet hatte.

Thales hatte bereits beschrieben, wie Reibung an bestimmten Objekten bewirkte, dass sie Staub und Federn anzogen; Gray unternahm dasselbe mit langen Glasröhren und fand heraus, dass er die Anziehungskraft durch einen Faden bis zu einem Ball aus Elfenbein ausdehnen konnte, der Fusseln trug. Dem Beispiel anderer Elektrotechniker seiner Zeit folgend, führte Gray ein Experiment durch, das unter dem Namen „fliegender Junge" bekannt wurde: Er hängte den Jungen an Seidenschnüren auf und lud ihn mithilfe elektrischer Ladung aus einem Hauksbee-Generator auf. Daraufhin „flog" der ausgestreckten Hand des Jungen ein Blatt aus Gold zu. Der Junge hing in der Luft, ohne den Boden zu berühren (damit die Ladung nicht durch ihn hindurch und in die Erde gehen konnte). Das Experiment zeigte: Elektrizität wurde durch Metall, Elfenbein oder den menschlichen Körper geleitet, nicht aber durch Isolatoren wie Seidenschnüre. Die Unterscheidung in Leiter und Isolatoren sollte für das Verständnis von Elektrizität und deren Beherrschung von zentraler Bedeutung werden.

DIE ERSTE COPLEY-MEDAILLE

Nach Newtons Tod wurde Sir Hans Sloane Präsident der Royal Society, Großbritanniens erstem Wissenschaftsklub. Sloane war ein Freund Stephen Grays (er erfand die Milchschokolade!) und ehrte ihn 1731 für seine Entdeckungen (nachdem Newton diese weitgehend ignoriert hatte) mit der ersten Copley-Medaille – der höchsten Auszeichnung der Gesellschaft; ihm sollten noch viele namhafte Medaillenträger folgen.

24 Temperaturskala

HÄUFIG WIRD DIE WISSENSCHAFT NICHT ALLEIN DURCH INTELLEKTUELLE FÄHIGKEITEN, SONDERN DURCH HANDWERKLICHE MEISTERSCHAFT VORANGETRIEBEN – wie etwa beim Thermometer: Das wurde nicht erfunden, sondern von einem deutschen Glasbläser perfektioniert.

Das Thermometer nutzt die Eigenschaft von Flüssigkeiten, sich bei Wärme auszudehnen und bei sinkenden Temperaturen zusammenzuziehen; das hatte Heron von Alexandria bereits im 1. Jh. n. Chr. herausgefunden. Die ersten Thermometer arbeiteten mit Wasser und waren recht ungenau. 1714 verwendete der Messinstrumentebauer Daniel Gabriel Fahrenheit in einem Thermometer erstmals Quecksilber, denn wo Wasser gefror oder anfing zu kochen, blieb Quecksilber weiterhin flüssig. Jetzt brauchte man nur noch eine Skala, um die Veränderungen der Temperatur zu messen. Die Skalen sind willkürlich; sie benötigen vor allem einen leicht zu duplizierenden untersten und obersten Punkt, sodass neue Thermometer problemlos entsprechend kalibriert werden können. 1724 wählte Fahrenheit die Körpertemperatur des Menschen als obersten Punkt und setzte ihn auf 96°; eine Mischung aus Eis, Wasser und Ammoniumchlorid bestimmte den Nullpunkt.

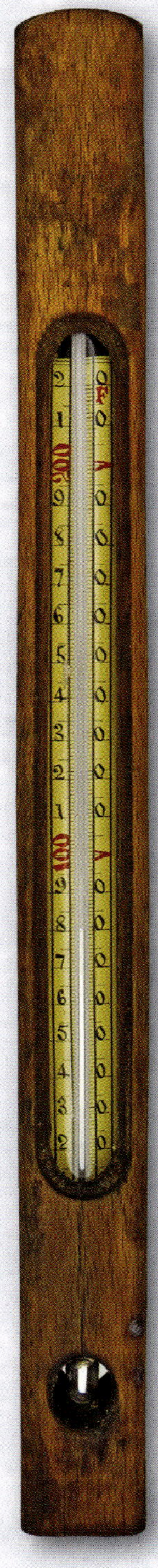

Die Quecksilbermenge im Glasröhrchen ist verhältnismäßig gering – im Vergleich zum Speicher am unteren Ende des Thermometers. Fahrenheit war ein Meister in der Herstellung von Präzisionsgläsern, wie sie für wissenschaftliche Messinstrumente benötigt wurden.

25 Leydener Flasche

STEPHEN GRAY HATTE GEZEIGT, DASS ELEKTRISCHE „FLÜSSIGKEITEN" – ALS SOLCHE WURDEN SIE SEINERZEIT BETRACHTET – DURCH BESTIMMTE SUBSTANZEN FLIESSEN; sie nachzuweisen, war indes schwierig. Also suchte man nach einer Möglichkeit, dieses fantastische Phänomen zu speichern.

Die Entdeckung, dass Elektrizität durch geladene Partikel, vor allem Elektronen entsteht, sollte zunächst noch weitere 150 Jahre auf sich warten lassen. Eine statische Ladung entsteht dadurch, dass ein Objekt ein Defizit oder ein Surplus an Elektronen aufweist. Ein Funken entsteht durch geladene Partikel, die zu ihrer Balance zurückkehren (Strom hingegen ist ihre konstante Bewegung). Im 18. Jahrhundert lautete die bis dahin vernünftige Erklärung für statische Ladung: Elektrische „Flüssigkeiten" werden in einem Objekt gebündelt. Elektrostatische Generatoren wie von Guerickes Schwefelball sowie Francis Hauksbees Glaskugel zu Beginn des 18. Jahrhunderts waren beides „Reibungsmaschinen", d.h. sie rieben die „Flüssigkeiten" aus einem Festkörper in einen anderen.

GLASIG UND HARZIG

In den 1730er-Jahren beschrieb der französische Forscher Charles du Fay zwei Arten elektrischer „Flüssigkeiten": harzige (z.B. in Bernstein) und glasige (wie bei Glas). Gegensätzliche „Elektrizitäten" zogen sich an, gleiche stießen einander ab. Heute nennt man sie positive und negative elektrische Ladung.

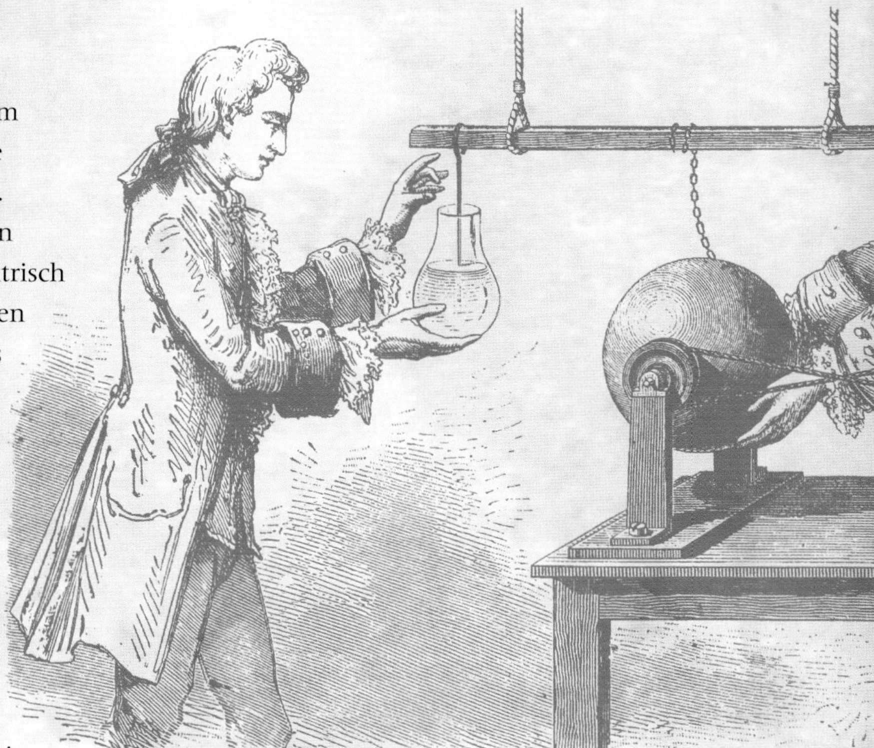

Von Kleist benutzt bei dem Experiment, die Leydener Flasche aufzuladen, seine Hand und steht kurz davor, einen Schock zu erleben. Später entdeckte man, dass die Flasche auch ohne Wasser funktionierte.

Solche elektrostatischen Generatoren waren verhältnismäßig aufwendig – nur um ein paar harmlose Funken zu erzeugen; sie waren kaum mehr als eine Attraktion, z. B. als „elektrischer Kuss", ein Partytrick in den 1740er-Jahren, bei dem Paare, einmal elektrisch aufgeladen, buchstäblich „Funken" zwischen sich erzeugten. Um Elektrizität zu mehr als solchen Späßen zu nutzen, musste man größere Mengen davon speichern – und womit, wenn nicht mit einer Flasche?

Gefährliche Experimente

Der deutsche Wissenschaftler Ewald Georg von Kleist kleidete die Innenwände einer Glasflasche mit Stanniolfolie aus und füllte sie mit etwas Wasser, das durch die Verbindung mit einem elektrostatischen Generator aufgeladen werden sollte. Als er die Folie mit der Hand berührte, erhielt er einen beträchtlichen und ziemlich gefährlichen Stromschlag, den er glücklicherweise überlebte. Offensichtlich hatte seine Flasche Elektrizität gespeichert – nur wie?

Der Holländer Pieter van Musschenbroek baute ein ähnliches Gerät (er hatte wie von Kleist bei Willem Jacob 's Gravesande an der Universität Leiden gelernt) und zeigte seine Flasche Wissenschaftlern an der Universität in Leyden; so kam die Flasche zu ihrem Namen. Man unternahm Verbesserungen und brachte die Folie nicht nur innen, sondern auch außen an, ließ jedoch den oberen Glasrand frei.

Die Leydener Flasche war der erste Kondensator – ein Gerät aus zwei leitfähigen Platten zur Speicherung von elektrischer Ladung. Die Platten (hier Folien) werden durch einen Isolator (das Glas) getrennt. Während die eine Platte (die innere Folie) aufgeladen wird, baut die zweite (die äußere Folie bzw. bei Kleist die Hand) eine gleich große, aber entgegengesetzte Ladung auf. Verbindet man beide Platten, richtet sich die Ladung gleich aus. Die Leydener Flasche produzierte kaum mehr als ein paar größere Funken. Kondensatoren, die Strom abgaben, entstanden mit der Erfindung chemischer Batterien rund 55 Jahre später. Ihren Namen prägte übrigens Benjamin Franklin – denn die Reihe von untereinander verbundenen Leydener Flaschen erinnerte ihn an eine Kanonenbatterie.

Der US-amerikanische Politiker Benjamin Franklin konnte bestätigen, dass Blitze „elektrische Flüssigkeit" enthielten – und zwar durch einen Versuch, bei dem er einen Schlüssel mit einem Drachen verband und Funken vom Schlüssel zu dem Ring an seinem Finger sprangen! Es heißt, er habe mit dem Schlüssel anschließend auch eine Phiole aufgeladen (die einer Leydener Flasche gleichkam) – aber ob er tatsächlich ein so tollkühnes Experiment unternahm, bleibt sein Geheimnis.

26 Wärme

Joseph Black (sitzend) diskutiert seine Ideen zur Wärme mit seinem Kollegen James Watt (Mitte) – dem Ingenieur, der Wärme dazu nutzte, die erste richtige Dampfmaschine zu betreiben.

JOSEPH BLACK WAR EIN SCHOTTISCHER ARZT MIT VIELSEITIGEN INTERESSEN, DARUNTER AUCH DIE CHEMIE. Bei seiner Suche nach Heilmitteln für Magenbeschwerden entdeckte er das Kohlendioxid. Sein wichtiger Beitrag zur Physik ist die Entdeckung der „latenten Wärme".

In den 1750er-Jahren setzte Black präzise Quecksilberthermometer ein, um die Temperaturveränderung einer Substanz durch Erwärmung zu messen. Er entdeckte, dass verschiedene Materialien sich unterschiedlich schnell erwärmten; dieses Phänomen nennt man „spezifische Wärme". Bereits ein Jahrzehnt zuvor hatte der Schwede Anders Celsius eine Temperaturskala auf Basis des Schmelz- (0°) und Siedepunkts (100°) von Wasser entwickelt. Black fand heraus, dass bei Erwärmung von schmelzendem Eis sich zunächst nicht etwa dessen Temperatur erhöhte, sondern dass man mehr Wasser erhielt. Dasselbe galt für siedendes Wasser: Man erhielt Dampf mit derselben Temperatur. Daraus schloss Black, dass Wärme Substanzen transformierte (von einem Zustand in einen anderen); und erst wenn der Schmelz- bzw. Siedevorgang abgeschlossen war, führte weitere Wärmezufuhr zum Temperaturanstieg. Dieses Phänomen nannte er „latente Wärme".

27 Feuer & Materie

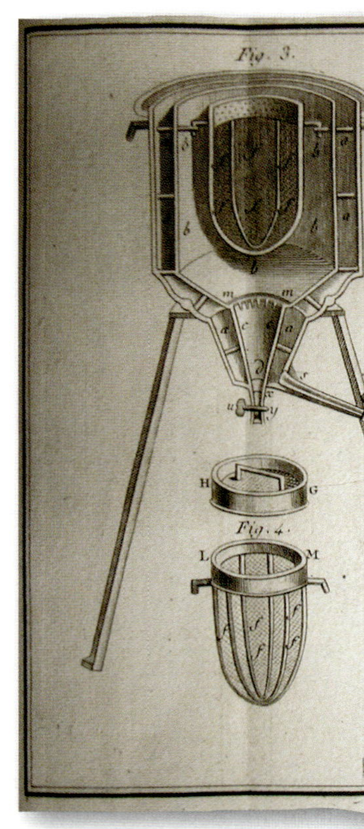

QUECKSILBERTHERMOMETER MACHTEN ES MÖGLICH ZU MESSEN, WIE WARM ETWAS WAR. DOCH WAS IST WÄRME? Auf der Suche nach einer Antwort ließ sich selbst im hellsten Moment des Aufklärungszeitalters noch der Einfluss antiker Physik spüren.

Joseph Blacks Forschungen basierten auf der Theorie, Wärme sei eine Substanz: eine dicke Flüssigkeit, die er *caloricum* nannte und die irgendwie von einer Substanz zur nächsten floss. Dieser Gedanke entsprang der Vorstellung, nach der Feuer ebenfalls eine Substanz war. Im Mittelalter dachte man, Schwefel sei eine Form des Feuers. Im 18. Jh. nahm man an, dass Substanzen brennen, weil sie sogenanntes Phlogiston enthielten – also seien Wärme und Licht einer Flamme das Resultat des ein Objekt verlassenden Phlogistons. Genaue Beobachtungen zeigten indes etwas anderes. Nach der Phlogistontheorie glühte heißes Metall, da Phlogiston freigesetzt wurde. Bei bestimmten Metallen ließ sich jedoch beobachten, dass sie durch Erwärmung schwerer wurden, also schien etwas hinzugefügt zu werden (hier eine Schicht Sauerstoff).

Entdeckung der Verbrennung

Die Phlogistontheorie wurde erst Mitte der 1780er-Jahre durch den französischen Chemiker Antoine Lavoisier endgültig widerlegt. Er konnte zeigen, dass die verschiedenen Substanzen beim Brennvorgang mit Sauerstoff reagieren – dem Gas, das wir heute gut kennen, das damals jedoch erst kurz zuvor entdeckt worden war. Verbrannte man die beiden Gase Sauerstoff und das von ihm so benannte Hydrogen, so erhielt man Wasser. Lavoisiers Experimente bestätigten auch, was der Russe Michail Lomonossow bereits 20 Jahre zuvor entdeckt hatte: Das Gewicht der beiden Gase vor dem Verbrennen entsprach genau dem Gewicht des Wassers danach. Damit war bewiesen, dass durch den Brennvorgang keine Materie geschaffen oder zerstört, sondern neu arrangiert wurde.

WÄRME IST BEWEGUNG

Michail Lomonossow, ein russischer Universalgelehrter des 18. Jh., lieferte zahlreiche wissenschaftliche Erkenntnisse; international blieb er eher unbekannt. Nachdem andere bereits angenommen hatten, erwärmtes Gas führe zu dessen schnellerer Bewegung, drehte Lomonossow den Gedanken um: Jede Wärme ist das Ergebnis einer Bewegung innerhalb der Substanz. Damit kam er unserem heutigen Verständnis sehr nahe.

Kaiserlicher Besuch: Lomonossow demonstriert Katharina der Großen seine wissenschaftlichen Apparate.

Wärmemessung

Lavoisier vertrat die These, dass Wärme und Licht im Grunde ein und dasselbe seien. Da Newton gesagt hatte, Licht bestehe aus kleinen, gewichtslosen Teilchen, nahm Lavoisier für Wärme dasselbe an und nannte sie – mit einer französischen Endung an Blacks lateinisches Wort – *calorique*.

Zusammen mit seinem ebenso klugen wie erfahrenen Kollegen Pierre-Simon Laplace verfolgte Lavoisier das Ziel, ein Gerät zu bauen, mit dem sich Kalorienmengen messen ließen: ein Kalorimeter. Das Gerät, das die beiden entwickelten, bestand aus einer Brennkammer, die durch mehrere Isolierschichten von der Außenwelt abgeschirmt wurde. Die zentrale Kammer selbst wurde in eine exakt bemessene Menge von dicht gepackten Eiskristallen eingetaucht. Die Kalorien, die aus der Kammer flossen, würden das Eis portionsweise schmelzen. Und die genaue Proportion von Eis und Schmelzwasser gab die Menge der abgegebenen Kalorien an. Und wie man bereits ahnen kann: Die Kalorien in Lebensmitteln werden heute mit modernen Varianten ebendieses Geräts gemessen.

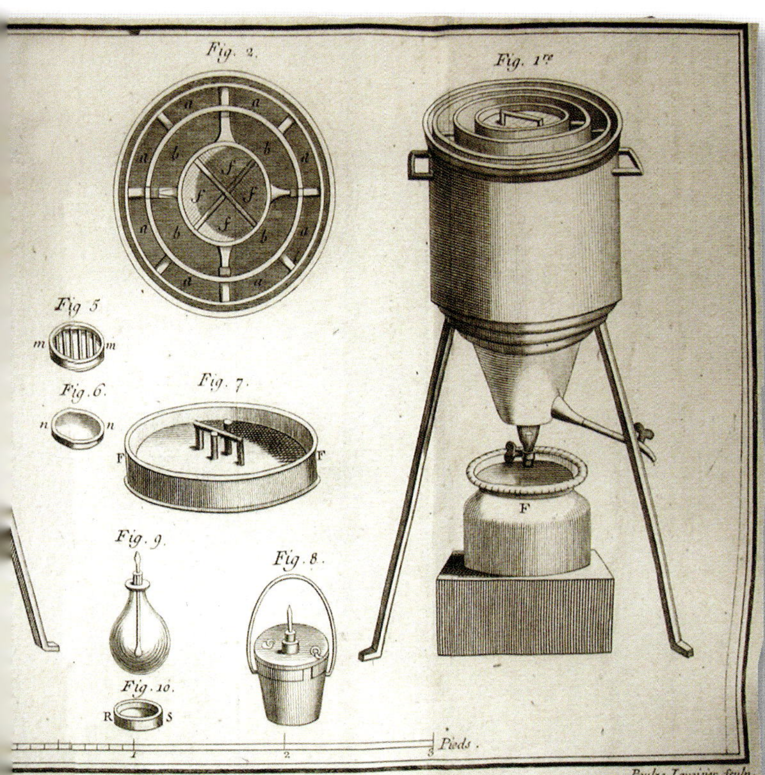

Die Grafik zeigt das Kalorimeter von Lavoisier und Laplace – mit abnehmbarer Brennkammer, Deckel sowie dem System zum Auffangen des Schmelzwassers während des Experiments. Es wird berichtet, dass die beiden mithilfe eines Meerschweinchens in dem Gerät zeigen wollten, dass die Wärme des Tierkörpers nichts anderes sei als die bei einem Brennvorgang entstehende.

28 Ladung messen

Ein französischer Physiker entwickelte in den 1780er-Jahren ein Gerät, mit dem sich die Kraft, die von einem elektrisierten Objekt ausging, messen ließ.

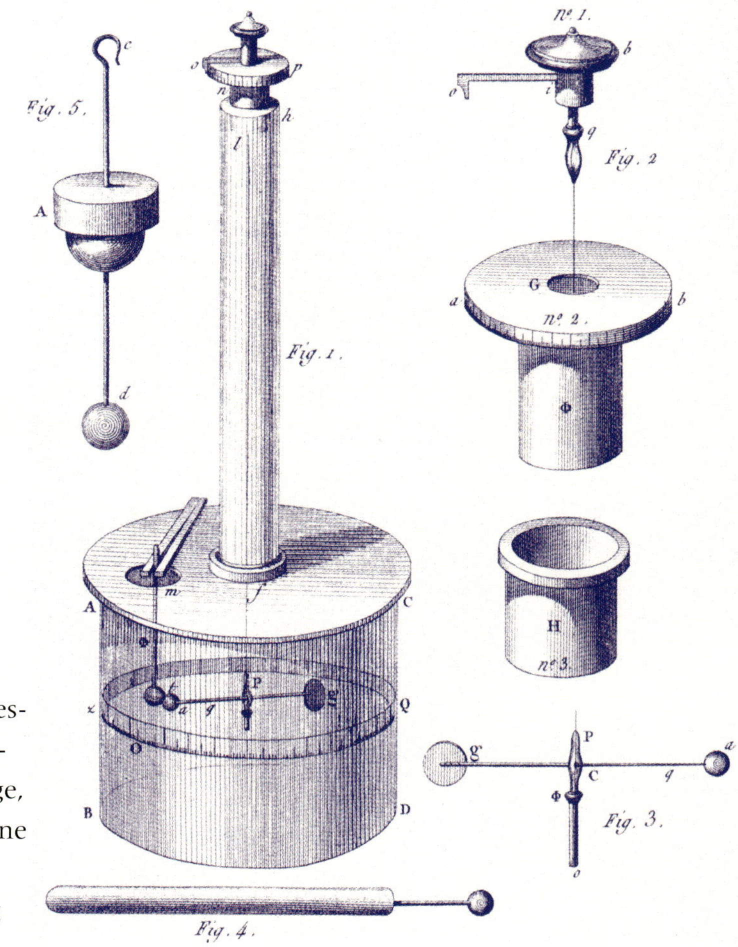

Grafische Darstellung der Coulombschen Drehwaage; der Winkel, den die Schwingung der Stange beschrieb, gab das Maß der elektrischen Kraft an.

Pioniere auf dem Gebiet der Elektrizität hatten bereits verschiedene Elektroskope entwickelt: Detektoren, die die von elektrisierten Objekten ausgehende Kraft nachwiesen. Für eine Mengenmessung waren sie jedoch ungeeignet. Erst 1784 konstruierte Charles-August de Coulomb eine Drehwaage, die auch geringe Mengen quantifizieren konnte. Eine Metallstange hing derart an einem Faden, dass sie schon bei geringster Kraftausübung in Schwingung geriet. Einmal aufgeladen, bewegte sie sich, sobald ein anderes geladenes Objekt in ihre Nähe kam. So entdeckte Coulomb das nach ihm benannte Gesetz, die Grundlage der Elektrostatik: Die Größe der Kraft ist umgekehrt proportional zum Quadrat der Distanz zwischen den geladenen Objekten; das Kräfteverhältnis elektrischer Phänomene entspricht somit dem der Schwerkraft.

29 Planeten wiegen

Newton hatte gezeigt, wie die Schwerkraft zwischen zwei Objekten sich zu ihrer Masse und zur Distanz zwischen ihnen verhält. Die Proportionalitätskonstante *G* ist eine unveränderliche Größe, die es Henry Cavendish ermöglichen sollte, gleichsam die Welt zu wiegen.

Newtons Arbeiten zur Schwerkraft bewiesen Unvorstellbares: Wenn ein Apfel zur Erde fällt, kommt ihm die Erde entgegen. Aufgrund der mächtigen Diskrepanz zwischen den Massen der beiden Objekte ist diese Bewegung allerdings äußerst gering.

Um sie zu berechnen, muss man die Masse des Planeten kennen. Im Jahre 1789 unternahm daher der englische Naturforscher Henry Cavendish ein Experiment, um das Gewicht der Erde zu ermitteln – mithilfe des Gesetzes der Schwerkraft $(F = G(m_1 m_2)/r^2)$.

Was fehlte, war der Wert der Proportionalitätskonstante. Sie garantiert die Verbindung zwischen Schwerkraft, Masse und Distanz; heute kennen wir sie als das große „G"; das kleine „g" bezeichnet die Beschleunigung aufgrund der Schwerkraft eines Objekts. *G* ist eine universale Konstante, die für alle Massen, ob klein oder groß, gilt.

Die Drehwaage

Cavendish baute eine Drehwaage, ein Gerät, das auf die ausgeübte Kraft mit einer Drehung reagierte. Sie war so konstruiert, dass sie selbst auf geringere Kräfte als Coulombs elektrostatisches Gerät reagierte – und war folglich so groß angelegt, dass sie in einem Schuppen untergebracht werden musste. Zwei identische Kugeln aus Blei (je 158 kg) hingen an einem Balken, sodass sie frei schwingen konnten; daneben hingen, an einem unabhängigen System und ebenfalls frei schwingend, zwei kleinere Bleikugeln (je 70 kg). Die Anziehungskraft zwischen den Kugeln brachte den Apparat in Schwingung (die kleineren Kugeln bewegten sich dabei am meisten). Die Schwingung dieser kleinen Kugeln hörte nur auf, wenn die Anziehungskraft durch eine gleich große, aber entgegengesetzte Drehkraft (Drehmoment) des Drahtes, an dem sie hingen, ausgeglichen wurde. Cavendish kannte das Drehmoment eines jeden Winkels, in dem das Gerät rotierte – und mithilfe dieser Zahl errechnete er *G*. In modernen Einheiten ausgedrückt betrug sein Wert 1% des aktuellen Werts von $6{,}67259 \times 10^{-11}\ \mathrm{Nm^2/kg^2}$. Anschließend benutzte er die Beschleunigung aufgrund der Erdanziehung ($g = 9{,}8\ \mathrm{m/s^2}$), um die Massedichte der Erde zu berechnen, und fand heraus, dass sie etwas mehr als das Fünffache von Wasser betrug. So umging er zwar eine direkte Berechnung des Erdgewichts; die Dichte war aber ein guter Ausgangspunkt dafür – und er entdeckte die viel bedeutsamere Größe *G*.

Cavendish schottete seine Versuchsanordnung von äußeren Einflüssen ab. Das Modell zeigt, wie er mithilfe eines Seilzugs die großen Kugeln positionierte und die Bewegung der kleineren durch Teleskope von außen beobachtete

30 Frösche und Säulen

Der Durchbruch zur Entfesselung des Potenzials elektrischen Stroms hätte kaum aus unterschiedlicheren Richtungen kommen können: Die Entdeckung eines Arztes, der die Anatomie von Fröschen studierte, und der Versuch, mithilfe einer chemischen Reaktion Elektrizität zu erzeugen.

Luigi Galvani war ein ungewöhnlicher Physiker. Zunächst wollte er wie sein Vater Arzt werden und interessierte sich im Rahmen seiner chirurgischen Ausbildung für die Anatomie. So fing er an, tote Tiere zu studieren und wurde schließlich Anatom an der Universität in Bologna. Nach neun Jahren Forschung machte er eines Tages eine Entdeckung, die ihn berühmt machen sollte: Er hatte Froschschenkelpaare an einem Drahtzaun zum Trocknen aufgehängt; der Zaun bestand aus Eisen, die Haken aus Kupfer – und die Froschbeine fingen an zu zucken (in einigen Erzählungen ist sogar von Funken die Rede).

Galvani fand heraus, dass sich das „Zucken" mithilfe elektrischer Ladung aus einer Leydener Flasche reproduzieren und so zeigen ließ, dass noch lebendige Muskeln erst kürzlich gestorbener Tiere durch etwas stimuliert wurden, das er „tierische Elektrizität" nannte. Doch seine Entdeckungen am Zaun sollten noch weitreichendere Folgen für die Physik haben: In einem Labor reproduzierte er die Versuchsanordnung, indem er mithilfe eines Metallbogens einen Froschfuß mit dem präparierten

Was Luigi Galvani seinerzeit nicht wusste: Seine Versuchsanordnung war der Vorläufer der Batterie.

Alessandro Volta, hier mir seine „Voltaschen Säule" am Ende des 19. Jh.; wie sich erahnen lässt, wurde die elektrische Einheit „Volt" nach ihm benannt. Ein Volt ist das Maß der Kraft (die Stärke), mit der elektrische Ströme durch einen Kreislauf befördert werden.

FRANKENSTEIN

Galvanis Neffe Aldini machte sich die tierische Elektrizität für eine Show zunutze. In ganz Europa suchte er Leichname kürzlich hingerichteter Straftäter und ließ sie „zucken". Mary Shelley, die Autorin von Frankenstein (das Monster, das durch Strom wiederbelebt wird), soll ihre Idee durch Aldinis makabre Vorführungen erhalten haben.

Frankenstein bereitet alles vor, um sein Monster zu elektrisieren (Filmszene aus Mary Shelleys Frankenstein, *1994).*

Rückenmark verband, wo die zur Beinmuskulatur führenden Nerven ihre Impulse erhielten. So schloss er einen elektrischen Kreislauf, der die „tierische Elektrizität" durch das Froschbein laufen und dabei zucken ließ. Doch woher kam die elektrische Ladung? Galvani glaubte, er habe eine lebendige Kraft in Lebewesen entdeckt; doch 30 Jahre später zeigte ein anderer Wissenschaftler, wie man denselben Effekt ohne Tiere erzeugte.

Elektrische Säule

Galvanis Metallbogen funktionierte nur mit frischem Fleisch. Sein italienischer Kollege Alessandro Volta nahm stattdessen in Salzwasser getränkten Zellstoff – denn er hatte entdeckt, dass die wichtigsten Komponenten zwei Metalle waren, die miteinander reagierten und irgendwie bewirkten, dass Elektrizität von einem zum anderen floss. Volta vergrößerte den Effekt, indem er die Anordnung der zwei Metalle vervielfachte und übereinander stapelte. Seine „Voltasche Säule" bestand aus Silbermünzen und Zinkscheiben, die durch Zellstoff getrennt wurden. Durch eine Drahtverbindung der beiden Pole konnte elektrischer Strom fließen. Im Grunde waren also Galvanis tierische Elektrizität und Voltas Säule dasselbe; um herauszubekommen, warum, bedurfte es allerdings noch einiger Erkenntnisse über die Beschaffenheit der Materie.

BATTERIE

Eine moderne Batterie arbeitet nach denselben Prinzipien wie die Voltasche Säule: Zwei Substanzen (Anode und Kathode) reagieren miteinander – dabei wandern Elektronen von der Anode zur Kathode. Die Batterie ist so konstruiert, dass die beiden Reaktionsmittel getrennt bleiben, sodass die Elektronen durch eine Flüssigkeit (den Elektrolyt) fließen müssen – und so den elektrischen Strom produzieren.

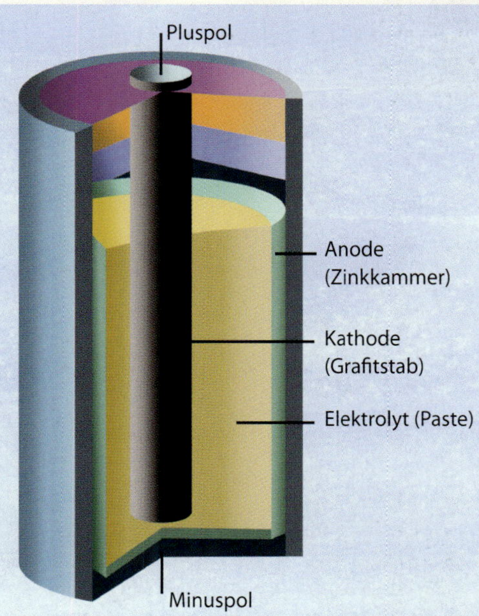

31 Atomtheorie

EIN ENGLISCHER FORSCHER TAT 1803 ETWAS UNGEWÖHNLICHES: STATT DIE TRADIERTEN THEORIEN DER ALTEN GRIECHEN ÜBER DAS UNIVERSUM ZU WIDERLEGEN, zeigte er, das eine von ihnen tatsächlich stimmte: Demokrits Atome erwiesen sich als fundamentale Komponenten der Materie.

Zu Beginn des 19. Jahrhunderts hatten Wissenschaftler, die sich mit Druckphänomenen beschäftigten, erkannt, dass Luft de facto aus einer Gasmischung bestand – nämlich Stickstoff, Sauerstoff und Kohlenstoffdioxid. Auch hatten sie entdeckt, dass chemische Prozesse eine Reihe weiterer Gase produzierten, z. B. Wasserstoff; und wenn man Wasserstoff und Sauerstoff zusammen verbrannte, erhielt man Wasser. Damit brach die klassische Sicht auf natürliche Substanzen in sich zusammen. Es gab zig elementare Substanzen und es wurden immer neue entdeckt. Erde, Wasser und Luft waren keine Elemente – und auch Feuer war nichts anderes als heißes, glühendes Gas.

John Dalton lebte die meiste Zeit in Manchester – hier sollten später noch viele bahnbrechende Erkenntnisse der Atomtheorie ans Licht gebracht werden.

Gasmixtur

Vor diesem Hintergrund begann der Engländer John Dalton über die Eigenschaften von Gasen nachzudenken. 1738 hatte der Schweizer Daniel Bernoulli einige irrwitzige Berechnungen angestellt; sie stellten den Druck eines Gases als eine Serie theoretischer Massepunkte dar, die durch permanente Bewegung kleine Stöße gegen die Innenwand eines Behälters verursachten. Dalton näherte sich dem Problem indes aus einer völlig anderen Richtung: der Wettervorhersage.

Bereits als junger Erwachsener hielt Dalton Wetterdaten fest, darunter den Luftdruck, der seit Pascal mit Wetterveränderungen in Verbindung gebracht wurde. Während er den Zusammenhang von Wetter und Luftdruck entdeckte, machte er eine noch größere Entdeckung. Er wusste, dass seit Kurzem das Boylesche Gesetz durch zwei weitere, das Charlessche und das Gay-Lussacsche Gesetz, ergänzt worden war, um das Verhalten von Gasen näher zu beschreiben. Auch war die Luft bereits als ein Gasgemisch in permanenter Bewegung erkannt. Dalton entwickelte nun die These, dass der Luftdruck in verschiedene „Partialdrucke", ausgeübt von verschiedenen Gasen in der Luft, zerlegt werden konnte. Dieses Konzept kennt man heute auch als „Daltons Gesetz".

DIFFUSION

Die meisten Gase, die in den frühen Jahren der Chemie entdeckt wurden, waren farblos – aber nicht alle. Das giftige Stickstoffdioxid (NO_2) z. B. ist rotbraun und riecht stark. Solche Gase zeigten den Wissenschaftlern, dass sie diffundierten, d. h. sich so lange ausbreiteten, bis das Gefäß, das sie enthielt, gleichmäßig gefüllt war.

Ausbreitung

Daltons Gesetz besagt zudem, dass die Gase in einem Gemisch sich unabhängig voneinander ausbreiten – sodass sie in einem gegebenen Behälter ihren jeweiligen Partialdruck überall ausüben. Mit anderen Worten: Werden zwei Gase zu gleichen Teilen gemischt, wird eine Probe dieser Mixtur stets zur Hälfte aus dem einen und zur anderen Hälfte aus dem anderen Gas bestehen. Worauf auch immer die physikalischen Eigenschaften – und der ausgeübte Druck – eines Gases beruhten: Es setzte sich aus einer bestimmten Art Material zusammen.

Neben physikalischen zeigen Gase auch chemische Eigenschaften. Dalton führte zahlreiche Experimente zur Beantwortung der Frage durch, wie Elemente sich miteinander verbinden, sodass feste Verbindungen wie Wasser entstehen. Sie zeigten, das Elemente Verbindungen zu jeweils festen Anteilen eingingen: Aus Kohlenstoff und Sauerstoff z. B. wurde im Verhältnis von 1:1 Kohlenmonoxid. Verbrannte man es, erhielt man Kohlendioxid (mit dem Kohlen- und Sauerstoffverhältnis von 2:1). Damit war Daltons Gesetz der multiplen Proportionen etabliert. Die Experimente zeigten auch, dass einige Gase schwerer waren als andere. Wasserstoff und Sauerstoff etwa sahen gleich aus, doch eine Flasche Sauerstoff wog weitaus mehr als dieselbe mit Wasserstoff gefüllte Flasche. Gase bestehen also aus unsichtbaren kleinsten Partikeln – und indem Dalton auf die Erkenntnisse der Antike zurückgriff, nannte er sie 1803 „Atome". Da Gase sich in Flüssigkeiten und feste Körper um- und auch wieder zurückwandeln konnten, lag der Schluss nahe, dass alles aus Atomen besteht. Nach Daltons Theorie sind die Atome eines Elements stets identisch, die Atome anderer Elemente indes stets anders beschaffen.

Daltons Elementetafel folgt dem Gewicht der Atome; schwere Substanzen werden darin als ein Vielfaches des Hydrogens verzeichnet. Die Gewichtsangaben sind ungenau und manche Elemente sind gar keine; trotz der Fehler war die Tafel in der Geschichte der Wissenschaft überaus bedeutsam.

CHEMISCHE MOLEKÜLE

Dalton beschrieb die chemische Reaktion als Prozess, in dem Atome kombiniert, auseinandergerissen oder neu arrangiert wurden. Er stellte sich die festen Proportionen, die er entdeckt hatte, als Atome verschiedener Elemente vor, die sich in bestimmten geometrischen Konstellationen zu Haufen verbanden. Bereits Jahre zuvor war dafür ein Begriff gefunden worden: „Moleküle". Ein Molekül in einer Verbindung ist das, was ein Atom in einem Element ist: der kleinste mögliche Teil. Wird eines getrennt bzw. zerstört, ist die Substanz nicht mehr dieselbe.

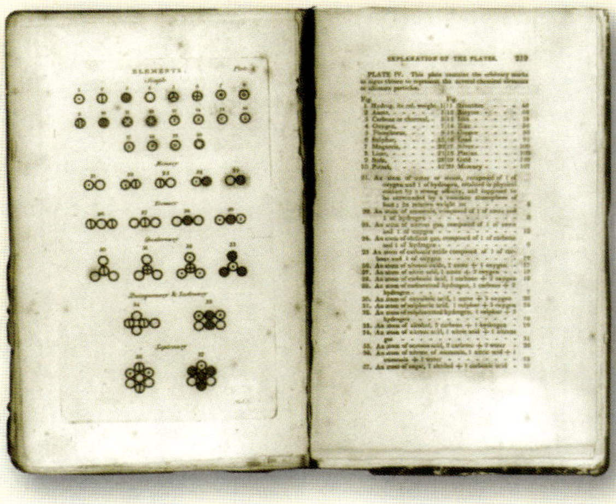

Dalton baute Atommodelle aus Holz, um zu veranschaulichen, auf welche Weise sie sich miteinander verbinden konnten.

32 Licht ist eine Welle

Während sich Elektrizität und Wärme nicht direkt beobachten liessen (was man über sie wusste, schloss man aus ihren Wirkungen), kann man Licht sehen. Im 19. Jahrhundert etablierten sich zwei gänzlich unterschiedliche Theorien über das Licht.

Das gesamte 18. Jahrhundert hindurch wurden die Untersuchungen zur Natur des Lichts von nationalen Querelen überschattet. 1678 war der Holländer Christiaan Huygens mit der Aussage hervorgetreten, Licht sei eine Welle. 30 Jahre später verwarf der englische Titan der Wissenschaft, Isaac Newton, diese These und setzte seine Partikeltheorie dagegen: Licht als Partikelstrom. Newton zog diese Version vor, denn sie erlaubte es ihm, Licht wie jede andere Materie in Bewegung zu betrachten – winzige Teilchen, die seinem Bewegungsgesetz folgend durchs Universum hüpften.

Zu dieser Zeit war Newtons Stimme bereits zu der einen, unüberhörbaren in der wissenschaftlichen Welt geworden. Widersprüche europäischer Kollegen gegen diese und andere seiner Thesen hielt er nicht gut aus. Newtons Autorität spielte auch nach seinem Tod noch eine große Rolle, und das implizierte insbesondere, dass von englischen Wissenschaftlern erwartet wurde, Newtons Lehren zu folgen.

Dieses Kräusel- bzw. Wellenmuster entsteht durch einander in die Quere kommende Lichtstrahlen und zeigt eindeutig: Licht besteht aus Wellen.

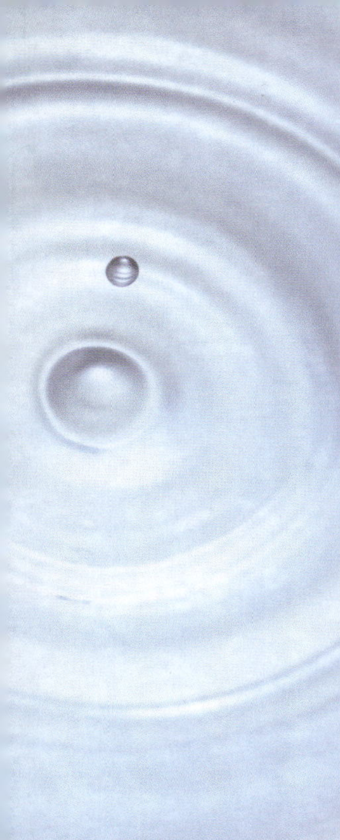

Die Wellentheorie sagt voraus, dass Licht dazu gebracht werden kann, sich wie Wasser zu verhalten.

Die Ausbreitung von Wellen

In Kontinentaleuropa war das Gegenteil der Fall. Manche folgten René Descartes' Theorie vom Druck; doch Huygens Herangehensweise gewann die Oberhand. Er betrachtete Licht als periodische Schwingung, die sich von einer Lichtquelle aus in alle Richtungen und in einer bestimmten Geschwindigkeit ausbreitete. Er entwickelte eine Geometrie, die zeigte, wie sich Lichtwellen verhielten, wenn sie auf ein Hindernis trafen. Die Wellenfront beschrieb er als eine Reihe von Lichtpunkten, die selbst zur Lichtquelle werden und neue „Miniwellen" in alle Richtungen aussenden konnten. Mit dieser Theorie ließen sich viele Lichterscheinungen erklären, vor allem die Art und Weise, in der zwei Lichtstrahlen miteinander agieren. Der englische Arzt Thomas Young war jung und mutig genug, um der Sicht des Titanen Newton entgegenzutreten. Alles Geschrei gegen Youngs Forschungen verstummte, als er mit zwei Demonstrationen endgültig bewies, wie recht Huygens hatte.

Wasser trifft Licht

In seinem ersten Experiment beobachtete er das Kräuseln von Wasserwellen in einem Becken. Young ließ zwei Wellenfronten kollidieren und zeigte, wie sie sich zu größeren Wellen addierten oder einander aufhoben. Dann schickte er eine Wasserwelle direkt auf einen schmalen Spalt zu. Dabei zeigte sich (was Huygens bereits für das Licht beschrieben hatte), dass der kleine Teil der Welle, der durch den Spalt drang, sich dahinter in alle Richtungen ausbreitete.

Anschließend führte Young das nach ihm benannte Experiment durch: Er sandte Lichtstrahlen durch schmale Spalten. Die Muster, die auf der anderen Seite erschienen, zeigten klar, dass sich Lichtwellen genau wie Wasserwellen verhielten.

YOUNGS DOPPELSPALTEXPERIMENT

Der obere einzelne Spalt lässt einen einzelnen Lichtstrahl mit nur einer Wellenfront hindurch. Der Lichtstrahl trifft sodann auf zwei Spalten und wird so in zwei Punktstrahlen dividiert, die sich in alle Richtungen ausbreiten (solange sie nicht durch eine Blende blockiert werden). Die sich ausbreitenden Wellen kollidieren miteinander, d. h. sie interferieren. Wellen besitzen Berge und Täler und wenn zwei Wellen kollidieren, addieren sie sich. Ein Berg mit einem Berg wird zu einer noch höheren Welle (oder hellerem Licht); dasselbe gilt für zwei Täler. Trifft indes ein Wellenberg auf ein Tal, gleichen sie einander aus und die Welle verschwindet (das erzeugt Dunkelheit). In dieser Grafik stellen die roten Linien Wellenberge, die gelben Wellentäler dar. Die interferierenden Wellen erzeugen ein Muster aus hellen und dunklen Linien – und beweisen: Licht ist eine Welle.

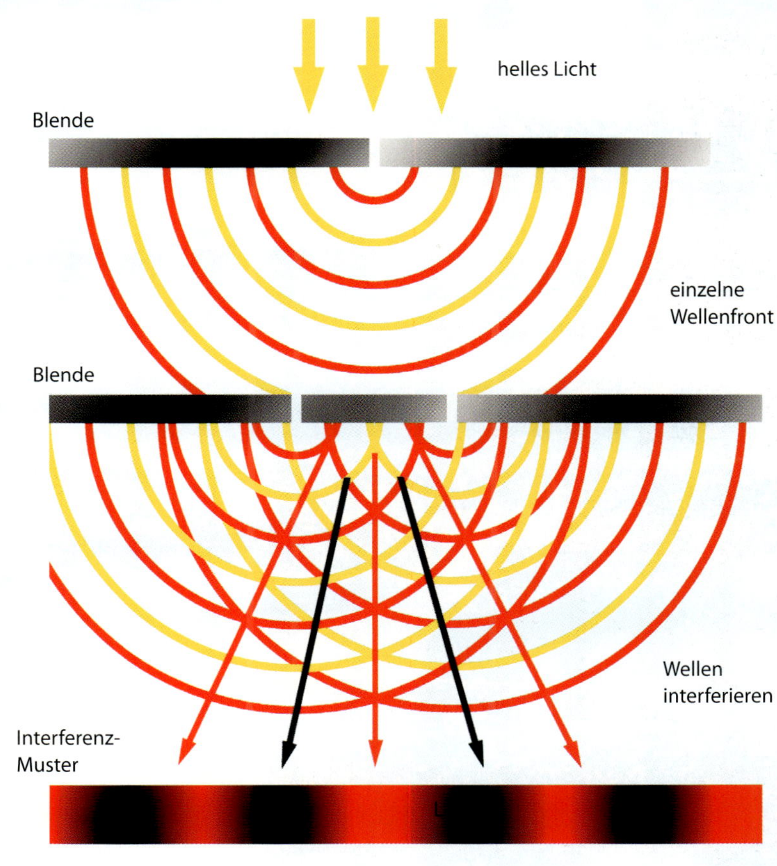

33 Plastik und Elastik

Hookes Gesetz aus den 1660er-Jahren bezieht sich auf die Elastizität und darauf, dass jedes Material eine spezifische Steifheit besitzt. Der „Youngsche Modul" bemisst den Steifheitsgrad.

Gummiringe haben einen sehr geringen Elastizitätsmodul (E), also eine große elastische Ausdehnung. Ein Gummiband wird auf seine Originallänge zurückspringen – oder reißen.

Die Idee zu einem Elastizitätsmodul bzw. E-Koeffizienten wie dem Youngschen kam dem Mathematiker Leonard Euler in den 1720er-Jahren: eine für jede Substanz spezifische Größe, die, experimentell erfasst, gemessen werden konnte. 1807 veröffentlichte Young eine ganze Reihe dieser Werte. Ein Elastizitätsmodul berechnet sich aus der Zugspannung geteilt durch die Dehnung. Spannung ist die Kraft pro Flächeneinheit eines Objekts. Dehnung ist die Proportion, in der das Objekt sich ausdehnt. Der Elastizitätsmodul gilt, bis eine Substanz sich über das E-Limit hinaus streckt. Danach wird eine erhöhte Spannung permanente bzw. plastische Deformation bewirken, schließlich wird das Material reißen oder brechen. Stahl hat einen hohen E-Modul, er ist steif und streckt sich kaum; Gummi hat einen niedrigen.

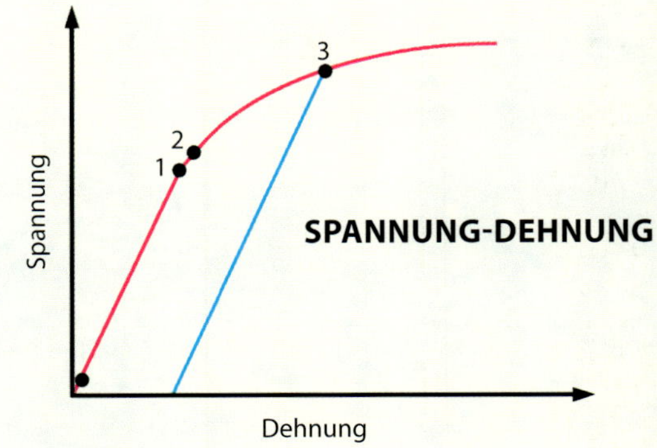

Diese Grafik zeigt, wie sich eine Substanz typischerweise streckt. Hookes Gesetz bezieht sich auf die gerade Strecke. Punkt 1 bezeichnet die Proportionalitätsgrenze, danach ist die Dehnung nicht mehr proportional zur Spannung. Punkt 2 bezeichnet das elastische Limit. Wird die Spannung erst an Punkt 3 gelöst, springt das Objekt zwar zu einer kürzeren Länge zurück, bleibt aber dauerhaft gestreckt.

34 Elektrizität trifft Magnetismus

Die Fähigkeit, scheinbar unbegrenzte Mengen von elektrischer Energie nutzbar zu machen, gehört zu den Grundlagen unserer modernen Welt. Diese Technologie basiert auf einem physikalischen Feld, das dem Zufall seine Entdeckung verdankt: dem Elektromagnetismus.

Bis 1820 wurden Elektrizität und Magnetismus getrennt voneinander erforscht. Man glaubte, nur Eisen sei ein Magnet. Künstliche Magneten wie Kompassnadeln mussten entweder mühsam immer wieder an einem Ladestein gerieben oder in Nord-Südrichtung ausgerichtet, dann vorsichtig erwärmt und abgeklopft werden. Elektrizität dagegen war etwas völlig anderes; dabei ging es um den Transfer geladener Flüssigkeit als

Ørsted demonstriert seine elektromagnetische Entdeckung – dabei verwendet er eine Daniell-Zelle: eine Batterie, die durch die Reaktion zwischen zwei durch eine salzige Flüssigkeit getrennte Elektroden betrieben wird.

Funken oder in kontinuierlichen Strömen aus der erst kürzlich entwickelten Voltaschen Säule oder anderen chemischen Batterien. Man dachte jedoch bereits über eine Verbindung zwischen beiden Phänomenen nach.

Zufallsentdeckung

Hans Christian Ørsted, ein Professor an der Universität in Kopenhagen, war einer der letzten Naturphilosophen im echten Sinne; er lieferte zahlreiche Beiträge zur Wissenschaft wie zur Philosophie. Eines seiner Spezialgebiete war das Werk des großen Philosophen Immanuel Kant; dieser betrachtete wissenschaftliche Phänomene als eine Facette der einen, allem zugrundeliegenden natürlichen Ordnung. Und Ørsteds große wissenschaftliche Errungenschaften sollten genau dies zeigen.

Im April 1820 hielt Ørsted eine Vorlesung über den wärmenden Effekt, den elektrische Ströme auf Metalldrähte besaßen – und er demonstrierte das an einer Voltaschen Säule. Auf seinem Tisch lag eine Kompassnadel, die erst in einer späteren Vorlesung gebraucht wurde. Als der Strom angeschaltet wurde, schwang die Nadel in Richtung eines Punktes auf Ørsteds heißem Draht; als er den Strom abschaltete, kehrte die Nadel zu ihrer Nordausrichtung zurück: Der elektrische Strom machte aus dem Draht einen temporären Magneten. (Heute nennt man solche Geräte Elektromagneten; sie sind sehr nützlich, da man sie an- und abschalten kann.)

Ørsted dachte, Wärme sei das entscheidende Element und der Magnetismus strahle vom Draht ab wie Licht. Er experimentierte mit dünneren Drähten, doch der Magnetismus blieb gleich schwach. Dennoch war die Verbindung entdeckt – und der Elektromagnetismus geboren.

AMPÈRE

Ampère wiederholt in seinem Pariser Labor Ørsteds Experiment.

Ørsteds Funde bestätigten die Forschungen des Franzosen André-Marie Ampère. Dieser präsentierte nur Monate später ein genaueres Bild der elektromagnetischen Kraft. Danach verhielten sich zwei elektrisierte Drähte wie ein Elektrodraht und ein Magnet. Zudem fand er heraus, dass die Polarität der magnetischen Kraft eines Elektrodrahts von der Stromrichtung abhängt: Ströme, die in entgegengesetzter Richtung verlaufen, bewirken einen abstoßenden Magnetismus, Elektroströme in gleicher Richtung Anziehung. Die Maßeinheit für die Stromstärke wurde nach ihm benannt.

35 Der thermoelektrische Effekt

EIN ZUFALLSFUND FÜHRTE ZUR ENTDECKUNG eines zentralen physikalischen Zusammenhangs, des sogenannten Seebeck-Effekts.

Nachbau der Seebeckschen Metallschleife; die Kompassnadel richtet sich selbst nach dem Metallstreifen aus, wenn dieser an einem Ende erhitzt wird: der sogenannte Seebeck-Effekt.

Thomas Johann Seebeck erforschte die Magnetisierung verschiedener Metalle und setzte dabei Wärme ein: Wenn man ein Ende einer aus zwei verschiedenen Metallen bestehenden Schleife erhitzte, wurde diese zum Magneten. Ørsted interpretierte das als Effekt des elektrischen Stroms, der durch die Schleife floss. Der Temperaturunterschied schuf eine potenzielle Differenz – ein Ungleichgewicht der Ladung –, die den Strom durch die Leitmetalle schickte. Seebeck hatte damit den thermoelektrischen Effekt entdeckt, bei dem Wärmeenergie in elektrische Energie (und umgekehrt) verwandelt wird. Georg Ohm nutzte diesen Effekt, um die Beziehung zwischen elektrischer Spannung (V), Strom (I) und Widerstand (R – eine Größe, die angibt, wie leicht der Strom durch einen Leiter fließt) zu untersuchen. Das Gesetz, das er entdeckte $(V = IR)$, trägt seinen Namen ebenso wie die Einheit des Widerstands: das Ohm (Ω).

36 Wärmekraftmaschinen

ALS PHYSIKER ZU BEGINN DES 19. JAHRHUNDERTS MIT NUR KLEINEN SCHRITTEN VORANKAMEN, machten Ingenieure vergleichsweise Riesenschritte: Gigantische Dampfmaschinen arbeiteten mit Wärme. Ihr Mechanismus war höchst raffiniert – ebenso wie die Theorie dahinter.

Sadi Carnot veröffentlichte seine Forschungen zu Wärme und Energie 1824 in den Betrachtungen über die bewegende Kraft des Feuers. *Die Früchte seiner Arbeiten erntete er indes nicht mehr; 1832 wurde er in eine psychiatrische Anstalt eingeliefert und starb kurz darauf mit nur 36 Jahren. Er gilt als „Vater der Thermodynamik".*

Die Dampftechnik hatte ihr Zentrum in Großbritannien; dort arbeiteten Leute wie James Watt und Matthew Boulton an der Entwicklung der ersten Industrienation. Von den ersten Arbeiten des jungen Nicolas Léonard Sadi Carnot nahm daher kaum jemand Notiz; später sollte er nicht nur den Bau von Maschinen entscheidend verbessern, sondern auch ein Licht auf die Beschaffenheit von Energie werfen.

Schon bald widmete sich Sadi der Erforschung der Dampfmaschinen. Sie wandeln Wasser durch Erhitzung in Dampf um; und der „arbeitet", während er sich ausdehnt und dabei gegen Kolben drückt und sie in Bewegung versetzt. Carnot interessierte, wie aus Wärme Bewegung wurde, und er stellte sich den Prozess als in vier Schritte unterteilt vor: In Schritt 1 dehnt sich ein heißes Gas ohne Wärmeverlust aus; in Schritt 2 dauert die Ausdehnung an, aber das Gas kühlt ab, während seine Wärmeenergie sich in Bewegung umwandelt; in Schritt 3 wird das Gas von der Maschine komprimiert, erwärmt sich dabei aber nicht; in Schritt 4 wird das Gas durch weitere Kompression erwärmt. Carnots idealisierte „Wärmekraftmaschine" zeigt, wie Wärme Arbeit verrichtet und, umgekehrt, Arbeit Wärme erzeugen kann. Die geleistete Arbeit dieser theoretischen Maschine war so groß wie die Gastemperatur-Veränderung im Innern. Aber ließ sich das mit einer Maschine tatsächlich bewerkstelligen?

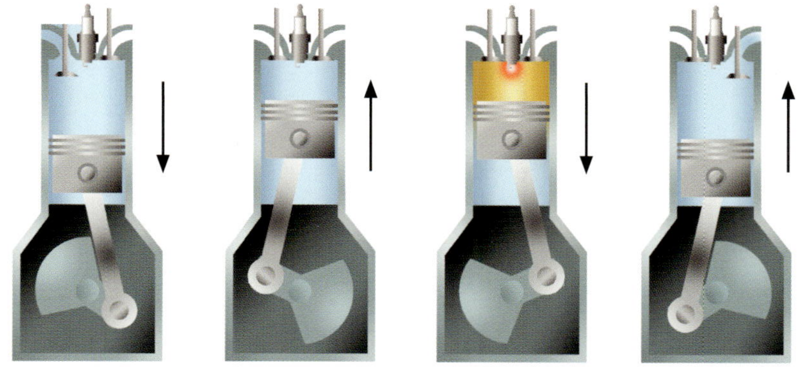

Der Viertaktmotor nutzt eine erweiterte Version des Ottomotors, der auf dem Carnotschen Kreisprozess aufbaut, dabei aber die Verbrennungswärme aus der Bewegung im Brennraum nutzt.

37 Brownsche Bewegung

DER EINZIGE BOTANIKER IN UNSERER GESCHICHTE, ROBERT BROWN, BETRACHTETE BLÜTENSTAUB DURCH EIN MIKROSKOP – was er sah, lieferte den ersten sichtbaren Beweis dafür, dass Atome existieren.

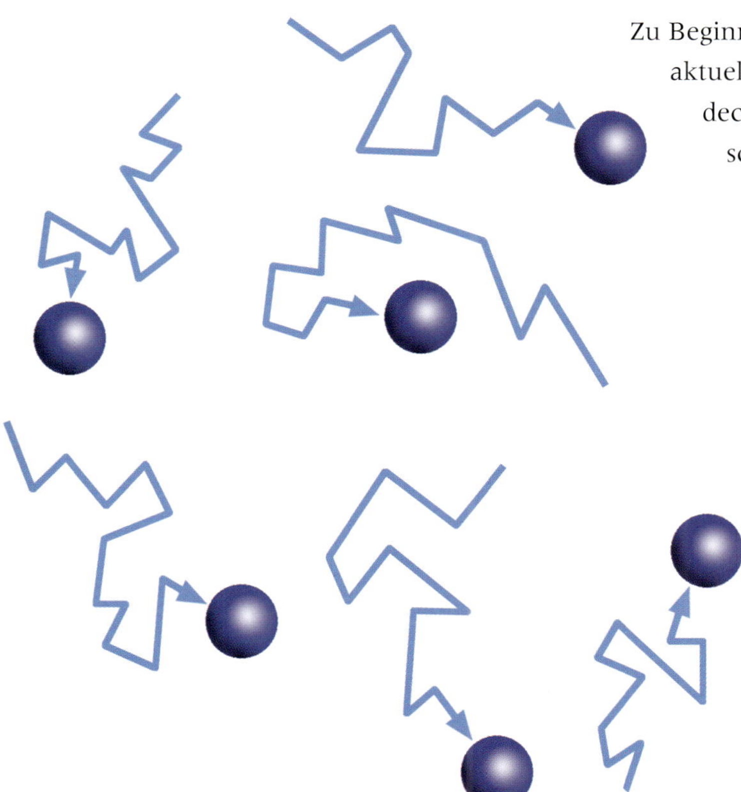

Zu Beginn des 19. Jahrhunderts war die Botanik eine hochaktuelle Wissenschaft. Joseph Brown, Botaniker und Entdecker, verbrachte viele Jahre auf Reisen, um botanische Arten zu sammeln. 1827 untersuchte er den Blütenstaub der Kuckuckslichtnelke unter dem Mikroskop und beobachtete dabei, wie winzige Partikel (Bläschen aus Stärke und Öl) in Wasser abgegeben wurden und dort in alle Richtungen umhertanzten. Bereits 1785 hatte Jan Ingenhousz dasselbe bei Kohlenstaub in Alkohol beobachtet, wobei er diese Bewegung für biologischen Ursprungs hielt. Brown war der gegenteiligen Meinung: Die Bewegung hatte eine physikalische, keine biologische Ursache. 90 Jahre später erklärte Einstein, die sogenannte „Brownsche Bewegung" werde durch vibrierende Atome und Moleküle verursacht, die permanent mit den winzigen Partikeln kollidierten.

Folgt man der Brownschen Bewegung kleinster Partikel, so erhält man lauter Zufallskringel. Die Bewegung der größeren, sichtbaren Partikel wird durch die schnelle Bewegung einer vielfachen Menge kleinster, unsichtbarer Teilchen gesteuert. Die Analyse der Bewegung zeigt, dass diese tatsächlich vorhanden sind.

38 Induzierter Strom

Michael Faraday hält 1856 vor der Royal Institution in London eine Vorlesung über seine Entdeckungen. Bereits 1825 hatte er damit begonnen, Weihnachtsvorlesungen vor einem allgemeinen Publikum zu halten. Diese Tradition wird seither von Topwissenschaftlern fortgesetzt und jedes Jahr weltweit im Fernsehen übertragen.

DER MANN, DEM ES ERSTMALS GELANG, DIE VERBINDUNG VON MAGNETISMUS UND ELEKTRIZITÄT zur Erzeugung von Bewegung nutzbar zu machen, fand auch heraus, dass sich aus Bewegung elektrischer Strom gewinnen ließ.

Die englischen Wissenschaftler Humphry Davy und William Wollaston gehörten zu den führenden Experten in Sachen Elektrizität. 1807 hatte Wollaston im Erdgeschoss der Royal Institution eine riesige Batterie aus Voltaschen Säulen aufgebaut. Davy nutzte deren elektrische Energie, um Materialien in seine Bestandteile zu zerlegen; dabei entdeckte er fünf neue Elemente (darunter Natrium, Kalium und später Magnesium).

1813 kam ein Buchbinderlehrling von kaum 20 Jahren in Davys Vorlesung zur Elektrizität; sein Name war Michael Faraday. Seine Bemerkungen zu der Vorlesung beeindruckten den Professor derart, dass er Faraday zu seinem Assistenten machte.

Das Einlaufen der Motoren

Faraday unterstützte nun Davy und Wollaston bei ihrem Unternehmen, einen elektrischen Motor zu bauen, der die abstoßenden und anziehenden Kräfte der Elektrizität und des Magnetismus in eine Rotationsbewegung umsetzen sollte. Im Wissen um Ørsteds Entdeckung des Elektromagnetismus, baute Faraday 1821 den weltweit ersten Elektromotor – und zwar unabhängig und sehr zum Missfallen seiner beiden Mentoren! Anschließend war er gezwungen, seine elektromagnetischen Forschungen nurmehr privat weiterzuführen. So untersuchte er etwa, ob ein Magnet einen Elektrostrom aufhalten konnte: die Antwort war: nein

HENRY UND DIE EIGENINDUKTION

Die Geschichte der elektromagnetischen Induktion beginnt und endet keineswegs mit Faraday. Im selben Jahr, in dem der Brite seine Entdeckung machte, fand der Amerikaner James Henry heraus, dass dieselben Phänomene anderes bewirkten. Ihm verdanken wir die Entdeckung der Eigeninduktion – und zwar durch Experimente mit Kupferspulen in Elektromagneten: Immer wenn Henry einen Strom abschaltete, entzündete sich ein Funken (wegen der Veränderung im elektromagnetischen Feld, die das Ausbleiben des Stroms bewirkte); der wiederum führte der Spule eine kurzzeitige Spannung zu.

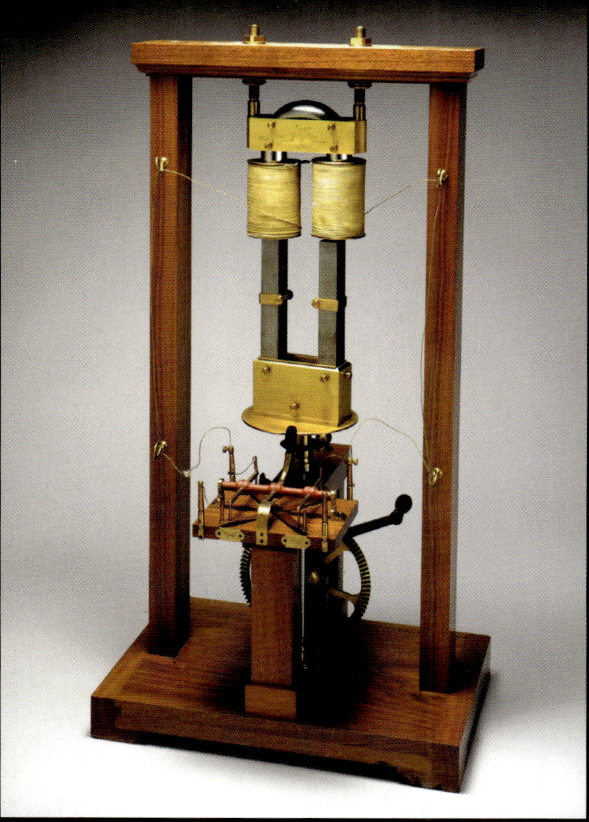

Auch den Weg des Lichts konnte ein Magnet nicht beeinflussen.

Nachdem Davy gestorben war, widmete sich Faraday wieder verstärkt dem Elektromagnetismus und erlebte 1831 seinen Durchbruch. Er wusste, dass man mit Strom, der durch einen um Eisen herum gewickelten Draht lief, einen Elektromagneten bauen konnte. Und was war mit zwei durch einen Eisenring verbundenen Drähten? Wenn einer der Drähte mit Strom geladen war, ließ sich auch am anderen ein kurzes elektrisches Flimmern erkennen: elektromagnetische Induktion. Faraday zeigte, dass der Strom (vielmehr die Spannung, die den Strom bewegte) durch die Veränderung im Magneten entstand. Den Magneten rotieren zu lassen, bedeutete, das „magnetische Feld" permanent zu verändern und so eine konstante Spannung zu erzeugen. Hinter den Elektrogeneratoren unserer modernen Welt ist also Induktion das treibende Phänomen.

Hippolyte Pixiis Dynamo war das erste Gerät, das Strom nach dem Faradayschen Gesetz der Stromzufuhr generierte. Dabei wurde ein Dauermagnet permanent gedreht und so einem Draht Strom zugeführt. Der Franzose baute seinen Wechselstromgenerator im Jahre 1832.

39 Der Doppler-Effekt

Wir alle hören es, wenn ein Notarztwagen an uns vorbeifährt: Die Veränderung der Tonhöhe, die wir dabei hören, nennt man „Doppler-Effekt"; der aber wurde zuerst als ein Phänomen des Lichts erkannt.

Der österreichische Physiker Christian Doppler fragte sich, wie Lichtwellen die Lichtstrahlen ferner Sterne beeinflussen. Newton hatte angenommen, die Farbe des Lichts resultiere aus den vom Auge wahrgenommenen unterschiedlichen Wellenlängen des Lichts. Was geschieht, wenn die Lichtquelle sich selbst bewegt? Ein Schiff, das den Wellen entgegenfährt, trifft häufiger auf Wellenkämme. Nach Doppler beruht die Oszillation im Licht eines auf uns zukommenden Sterns auf einem ähnlichen Phänomen: Erhöhte Häufigkeit lasse den Stern blau erscheinen, eine Veränderung ins Rot bedeute, der Stern entferne sich. Denselben Effekt nahm Doppler für Schallwellen an – und den konnte der Holländer Byus Ballot 1845 nachweisen.

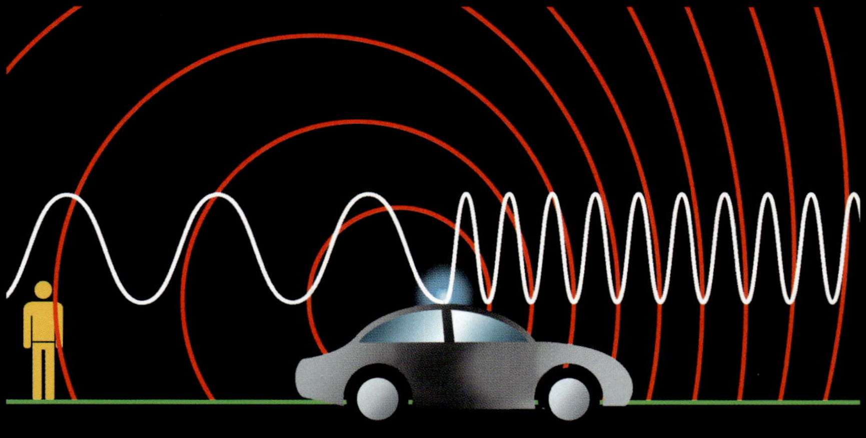

Die Schallwellen eines Polizeiwagens werden beim Herannahen zu einem hohen Ton komprimiert; entfernt sich die Schallquelle wieder von uns, strecken sich die Schallwellen wieder auseinander und die Tonhöhe fällt.

40 Thermodynamik: das erste Gesetz

JULIUS ROBERT VON MAYER MACHTE ENTDECKUNGEN BEI DER UNTERSUCHUNG von Meereswellen und der Farbe des Blutes. Beide führten ihn zu der Schlussfolgerung: „Energie wird weder geschaffen, noch geht sie verloren." Damit formulierte er das erste Gesetz der Thermodynamik.

Im menschlichen Körper wird Sauerstoff von den roten Blutzellen transportiert. Sie enthalten den chemischen Trägerstoff Hämoglobin, dessen Eisengehalt für seine dunkelrote Farbe verantwortlich ist; Sauerstoff hellt sie auf.

Der Held dieser Geschichte wird meist einfach Robert Mayer genannt. Als junger Mann studierte er in Tübingen Medizin; wegen politischer Aktivitäten wurde er zeitweise von der Universität suspendiert, konnte aber 1838 doch promovieren und wurde Schiffsarzt.

Heißblütig

Auf der Fahrt nach Batavia beobachtete er zwei Dinge: Zum einen stellte er fest, dass sturmgepeitschte Wellen wärmer waren als die ruhige See; hieß das, dass die Bewegung das Wasser erwärmte? Zum anderen sah er, dass das Blut aus den Wunden verwundeter Matrosen heller war, wenn das Schiff sich gerade in wärmeren Klimazonen befand. Helles Blut enthält mehr Sauerstoff als dunkles. Mayer beobachtete auch, dass die Matrosen in warmen Regionen weniger Sauerstoff benötigten, um ihren Körper warm zu halten. Dies nahm er als Beweis dafür, dass Wärme und mechanische Arbeit (das Bewegen von Objekten) zwei Formen derselben Sache waren. Und so vertrat er in einem Aufsatz 1842 die These, Energie werde konserviert: Die Gesamtmenge bleibt konstant, auch wenn sie sich von einer Form in die andere verwandelt. Das Gesetz von der konservierten Energie bildet das erste Fundament der Thermodynamik.

Mayer verlor 1848, mit Mitte 30, seine beiden Kinder – er verbrachte ein ganzes Jahrzehnt in einer Nervenheilanstalt.

41 Das mechanische Wärmeäquivalent

DAS JOULE

Die Energieeinheit Joule (J) wurde nach dem britischen Physiker benannt. Ein Joule entspricht einem Newtonmeter: die notwendige Energie, um die Kraft eines Newton (N) über die Distanz von einem Meter auszuüben. Ein Newton ist die Kraft, die nötig ist, um ein Kilogramm auf eine Geschwindigkeit von einem Meter pro Sekunde zu beschleunigen: $1\ J = 1\ Nm = 1 kgm^2/s^2$.

DIE WISSENSCHAFTSGEMEINDE BEGRIFF ZUNÄCHST GAR NICHT DIE BEDEUTUNG VON MAYERS BAHNBRECHENDEN ÜBERLEGUNGEN. Kurz darauf untersuchte der britische Physiker James Joule dieselbe Frage auf praktische Art und führte dafür ein berühmtes Experiment durch.

James Prescott Joule sollte die Brauerei der Familie übernehmen, wurde aber zugleich von dem berühmten Naturforscher John Dalton unterrichtet und entwickelte so seine Faszination für die Wissenschaft. Zunächst untersuchte er die Elektrizität – und entdeckte dabei eine quantitative Verbindung zwischen der Wärme eines Drahts und des durch ihn hindurchlaufenden Stroms.

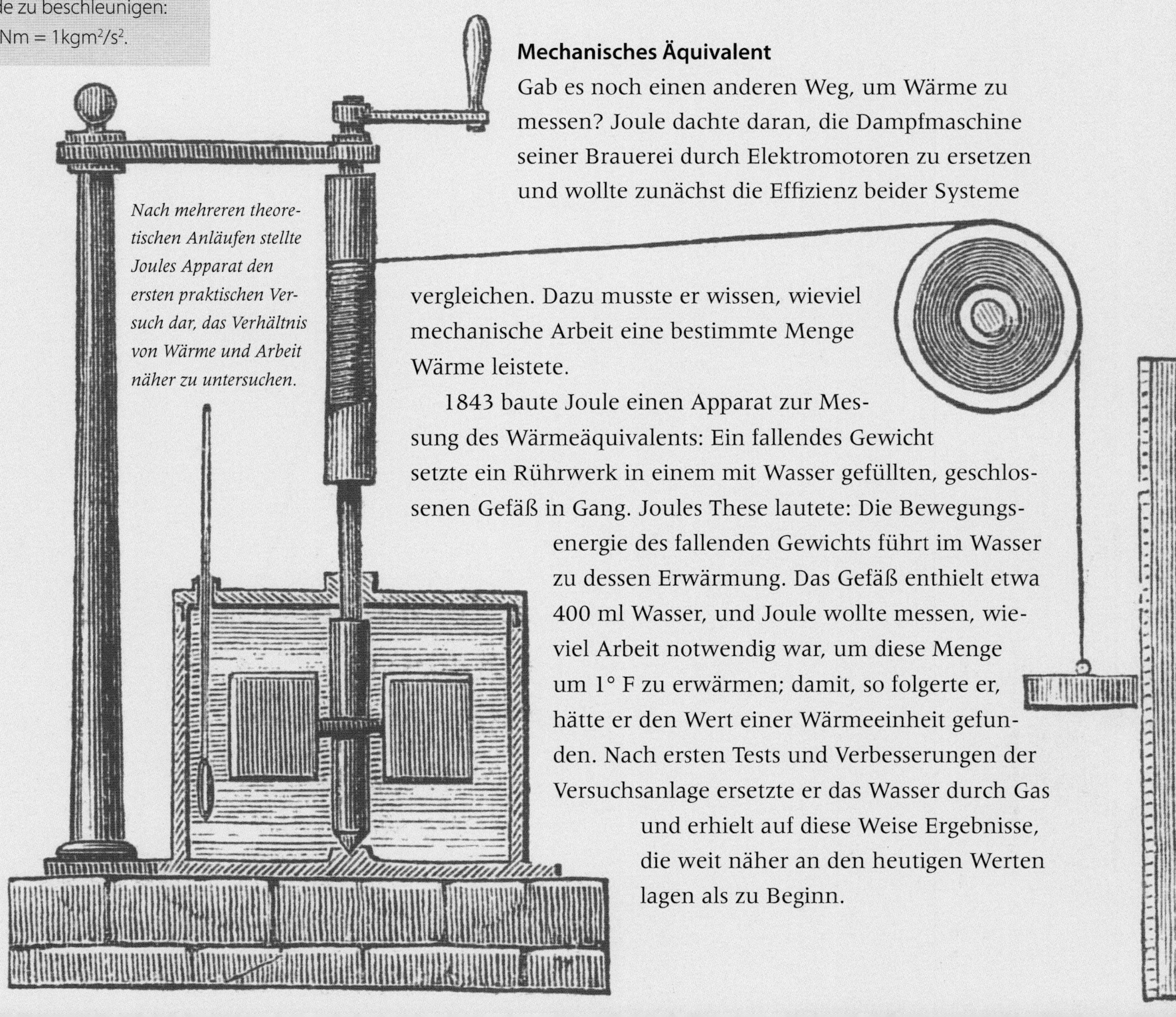

Nach mehreren theoretischen Anläufen stellte Joules Apparat den ersten praktischen Versuch dar, das Verhältnis von Wärme und Arbeit näher zu untersuchen.

Mechanisches Äquivalent

Gab es noch einen anderen Weg, um Wärme zu messen? Joule dachte daran, die Dampfmaschine seiner Brauerei durch Elektromotoren zu ersetzen und wollte zunächst die Effizienz beider Systeme vergleichen. Dazu musste er wissen, wieviel mechanische Arbeit eine bestimmte Menge Wärme leistete.

1843 baute Joule einen Apparat zur Messung des Wärmeäquivalents: Ein fallendes Gewicht setzte ein Rührwerk in einem mit Wasser gefüllten, geschlossenen Gefäß in Gang. Joules These lautete: Die Bewegungsenergie des fallenden Gewichts führt im Wasser zu dessen Erwärmung. Das Gefäß enthielt etwa 400 ml Wasser, und Joule wollte messen, wieviel Arbeit notwendig war, um diese Menge um 1° F zu erwärmen; damit, so folgerte er, hätte er den Wert einer Wärmeeinheit gefunden. Nach ersten Tests und Verbesserungen der Versuchsanlage ersetzte er das Wasser durch Gas und erhielt auf diese Weise Ergebnisse, die weit näher an den heutigen Werten lagen als zu Beginn.

42 Eine Energie

Wie viele seine Physikerkollegen war Hermann von Helmholtz praktizierender Arzt – mit einer Leidenschaft für die Wissenschaft. Seine zahlreichen Fähigkeiten und Interessen ließen ihn physikalische Grundlagen entdecken.

Der junge Helmholtz wurde von seinem Vater gezwungen, Medizin zu studieren, ein Fach, für das es Stipendien gab. Helmholtz erweiterte entscheidend unser Verständnis von Energie – deshalb gebührt ihm ein Platz in der Geschichte der Physik. Er interessierte sich für die Physik des Schalls, des Lichts und der Optik (er erfand den Augenspiegel, mit dem man ins Innere des Auges blicken kann), für die elektrischen Impulse der Nerven und elektromagnetische Kraftfelder. Und er erkannte, dass all diese Phänomene Manifestationen ein und derselben Energie waren – die häufig transformiert, stets jedoch konserviert wurde. 1847 veröffentlichte er seine Untersuchungsergebnisse zusammen mit ersten mathematischen Beweisen seines Konzepts.

Der Helmholtz-Resonator war ein Hohlzylinder, der Töne produzierte, sobald er mit einer Stimmgabel angeschlagen wurde. Alexander Bell hielt das Gerät für einen Messwandler, der elektrische Signale in Töne umwandelte – und erfand daraufhin das Telefon!

43 Absolute Temperatur

Was ist Energie? James Joule hatte die These vertreten, Wärmeenergie sei die Bewegung von Atomen und Molekülen. Das führte einen schottischen Forscher zu der Frage: Was geschieht, wenn sie aufhören sich zu bewegen?

Seit Lavoisier und Black nahm man an, Wärme sei eine Flüssigkeit, die zwischen Objekten fließe. James Joules Überlegungen kamen dem, was sich nachweisen ließ, näher. Sie erklärten, warum heiße Gase einen höheren Druck ausüben. Zustandsveränderungen (von fest zu flüssig zu gasförmig) können so verstanden werden, dass Moleküle anfangen, sich unabhängig von anderen zu verhalten: In Festkörpern sind sie miteinander verbunden; in Flüssigkeiten fangen sie an, sich voneinander zu lösen und umeinander zu fließen; in Gasen be-

William Thomson, der spätere Lord Kelvin, bei einer Vorlesung an der Universität von Glasgow (Schottland); hier lehrte er 35 Jahre lang als Professor für Naturphilosophie.

wegen sie sich losgelöst und unabhängig voneinander. Der schottische Physiker William Thomson (der spätere Lord Kelvin) beschrieb die Energie der Bewegung als „kinetisch" – und aus Joules Ideen zur Bewegung der Moleküle wurde die Kinetische Gastheorie.

Temperatur ist das Maß einer durchschnittlichen kinetischen Energie der Moleküle in einer Substanz. 1848 entwickelte Thomson eine absolute Temperaturskala: die Kelvinskala (K). Sie benutzte dieselben Gradeinheiten wie bereits 1742 Anders Celsius. Statt jedoch den Wassergefrierpunkt als „0 °C" anzusetzen, markiert K den Punkt, an dem die Atome einer Substanz null kinetische Energie besitzen. Thomson errechnete diesen „absoluten Nullpunkt" bei –273,16 °C: der niedrigsten überhaupt vorstellbaren Temperatur.

44 Lichtgeschwindigkeit

ALS ERSTER VERSUCHTE GALILEO GALILEI (VERGEBLICH) DIE LICHTGESCHWINDIGKEIT ZU MESSEN – anhand zweier weit voneinander entfernter Laternen, deren Licht unmittelbar zu sehen war. Doch die Wissenschaft fand einen Weg, Licht jenseits menschlicher Wahrnehmbarkeit zu messen.

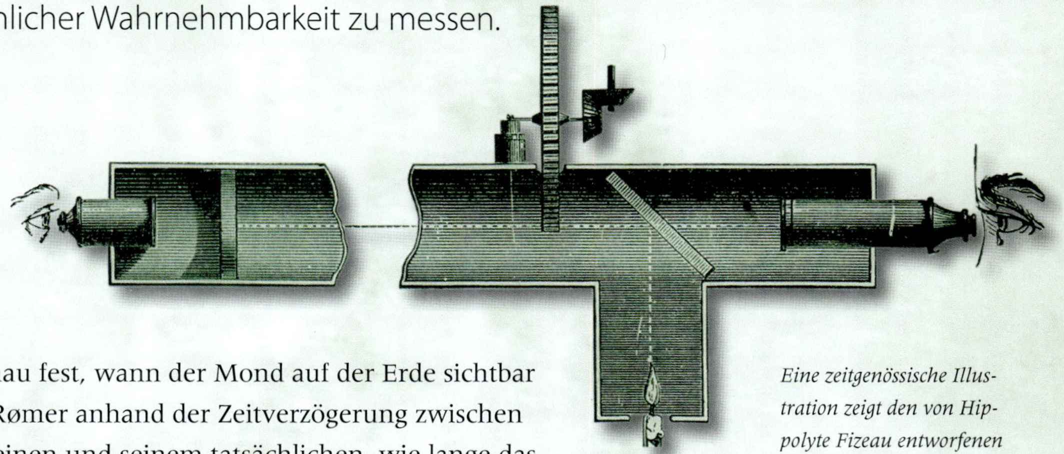

Eine zeitgenössische Illustration zeigt den von Hippolyte Fizeau entworfenen Lichtgeschwindigkeitsmesser. Das Licht einer Lichtquelle wurde von einem Winkelspiegel auf einen entfernten weiteren Spiegel (links) geworfen. Ein Beobachter richtete den Lichtstrahl am reflektierenden Ende so aus, dass der Reflexionsstrahl durch den Winkelspiegel auf einen zweiten Beobachter (rechts) traf.

Die ersten Messungen der Lichtgeschwindigkeit unternahm 1676 der Däne Ole Rømer. Er errechnete die Umlaufbahn des ersten Jupitermondes Io und legte genau fest, wann der Mond auf der Erde sichtbar sein würde. Dann maß Rømer anhand der Zeitverzögerung zwischen Ios theoretischem Erscheinen und seinem tatsächlichen, wie lange das Licht gebraucht hatte, um von Io zu ihm zu kommen. Seine Methode war solide, doch die Entfernungsmaße, die ihm zur Verfügung standen, waren es nicht – seine Zahlen lagen um gut 25 % daneben. Erst 1849 wurde ein genaueres Verfahren entwickelt.

Spiegel und Zahnräder

Der Franzose Hippolyte Fizeau baute eine Apparatur, um die Geschwindigkeit eines kontrollierten Lichtstrahls zu messen. Er richtete ihn auf einen Spiegel in etwa 8 km Entfernung und ließ ihn unterwegs ein sich drehendes Zahnrad passieren. Das Zahnrad drehte sich nie schnell genug, als dass die einzelnen Zähne den Lichtstrahl je vollständig hätten blockieren können; doch bei einer bestimmten Geschwindigkeit konnte man beobachten, wie das reflektierende Licht sich verdunkelte, weil die Reflexion von einem Zahn des sich vor ihm drehenden Rads blockiert wurde. Fizeau kam auf einen Wert von 313 300 km/s (noch immer 4 % daneben); heute geht man von 299 792 km/s aus – dies ist, wie wir später sehen werden, die Geschwindigkeitsgrenze des Universums.

45 Spektroskopie: wichtige Informationen

MIT DER VERBESSERUNG OPTISCHER LINSEN KONNTEN WISSENSCHAFTLER LICHT IMMER GENAUER BEOBACHTEN. Wo Newton noch einen vollständigen Farbregenbogen im Sonnenlicht gesehen hatte, zeigten neue optische Geräte nun Lücken im Spektrum. Was hatte das zu bedeuten?

Als Newton von Rømers Messungen der Lichtgeschwindigkeit erfuhr, fragte er als Erstes, welche Farbe das Licht hatte. Als er erfuhr, dass es weiß war, war er zufrieden, nahm er doch an, dass sich Licht stets mit derselben Geschwindigkeit bewegt, unabhängig von seiner Farbe. Und doch hatten die Farben der Sterne einiges zu erzählen und erlaubten einen ersten Blick ins Innere des Atoms.

Oben: Robert Bunsen und Gustav Kirchhoff zur Zeit ihrer Zusammenarbeit in Heidelberg in den 1850er-Jahren.

Links: Bunsen entwickelte einen Gasbrenner, der seinen Namen trägt und bis heute weltweit in Labors im Einsatz ist.

Hell und Dunkel

Der bayrische Linsenhersteller Joseph von Fraunhofer entwickelte 1814 ein Glas, das keine Farbabbildungsfehler verursachte. Er baute ein Spektrometer, mit dem sich die einzelnen Farben aus einer Lichtquelle exakt beobachten ließen. Bei der Betrachtung des Sonnenlichts entdeckte er in der ansonsten nahtlosen Farbgebung einzelne dunkle Lücken.

Diese Anomalien, Fraunhoferlinien genannt, konnten erst 40 Jahre später von den beiden Chemikern Robert Bunsen und Gustav Kirchhoff erklärt werden: Mithilfe des Spektrometers studierten sie die Farben von Flammen und zerlegten das Licht in eine Serie einzelner Farblinien. Jedes dieser „Emissionsspektren" entsprach dem Element, das verbrannt wurde. Bunsen und Kirchhoff schlossen daraus, dass die Linien, die man im Sonnenlicht sah, „Absorptionslinien" waren, bei denen ein bestimmtes (hier kaltes) Element die Farbe absorbierte.

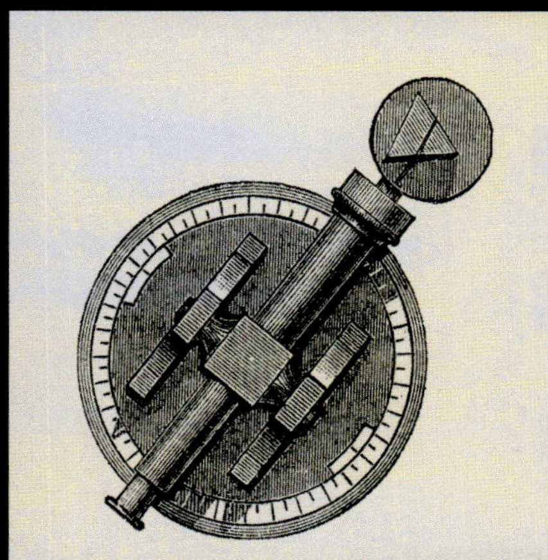

DAS SPEKTROMETER

Joseph von Fraunhofers Spektrometer war eine Kombination aus Prisma und Teleskop. Weißes Licht, durch ein Glasprisma in seine einzelnen Spektralfarben zerlegt, wurde anschließend durch das Teleskop kristallklar vergrößert. Mit einem zweiten Teleskop ließ sich ein Strahl aus der Lichtquelle auf das Prisma bündeln.

Gesetze der Spektroskopie
Kirchhof bündelte die Entdeckung in drei Gesetze: 1. Heiße Festkörper produzieren ein vollständiges Farbspektrum (weißes Licht). 2. Heißes Gas glüht mit einem bestimmten Emissionsspektrum. 3. Kaltes Gas absorbiert bestimmte Farben des durchscheinenden Lichts und hinterlässt im ansonsten vollständigen Spektrum sogenannte Fraunhoferlinien.

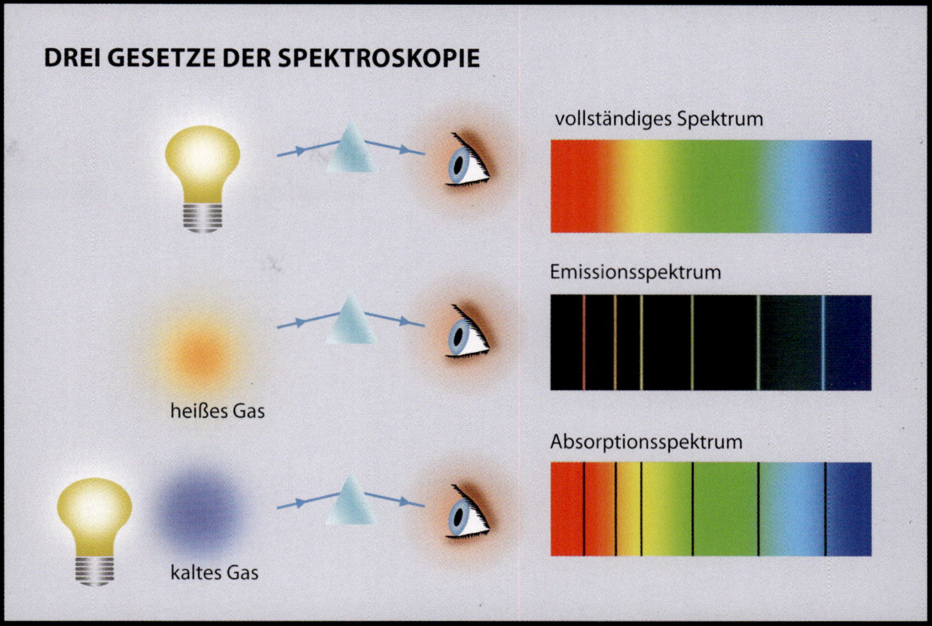

Es schien, als würde jedes Element Energie in Form eines einzigartigen Farbspektrums (bzw. einer Wellenlänge) von Licht aufnehmen und ausgeben. Warum aber gaben Atome nur in bestimmten Wellenlängen Energie aus? Eine Antwort auf diese Frage würde erst die Quantenphysik geben können.

46 Maxwell-Gleichungen

James Clerk Maxwell war Michael Faradays Nachfolger – und überführte ein bisher weitgehend bildhaftes Verständnis des Elektromagnetismus in vier mathematische Gleichungen.

Ein Jahr nach seinem Hochschulabschluss hatte James Maxwell bewiesen, dass weißes Licht aus roten, blauen und grünen Lichtstrahlen erzeugt werden kann.

Michael Faraday beschrieb Anziehung und Abstoßung von Magneten und elektrischen Ladungen als „Feldlinien". Sie trugen Pfeile um zu zeigen, dass sie interagierten, und zusammen bildeten sie ein um ein Objekt herum liegendes Kraftfeld. Mitte der 1860er-Jahre wurde der schottische Mathematiker James Maxwell zur führenden Figur auf dem Gebiet des Elektromagnetismus.

In den vergangenen zehn Jahren hatte Maxwell die Veränderung von Kraftfeldern studiert und dabei herausgefunden, dass die Veränderungsrate der Lichtgeschwindigkeit entsprach! Es gab also eine direkte Verbindung zwischen Lichtwellen, Elektroströmen und Magnetkräften – und Maxwell suchte sie zu vereinheitlichen. Heraus kamen die 1865 veröffentlichten Maxwell-Gleichungen: eine Reihe mathematischer Instrumente, mit denen sich alle Variablen in einem elektromagnetischen Feld berechnen lassen. Faraday hatte angenommen, die Schwerkraft besitze ein eigenes Feld. Wer aber würde diese Feldgleichungen entwickeln? Natürlich Albert Einstein!

47 Von heiß zu kalt

RUDOLF CLAUSIUS ENTWICKELTE 1850 EINE ERSTE VERSION DES ZWEITEN THERMODYNAMISCHEN GESETZES: „Wärme kann nicht von selbst von einem kalten auf einen wärmeren Körper übergehen."

Clausius sah als junger Mann schon alt aus. Seine Frau starb früh und hinterließ sechs Kinder, die er allein aufzog.

Clausius' Arbeiten zur Thermodynamik gingen zunächst von denselben Annahmen aus wie bei Carnots Wärmekraftmaschine – demnach wurde alle Wärme in Arbeit und anschließend alle Energie zurück in nutzbare Wärme umgewandelt. Clausius stellte nun fest, dass das nicht möglich war. Nach jeder Wiederholung des Kreislaufs wäre stets weniger Wärme vorhanden und der Prozess würde irgendwann zum Stillstand kommen. Die Wärmeenergie ging indes nicht verloren, sondern verließ nur das System und erwärmte die Umgebung. Um die Maschine am Laufen zu halten, musste daher Energie hinzugeführt werden. 1865 beschrieb Clausius die Abnahme vorhandener Energie als Zunahme einer neuen Größe: der Entropie (das Maß an Unordnung). Sie erlaubt uns, das zweite Gesetz der Thermodynamik neu zu formulieren: Das Universum bewegt sich auf ein Gleichgewicht zu – ein Zustand maximaler Entropie, bei dem die Energie gleichmäßig verteilt ist und nicht mehr von einem Objekt zum anderen fließt.

Clausius' Konzept der Entropie erklärt, warum Drähte sich stets verheddern, wenn man sie sich selbst überlässt. Wie ordentlich man sie auch hinlegt, sie geraten immer durcheinander.

48 Elektrisierende Gase

MITHILFE VERBESSERTER VAKUUMPUMPEN FANDEN WISSENSCHAFTLER HERAUS, DASS ELEKTRISIERENDE RÖHREN MIT DIFFUSEM GAS SIE ZUM GLÜHEN BRACHTEN. Das war aber kein normales Licht – war es überhaupt Licht?

Der deutsche Instrumentenbauer Heinrich Geißler erfand in den 1850er-Jahren die nach ihm benannte Röhre. Nachdem er möglichst viel Gas aus einer Glasröhre gezogen hatte, schickte er einen elektrischen Strom durch das Teilvakuum – es entstand ein unheimliches Glühen; je nach Art des Gases änderte sich dessen Farbe. Damit hatte Geißler eine frühe Version der Gasentladungslampe erfunden. Dasselbe Prinzip wurde später in Neonröhren verwendet – und die heutigen Energiesparlampen sind die jüngste Generation der Geißlerschen Röhre. Geißler, ein gelernter Glasbläser, begann mit der Herstellung von Glasröhren in allen möglichen Größen, Formen und Farben. Für die meisten Zeitgenossen blieben sie indes nur wissenschaftliche Kuriositäten.

Die Illustration vom Beginn des 20. Jh. zeigt von rechts nach links: Geißler mit seinen Röhren, Pückler bei der Nutzung einer Elektromagnetspule zur Untersuchung der Eigenschaften des Glühens und schließlich Crookes, der seine Kathodenstrahlröhre mit einem Malteserkreuz an einem Ende demonstriert. Der Leuchtstrahl war so stark, dass er den Schatten des Malteserkreuzes auf eine Leinwand warf.

Geißlers Kollege Julius Plücker entdeckte, dass das warme Glühen in der Röhre von Magneten umgelenkt werden konnte: Das war also alles andere als normales Licht!

In den 1870er-Jahren gab es bereits bessere Pumpen – und der englische Physiker William Crookes stellte eine mit 10 000 Mal weniger Gas gefüllte Geißlersche Röhre her und führte ihr einen wesentlich stärkeren Strom zu. Dabei erhielt er einen ganz anderen Effekt: Der Strom erzeugte einen unsichtbaren Strahl, der an der negativen Elektrode begann und am Pluspol ein unheimliches Glühen erzeugte. Doch der Strahl setzte sich in derselben Richtung weiter fort und führte zum Aufleuchten einer fluoreszierenden Schicht am Ende der Kathodenstrahlröhre. Wie Plücker herausgefunden hatte, wurde der Kathodenstrahl von einem magnetischen Kraftfeld umgelenkt. Was aber war in diesem mysteriösen Strahl?

49 Boltzmann-Gleichung

LUDWIG BOLTZMANN BEGRÜNDETE IN DEN 1870ER-JAHREN EIN NEUES FELD DER PHYSIK: Die statistische Mechanik nutzt die Mathematik, um die Bewegung unsichtbarer Atome und Moleküle darzustellen. Sein System funktionierte – doch war es korrekt?

Die statistische Mechanik benutzt die Mathematik, um die sichtbaren Eigenschaften einer Substanz in den Begriffen der Bewegung, Masse und anderer Attribute ihrer Atome und Moleküle zu erklären. Boltzmann war Mathematikprofessor an der Universität in Wien; dort formulierte er die Methoden der statistischen Mechanik.

Eines seiner mathematischen Instrumente war die Boltzmann-Gleichung: Sie beschreibt die Verteilung von Teilchen in einem Gas oder einer Flüssigkeit; mit ihr lässt sich u. a. berechnen, wie Wärme und Ladung ein Medium durchfließen. Diese und andere mathematischen Berechnungen Boltzmanns hatten allerdings zur Voraussetzung, dass Atome und Moleküle existierten – was in den 1870er-Jahren noch nicht sicher war. Boltzmanns Arbeiten wurden daher von den Topwissenschaftlern seiner Zeit eher skeptisch betrachtet. Eines Tages aber sollte sich die Atomtheorie als wahr erweisen; inzwischen funktionierten Boltzmanns Methoden so gut, dass selbst Zweifler wie Max Planck sie mit großem Erfolg einsetzten.

50 Tesla: eine schillernde Figur

Nikola Tesla mit Ende 30; zu dieser Zeit lebte er in New York, wo er zu einem der führenden Köpfe in der Elektroindustrie wurde.

Nikola Tesla besass genügend Talent zur Selbstdarstellung und Erfindungsreichtum, um zum Prototyp des verrückten Wissenschaftlers zu werden. Sein Erfolg war enorm und bescherte uns die Basis für heutige Stromerzeugungs- und Versorgungssysteme; er beging aber auch einige Kardinalfehler.

Tesla half der modernen Welt auf die Sprünge. Die Generatoren in unseren Kraftwerken, die Umspannwerke, die unsere Kommunen versorgen, ja, selbst die Motoren der jüngsten Elektroautos verdanken dem mysteriösen Genie ihre Existenz.

Tesla lieferte seine Beiträge zur Physik Ende des 19. Jahrhunderts in den USA – zu der Zeit, als sich die Nation zur Nummer Eins unter den Industrienationen entwickelte. Nach einer kurzen Episode bei Thomas Edisons Firma in Paris kam er 1884 nach New York und arbeitete dort direkt für den Chef. In nur wenigen Jahren hatte er Edisons uneffektive Gleichstromgeneratoren umgebaut. Edison interessierte sich

Das Labor in Pittsburgh; dort entwickelten Tesla und George Westinghouse die Apparatur für ein Wechselstromsystem.

GLEICH- UND WECHSELSTROM

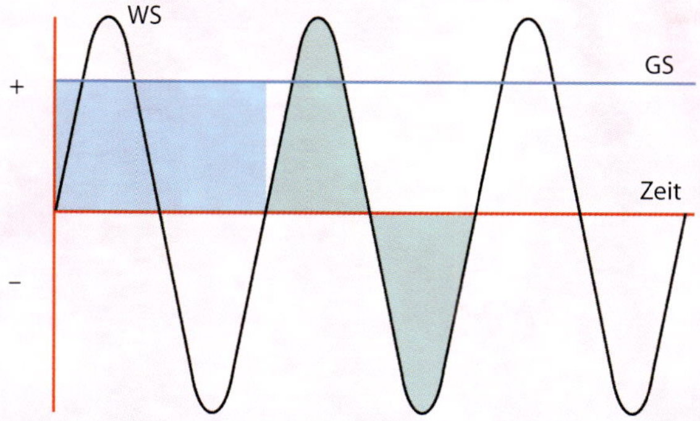

Während die Kraft bzw. Spannung erst in die eine (+), dann in die andere Richtung (–) schwingt, bleibt ein Wechselstrom (WS, die schwarze Kurve) in permanentem Fluss. WS trägt genauso effizient Energie wie Gleichstrom (GS). Die blaue Linie oben zeigt den GS äquivalent zum WS. Die Farbflächen repräsentieren die gleiche Kraftmenge in beiden Systemen. Moderne Elektronik benötigt Strom, der sich in eine Richtung bewegt, weshalb Netzteile den Strom in Gleichstrom umwandeln.

zwar für Teslas Idee des Wechselstroms; ein Streit über Geld führte jedoch dazu, dass sich Tesla selbstständig machte.

Ein alternatives System

Wechselstrom wird von ganz einfachen Elektrogeneratoren produziert. Indem die Pole eines Magnets sich drehen, leiten sie Strom erst in die eine, dann in die andere Richtung. 1887 erfand Tesla den Wechselstrom-Induktionsmotor – mit einem magnetischen Laufrad, das durch ein (mithilfe des Wechselstroms) sich permanent änderndes magnetisches Feld konstant in Bewegung gehalten wird.

DIE TESLASPULE

Wie ein metallener Fliegenpilz, der Licht spuckt: Die Teslaspule sieht aus wie das Gerät eines verrückten Wissenschaftlers. Der 1891 entwickelte Transformator erzeugt hochfrequente Wechselspannung. Primär- und Sekundärspule sind nicht (wie bei anderen Transformatoren) durch einen Metallkern verbunden; stattdessen entsteht in der Primärspule eine Hochspannung. Wird diese schnell abgeleitet, kommt es in der Sekundärspule zu einer immensen Überspannung, die zu beeindruckenden Funken und Blitzen führt. Frühe Radios enthielten kleine Teslaspulen. Große Geräte dieser Art werden heute bei der Simulation von Blitzeinschlägen und Unfällen mit Elektrizität eingesetzt.

Im folgenden Jahr holte George Westinghouse, Edisons großer Rivale, Tesla in seine Firma. Die beiden führten Stromversorgungssysteme ein – diesmal wurde im Vergleich zum Gleichstrom effizienter zu erzeugender Wechselstrom geliefert. Die Westinghousesysteme nutzten, ebenfalls mit Teslas Hilfe, Transformatoren zur Veränderung der Spannung. Ein Transformator (Umspanner) ist ein Gerät, das eingehende Wechselstromspannung verändert: Es enthält zwei mit demselben Eisenkern verbundene Spulen; ein Wechselstrom in der Primärspule ruft in die Sekundärspule ebenfalls Strom hervor. Enthält die Primärspule weniger Drahtwindungen als die sekundäre, wird der Transformator Strom mit höherer als der Eingangsspannung ausgeben; umgekehrt wird die Spannung des Ausgabestroms reduziert. Transformatoren zur Erzeugung von Hochspannungsstrom werden für Stromübertragungen über weite Distanzen benötigt; mit ihrer Hilfe wird Wärmeverlust vermieden (die Erhöhung von Gleichstromspannung ist sehr viel aufwendiger). Andererseits ließe Hochspannung zahlreiche Haushaltsgeräte buchstäblich explodieren; deshalb wird die Spannung in Umspannwerken gedrosselt, bevor der Strom unsere Steckdosen erreicht. Dank Tesla kommt der Strom bis heute als Wechselstrom zu uns.

51 Der Überschall

SCHALL IST EINE DRUCKWELLE, UND WIE JEDE WELLE IST IHRE GESCHWINDIGKEIT ENDLICH. Der Name des Physikers Ernst Mach ist untrennbar mit der Frage verbunden: Was geschieht, wenn sie die Geschwindigkeitsgrenze überschreitet?

Das Bild zeigt den Augenblick, in dem ein Düsenjet die Schallmauer durchbricht. Der Wolkenkegel wird von der das Flugzeug umgebenden Druckwelle erzeugt.

Schall ist eine Welle, die durch ein Medium wandert und dabei Deformationen (Kompressionen und Verdünnungen) erzeugt. Unser Gehör nimmt die Vibrationen in der Luft wahr und wandelt sie in Gehörtes um. Die Geschwindigkeit, mit der sich der Schall bewegt, hängt vom Medium selbst und einer Reihe von Variablen ab; gewöhnlich wandert er schneller durch Trägermaterial, das sich schwer komprimieren lässt: durch Wasser z. B. vier Mal schneller als durch Luft (und noch schneller durch Stein).

Nach einer Laufbahn als Erforscher von Lichtwellen wandte sich Ernst Mach ab 1887 dem Schall zu. Zu dieser Zeit gab es noch keine kohärente Theorie, die die Schallwellen strukturell von denen des Lichts unterschied; und Mach wollte wissen, was geschieht, wenn ein Objekt schneller durch ein Medium raste als es Wellen konnten. Zu seiner Zeit waren die einzigen Objekte, die sich mit „Überschallgeschwindigkeit" durch die Luft bewegen konnten, Gewehrkugeln. 1888 gelang es Mach, eine zu fotografieren. Wie er vorausgesehen hatte, umgab die Kugel eine kegelförmige Schockwelle. Diese Schockwelle kann man als Knall des Schusses hören (wie beim Überschallknall eines Düsenjets). Das Verhältnis von tatsächlicher Geschwindigkeit und Schallgeschwindigkeit wird heute zu Ehren des Physikers als „Mach-Zahl" beziffert: Mach 1 ist die Schallgeschwindigkeit, Mach 2 ist die doppelte Schallgeschwindigkeit usw.

$$Ma = \frac{v}{c}$$

Ernst Machs Fotografie aus dem Jahre 1888 zeigt die kegelförmige Schockwelle um eine mit Überschallgeschwindigkeit fliegende Gewehrkugel.

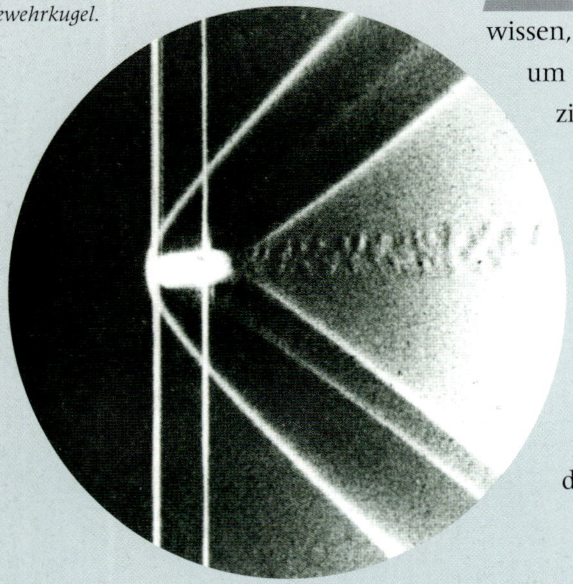

52 Suche nach dem Äther

WENN SCHALL EINE WELLE IST, DIE DURCH EINE SUBSTANZ WANDERT – IST LICHT DANN NICHT ETWAS ÄHNLICHES? Bis in die 1880er-Jahre hinein nahm man an, Licht sei eine Welle in einem unsichtbaren Medium, genannt Äther.

Da wir das Licht der Sterne sehen können, nahm man lange Zeit an, der Raum zwischen ihnen und uns – mit anderen Worten: das Universum – sei von einer „Äther“ genannten Substanz angefüllt. Trotz der Fortschritte seit den Tagen Huygens und Youngs galt die Quintessenz des Aristoteles noch immer als das wesentliche Element zur Erklärung der Ausbreitung von Licht im leeren Raum.

Als bester Beweis für die Existenz des Äthers, so nahm man an, konnte der durch den „Ätherwind“ entstehende „Zug“ dienen. Da die Erde durch den Äther wanderte, müsste sich das Licht, das durch den Ätherzug wanderte, geringfügig verlangsamen. Albert Michelson und Edward Morley entwickelten 1887 einen Apparat, der dies beweisen sollte. Das Gerät brach einen Lichtstrahl und sandte die Strahlen zu zwei weit entfernten Spiegeln, die sie zum Ausgangspunkt zurück reflektierten. Der Theorie nach hätte einer der Strahlen durch den Ätherwind verlangsamt werden müssen; diese Zeitverzögerung würde ein Störungsmuster erzeugen, sobald dieser eine Lichtstrahl auf den zweiten traf. Das Experiment war ein Fehlschlag – einer der erhabensten in der Physik überhaupt denn es beförderte den Äther auf den Müllhaufen der Geschichte.

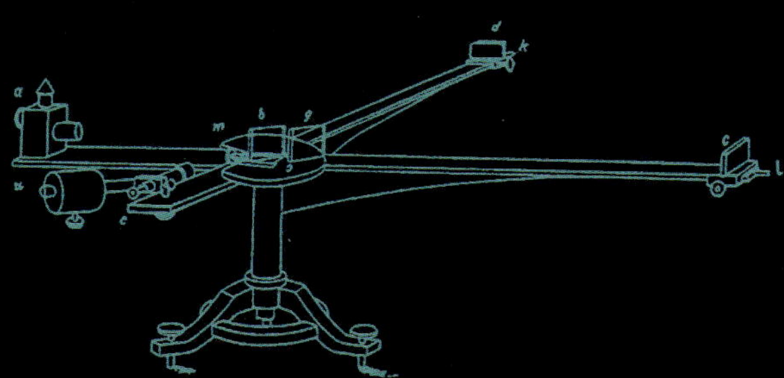

Albert Michelson hatte 1881 mithilfe dieses Apparats versucht, den Ätherwind ausfindig zu machen, doch ohne Ergebnis. Das Michelson-Morley-Experiment im Jahre 1887 sollte die Methode verbessern.

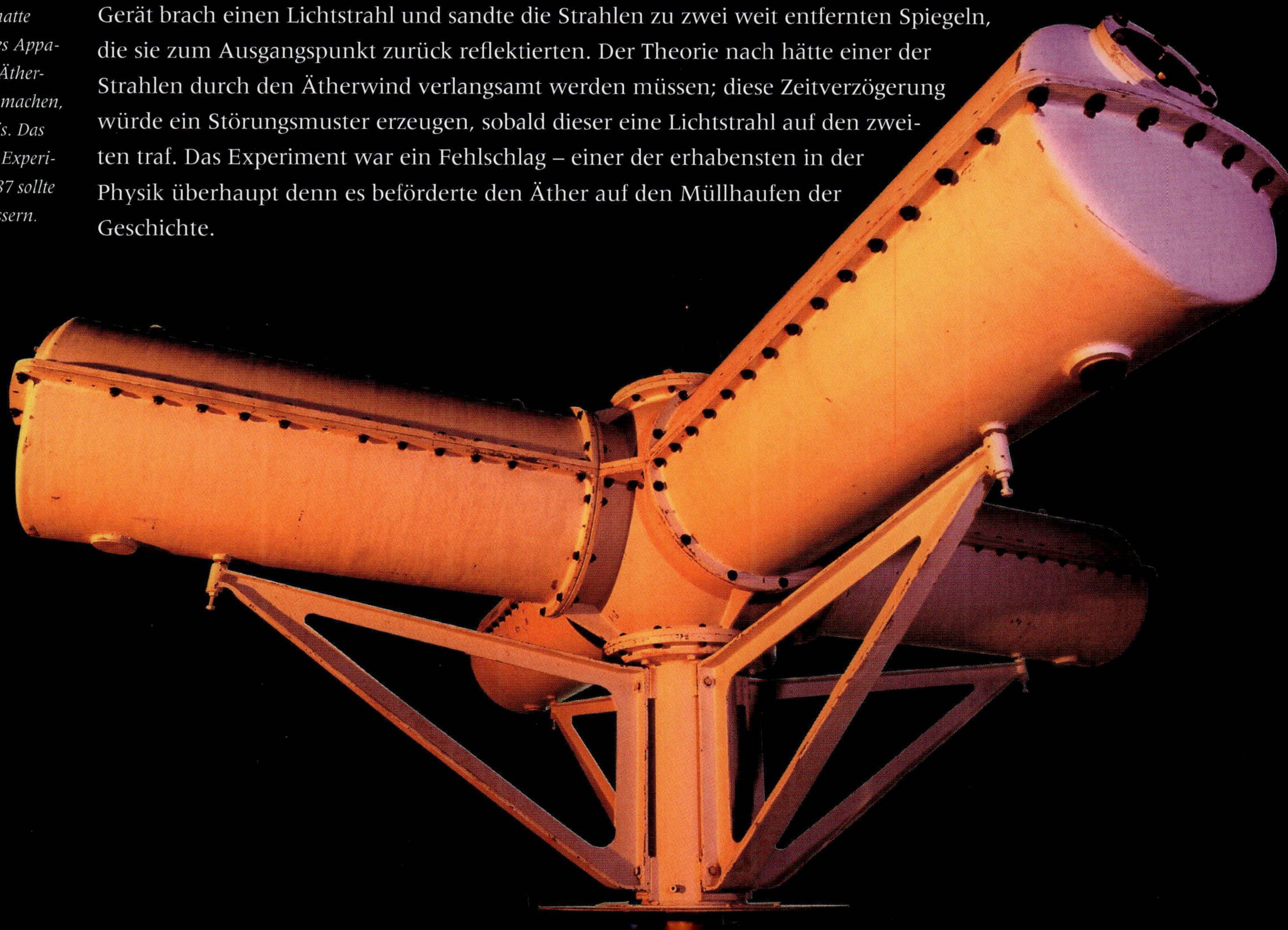

Ein aktualisiertes Modell des Michelson-Morley-Apparats von 1930. Mit ihm ließ sich zeigen, dass die Lichtgeschwindigkeit durch die relative Bewegung der Erde nicht beeinflusst wurde. Zu dieser Zeit hatte Albert Einstein bereits erklärt, warum das so war.

53 Wellen durch nichts

JAMES CLERK MAXWELL HATTE ERKLÄRT, DIE WELLEN DES LICHTS SEIEN NICHT DIE EINZIGEN, DIE EINE VERBINDUNG ZUM ELEKTROMAGNETISMUS AUFWEISEN. Im Jahr 1887, einem außerordentlich bedeutsamen Jahr für die Physik, begann ein brillanter Physiker sich einen Namen zu machen: Heinrich Hertz.

Michael Faraday hatte herausgefunden, dass ein elektrisches und dessen magnetisches Feld sich stets im rechten Winkel zueinander befinden. Elektromagnetische Wellen im Licht (wie sie in den Maxwellschen Gleichungen beschrieben werden) bewegen sich demnach nicht wie Wellen im Wasser oder Schallwellen. Sie wackeln vielmehr rauf und runter und Seite an Seite – alle auf einmal! Diese Welle war keine Bewegung durch den Äther oder Ähnliches, sondern wurde durch permanent schwingende Kraftfelder erzeugt, die Energie hin und her trugen – und zwar ohne Trägermedium.

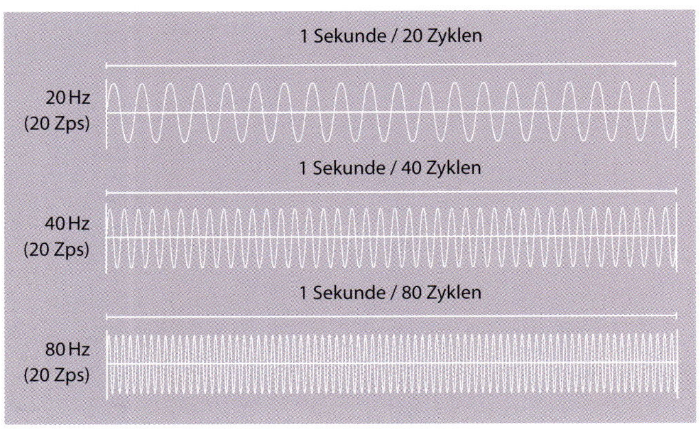

Heute bezeichnet man die physikalische Einheit der Frequenz als „Hertz" (Hz) – das Maß für sich wiederholende Vorgänge in einem Zyklus pro Sekunde. Die Grafik oben zeigt Wellen mit zunehmender Frequenz.

Verschiedene Energien

Wie alle guten Theorien wartete auch diese mit einer Vorhersage auf. Maxwell nahm an, man könnte Wellen, die nicht sichtbar waren, aber sich mit Lichtgeschwindigkeit fortbewegten, mithilfe von Elektrizität erzeugen. Vor allem war er sich sicher, man würde eines Tages Wellen finden, die weniger Energie als Licht enthielten. Zehn Jahre nach Maxwells Tod baute Heinrich Hertz, ein Protegé des deutschen Physikers Hermann von Helmholtz, ein Gerät, mit dem sich diese unsichtbaren Wellen aufspüren ließen.

Senden und empfangen

Hertz' Apparat schickte Funken über eine Strecke zwischen zwei Messingbällen. Seine These: Neben den sichtbaren

Hertz' Funkstreckenoszillator lieferte erstmals den Beweis unsichtbarer elektromagnetischer Wellen. Später nannte man sie „Radiowellen" (vom lat. Wort radius *für „Strahl).*

Lichtfunken produzierte das Gerät auch unsichtbare elektromagnetische Strahlung. Um sie nachzuweisen, baute Hertz einen einfachen Empfänger: eine Drahtschlinge mit einem kleinen Abstand zwischen den Enden.

Der Empfänger wurde mehrere Meter vom Funkgerät entfernt aufgestellt (so weit, dass die elektrischen Funken unmöglich zu ihm hinüberspringen konnten). So ließ sich zeigen, dass von dem Gerät unsichtbare Wellen ausstrahlten, die im Empfängerring zu einem schwachen Strom führten. Das mysteriöse Phänomen kennen wir heute als „Radiowellen“ – sie enthalten wesentlich weniger Energie als Licht. Damit hatte Hertz die ersten Radiosignale gesendet. Und wie viele Formen elektromagnetischer Strahlen warteten noch auf ihre Entdeckung!

54 Der unbekannte Strahl

DIE ENTDECKUNG EINES WEITEREN VERTRETERS DES ELEKTROMAGNETISCHEN SPEKTRUMS EREIGNETE SICH WEIT ZUFÄLLIGER ALS HERTZ' ENTSCHIEDENE SUCHE.

Mehrere Forscher gingen davon aus, dass aus Kathodenstrahlröhren unsichtbare Strahlen entweichen.

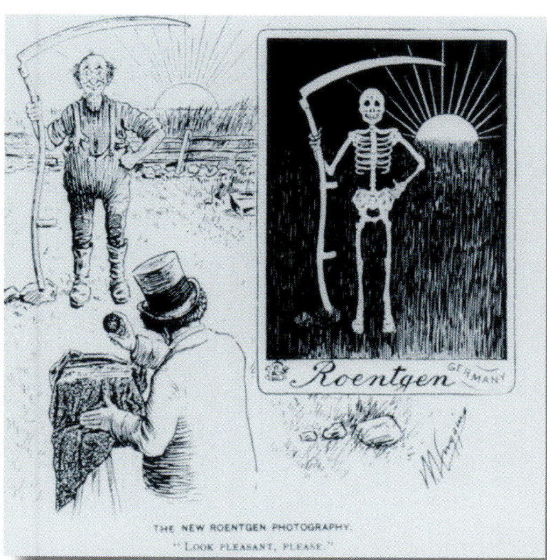

Die Idee, mithilfe von Röntgenstrahlen ins Innere des Körpers sehen zu können, beflügelte die Fantasie der Menschen.

Eine Kathodenstrahlröhre produziert ein schwaches Glühen. Das Licht geht durch das Glas hindurch, die Kathodenstrahlen aber bleiben darin gefangen. Ende der 1880er-Jahre verbesserte Philipp Leonard Crookes Kathodenstrahlröhre, indem er der Glasröhre ein Aluminiumfenster einbaute. Die Metallkomponente war fest genug, um dem Luftdruck von außen zu widerstehen, zugleich aber so dünn, dass die Kathodenstrahlen aus der Glasröhre austreten konnten. Wilhelm Röntgen soll mit Leonards Fenster gearbeitet haben, als er die mysteriöse Strahlung entdeckte. Das Fenster wurde, wenn es nicht gebraucht wurde, meist mit dickem Papier geschützt. Als Röntgen 1895 einmal sein Gerät anschaltete, während das Fenster noch abgedeckt blieb, entdeckte er auf einer lichtempfindlichen Leinwand auf seinem Tisch einen Lichtschein. Als Ursache dafür nahm er eine neue Art elektromagnetischer Welle an – und fand so heraus, dass die nach ihm benannten Strahlen durch manche feste Objekte hindurchdrangen. Später fotografierte er mithilfe von Röntgenstrahlen die Hand seiner Frau. Sie war alles andere als begeistert und sagte: „Ich habe meinen Tod gesehen.“

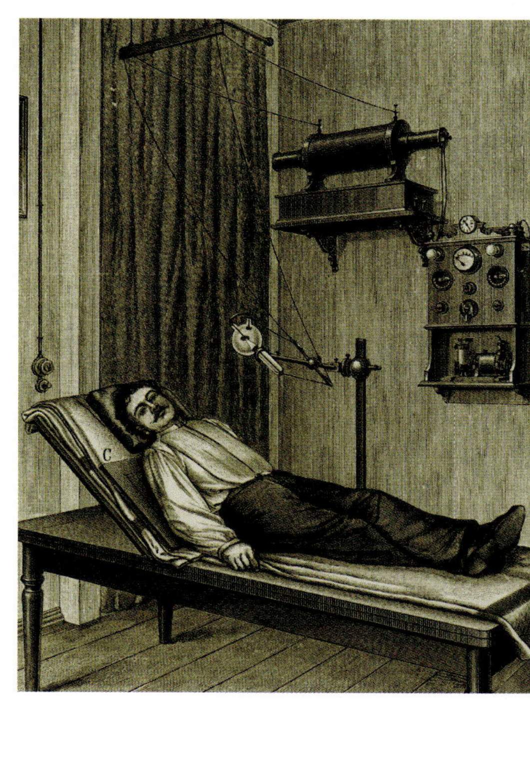

Bereits ein Jahr nach ihrer Entdeckung wurden Röntgenstrahlen in der medizinisches Diagnostik eingesetzt. Hier sendet eine Kathodenstrahlröhre Röntgenstrahlen auf die Brust eines Patienten aus und bildet auf einer fotografischen Platte dessen Lunge ab.

55 Radioaktivität

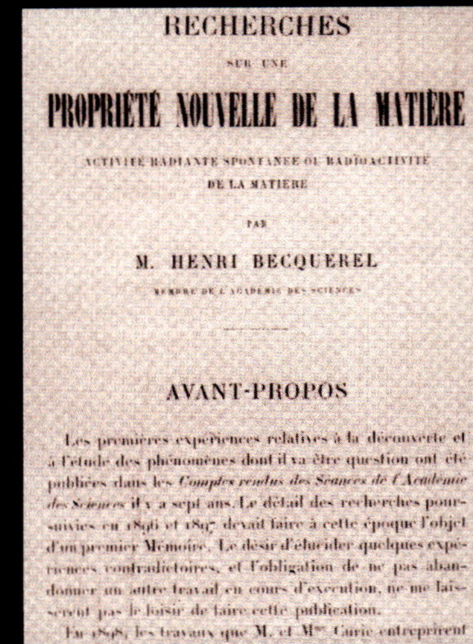

RECHERCHES

SUR UNE

PROPRIÉTÉ NOUVELLE DE LA MATIÈRE

ACTIVITÉ RADIANTE SPONTANÉE OU RADIOACTIVITÉ DE LA MATIÈRE

PAR

M. HENRI BECQUEREL

MEMBRE DE L'ACADÉMIE DES SCIENCES

AVANT-PROPOS

Les premières expériences relatives à la découverte et à l'étude des phénomènes dont il va être question ont été publiées dans les *Comptes rendus des Séances de l'Académie des Sciences* il y a sept ans. Le détail des recherches poursuivies en 1896 et 1897 devait faire à cette époque l'objet d'un premier Mémoire. Le désir d'élucider quelques expériences contradictoires, et l'obligation de ne pas abandonner un autre travail en cours d'exécution, ne me laissèrent pas le loisir de faire cette publication.

En 1898, les travaux que M. et Mme Curie entreprirent

Becquerels Buch Recherches sur un Propriete Nouvelle de la Matiere *(Forschungen zu einer neuen Eigenschaft der Materie) über Radioaktivität wurde 1903 veröffentlicht.*

Nicht nur Kathodenstrahlröhren glühen im Dunkeln, manche Mineralien tun das auch; aus stumpfen Kristallen können regelrechte Juwelen werden, sobald Licht durch sie hindurchscheint. Ein französischer Physiker fragte sich, ob diese glühenden Kuriositäten auch unsichtbare Strahlen aussendeten wie die von Röntgen entdeckten – und fand so eine ganz andere Art von Strahlung.

Der Forscher war Henri Becquerel – eine führende Figur unter Frankreichs Naturwissenschaftlern. Sein Experiment bestand darin, die Bedingungen für Röntgens Zufallsentdeckung nachzubilden, dabei aber die Kathodenstrahlröhre durch phosphoreszierende Mineralien zu ersetzen. Er wollte zeigen, dass die Mineralien ebenfalls Röntgenstrahlen oder eine andere Art elektromagnetischer Strahlung aussenden. Obwohl seine Methode genau durchdacht war, blieb seine Entdeckung am Ende ein ähnlich glücklicher Zufallsfund wie seinerzeit bei Röntgen.

Das Falschfarbenfoto zeigt Henri Becquerel in seinem Labor.

Nicht den blassesten Schimmer

Wilhelm Conrad Röntgens Strahlenquelle blieb von einer blickdichten Abdeckung verhüllt – und bewies, dass der beobachtete Lichtschein nicht vom Glühen der Kathodenstrahlröhre herrührte. Becquerel verdeckte seinen Strahlendetektor (eine lichtempfindliche Platte) mit einem ähnlich dunklen Papier, um sicherzugehen, dass kein Licht eindrang. Dann platzierte er darauf phosphoreszierende Mineralien und künstlich produziertes Pulver, das im Dunkeln glühte (heute wissen wir, weshalb: Das Pulver absorbiert bestimmte Wellenlängen des Lichts und strahlt sie allmählich wieder auf einer anderen Wellenlänge aus – deshalb scheint es trotz fehlender Lichtquelle zu glühen).

Becquerels Theorie besagt: Wenn die glühenden Substanzen Röntgenstrahlen aussenden, müssen diese sich durch das Papier hindurch auf der Fotoplatte im Innern abbilden. Aber es geschah nichts – bis er den Versuch mit Uranylsulfat, einem sandigen, uranhaltigen Mineral, wiederholte (das gelbe Urankonzentrat ist ein Vorläufer des modernen Kernbrennstoffs). Damals hielt man Uran für ein harmloses Schwermetall, das in der Töpferei verwendet wurde, um Glas- und Tonwaren eine gelblich-grüne Färbung zu verleihen. Aber nicht mehr lange …

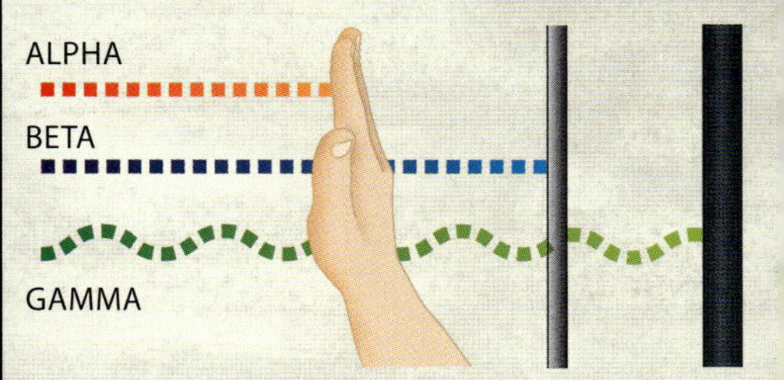

RADIOAKTIVITÄT

Der Ausstoß radioaktiver Substanzen erfolgt auf dreierlei Art: Alpha- und Betastrahlen sind keine echten Strahlen, sondern Teilchenstrahlung. Alphapartikel sind positiv geladene Teilchen, die von nahezu jedem festen Objekt blockiert werden. Betapartikel sind negativ geladen und werden von dünnen Metallblenden abgehalten, sind also offenbar kleiner als Alphapartikel. Einzig Gammastrahlen sind elektromagnetisch; sie bergen viel Energie in sich und lassen sich nur durch dicke Bleiwände abschirmen.

Becquerels Strahlen

Das Uransalz hinterließ auf der Fotoplatte eine Nebelspur; ganz offensichtlich war nicht die phosphoreszierende Eigenschaft des Urans die Ursache dafür – deshalb nannte man die Strahlen zunächst „Becquerelstrahlen“. Becquerel untersuchte weitere uranreiche Verbindungen wie Uraninit (Pechblende). Sie alle nebelten die Fotoplatte ein – also war Uran die Quelle der Strahlung. Einige Jahre später sollte Becquerels Studentin Marie Curie dem Phänomen einen neuen Namen geben: Radioaktivität. Doch nur bestimmte „radioaktive“ Elemente verursachen diese Art Strahlung.

Drei Strahlungen

Die Frage war: Gehörten Beqcerels Strahlen zur selben Art von Strahlung wie Radiowellen, Licht, Wärme und Röntgenstrahlen? 1898 kam ein junger Neuseeländer namens Ernest Rutherford an die Universität in Cambridge. Er sollte in der Atomphysik eine wichtige Rolle spielen und die Struktur von Atomen ans Licht bringen, wobei seine Arbeiten zum Uran in Cambridge ihm den Weg dorthin bereiteten. Rutherford entdeckte in dem Metall zwei Arten Strahlung, die er Alpha- und Betastrahlen nannte. Alphastrahlen ließen sich durch dünne Goldfolie blockieren; Betastrahlen hingegen gingen glatt hindurch.

Der Franzose Paul Villiard fand im Jahre 1900 in radioaktivem Metall eine dritte Art der Strahlung (das neu entdeckte Radium), die weitaus stärkere Durchdringungskräfte zeigte wie die beiden von Rutherford entdeckten. Er folgte der bereits angelegten Konvention und nannte sie Gammastrahlen. In den Folgejahren rückten sie ins Zentrum der Erforschung der atomaren Struktur. Unterdessen machte Becquerel eine weitere Entdeckung an seinen Strahlen: Sie verbrannten seine Haut. Ein Bericht darüber im

Eine optimistische Zukunftsvision zeigt das Jahr 2000 aus der Sicht des Jahres 1900. Die Szene mutet insgesamt wie eine aus dem Jahr 1900 an – nur im Kamin brennt kein Holz, sondern glüht wärmende Radioaktivität!

56 Das erste subatomare Teilchen

NOCH IMMER TAPPTEN DIE PHYSIKER BEI DEN KATHODENSTRAHLEN IM DUNKELN. WIE ELEKTROMAGNETISCHE WELLEN EXISTIERTEN SIE IM VAKUUM, BESASSEN ABER EIGENSCHAFTEN VON METALLEN UND GASEN. 1899 bewies ein englischer Wissenschaftler, dass sie Teilchen waren – noch kleiner als Atome!

John Joseph Thomson hieß der Entdecker dieser subatomaren Partikel; er stieß auf sie, als er das Experiment seines deutschen Kollegen Heinrich Hertz wiederholte. Wie dieser wollte Thomson herausfinden, ob sich Kathodenstrahlen durch ein elektrisches Feld umlenken ließen. Hertz kam seinerzeit zu einem negativen, Thomson bei der Wiederholung des Versuchs indes zu einem positiven Ergebnis. Seine Röhre enthielt weniger Gas – und das aus Hertz' Röhre austretende Gas wurde aufgeladen und machte so jede Wirkung auf durchgehende Strahlen unmöglich. Thomson fand heraus, dass die Strahlen in Richtung der positiv geladenen Feldseite schwangen. Im Elektromagnetismus ziehen sich Gegensätze an; diese Umlenkung bedeutete also, dass die Kathodenstrahlen negativ geladen waren. Licht hat keine Ladung; also musste der Strahl aus unsichtbaren Teilchen bestehen. Diese waren 1800-mal leichter als Wasserstoffatome (die leichtesten aller Atome)! Bereits einige Jahre zuvor wurde für einen theoretisch angenommenen elektrischen Ladungsträger der Begriff „Elektron" geprägt. Den übernahm Thomson nun in seiner These, dass das elektrische Feld der Kathodenstrahlröhre Elektronen von den Atomen abspaltet: Damit hatte er die ersten subatomaren Teilchen gefunden. Gab es noch mehr davon?

NACHWEIS VON ELEKTRONEN

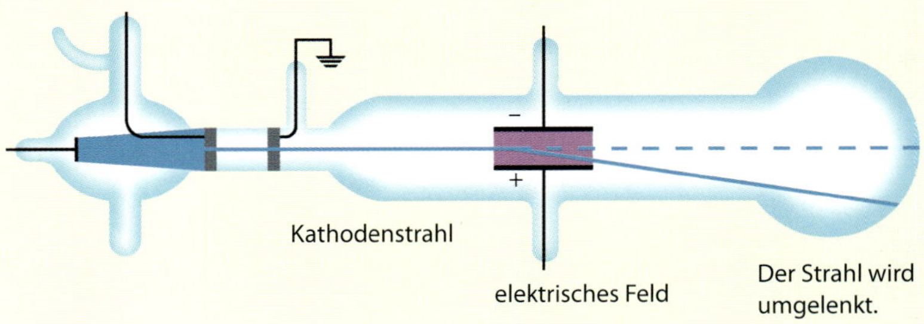

Thomsons Apparat schickte einen Kathodenstrahl in das zwischen zwei geladenen Platten elektrisch aufgeladene Feld.

J. J. Thomson experimentiert mit seiner Kathodenstrahlröhre, Ende des 19. Jahrhunderts.

57 Die Planck-Konstante

SEIT DER ANTIKE WUSSTE MAN, DASS HEISSE GEGENSTÄNDE GLÜHEN, UND AN IHRER FARBE KONNTE MAN ERKENNEN, WIE HEISS SIE WAREN. Versuche, in gleicher Weise die Wärmestrahlen zu verstehen, revolutionierten die moderne Variante der Physik.

Max Planck ist der Gründervater der Quantenphysik – auch wenn er (im Zuge seiner äußerst komplexen mathematischen Berechnungen) nur den Begriff des Wirkungsquantums einführte.

Weiß-glühendes Metall ist heißer als rot-glühendes, das heißeste Metall ist blau. Es besteht eine eindeutige Beziehung zwischen der Frequenz des Lichts, das wir als Farbe sehen, und der Energie in der Welle. Doch niemand wusste, ob Wärmestrahlung ähnlich variierte.

Gustav Kirchhoffs spektroskopische Arbeiten führten ihn 1859 zu der Frage, wie ein idealer schwarzer Körper Energie ausstrahlt („schwarz" wurde der Körper genannt, weil er alle Strahlung, die ihn traf, absorbierte). Max Planck versuchte sich in den 1890er-Jahren an einer Antwort. Er entwickelte mathematische Gleichungen, die das Verhalten der Strahlung beschreiben sollten. Planck nutzte sie als Modell für den Wärmeausgleich in einem schwarzen Körper – wenn dieser also im selben Maße Energie aussandte wie er Strahlung absorbierte. Planck hoffte, die Energie in Wärmewellen werde der Temperatur entsprechen.

Zunächst funktionierten seine Berechnungen nicht; später übernahm er Boltzmanns statistische Mechanik und hatte mehr Erfolg: Die Energie stellte sich in Quanten, winzigen unteilbaren Einheiten, dar – und die Gleichungen gingen auf: $E = hf$ – d. h. die Energie *(E)* einer elektromagnetischen Welle ist proportional zu ihrer Frequenz *(f)*. Das Wirkungsquantum *(h)* – das Verhältnis von E und f – heißt seither Planck-Konstante. Diese winzige Zahl zeigte, dass die Menge der Teilchenenergie stets ein Vielfaches der Quanten war: Damit hielt das Quantum Einzug in die Physik.

Plancks anderer großer Beitrag zur Quantenphysik sind die sogenannten Planck-Einheiten: In diesem System natürlicher Einheiten haben alle universalen Konstanten (z. B. die Lichtgeschwindigkeit und die Schwerkraftkonstante, das große G) den Zahlenwert 1. Wie die Tabelle zeigt, bestehen die Planck-Einheiten aus winzigen Quantitäten – sie stellen die kleinstmöglichen Größenordnungen im Universum dar.

Größe	Term	metrischer Wert	Name
Länge (L)	$l_P = \sqrt{\frac{\hbar G}{c^3}}$	1.616×10^{-35} m	Planck-Länge
Masse (M)	$m_P = \sqrt{\frac{\hbar c}{G}}$	2.176×10^{-8} kg	Planck-Masse
Zeit (T)	$t_P = \sqrt{\frac{\hbar G}{c^5}}$	3.3912×10^{-44} s	Planck-Zeit
Temperatur (Θ)	$T_P = \sqrt{\frac{\hbar c^5}{G k_B^2}}$	1.417×10^{32} K	Planck-Temperatur
Ladung (Q)	$q_P = e/\sqrt{4\pi\alpha}$	5.291×10^{-18} C	Planck-Ladung
	$q_P = e/\sqrt{\alpha}$	1.876×10^{-18} C	

58 Fernradio

Guglielmo Marconi wurde berühmt für die Bändigung der Radiowellen durch seine drahtlose Technologie; sein wissenschaftlicher Beitrag revolutionierte den Rundfunk und die Telekommunikation.

DIE RETTUNG DER TITANIC

Die Möglichkeiten von Marconis Radiotechnologie wurden 1912, während der Tragödie der Titanic, deutlich: An Bord waren zwei Funker, die Notrufe absandten; und obwohl diese zu spät empfangen wurden, um die meisten der Passagiere zu retten (das nächste Schiff hatte sein Radio abgeschaltet), wäre die Zahl der Todesopfer ohne Marconis Technologie noch viel höher gewesen. Seit der Katastrophe sind die Funkräume auf Schiffen rund um die Uhr besetzt.

Am 12. Dezember 1901 wurde in einer eiskalten Hütte an der Küste Neufundlands die erste, über den Atlantik übertragene Radiobotschaft empfangen. Das dreifache Tonsignal für den Morsebuchstaben S wurde rund 3200 km entfernt, von Polhu in Cornwall aus, gesendet.

Der italienische Physiker und Ingenieur Marconi hatte es den Zweiflern gezeigt: Radiowellen kannten kein Limit der Entfernung. Bisher hatte man angenommen, sie endeten am Horizont, da Radio- wie Lichtwellen sich in geraden Linien fortbewegten. Und der Horizont markiert per definitionem die Grenzen des Lichts – von dahinter erreicht uns kein Licht mehr und wir sehen nichts. Aber wie hatte Marconi das gemacht?

Der junge Guglielmo Marconi im Dachgeschoss seines Hauses im Jahre 1896 – mit dem Radiogerät, das er entwickelt hatte.

Hertzsche Wellen

Marconi hatte keinen sonderlich guten Schulabschluss und finanzierte sich mit dem Geld der Familie ein Studium an der Universität in Bologna. Dort arbeitete er 1894 kurze Zeit bei Augusto Righi, der die nach ihrem Entdecker benannten Hertzschen Wellen (Radiowellen) erforschte. Marconi erhöhte die Reichweite und Sendekraft des Hertzschen Elektrodenabstandssenders und verbesserte den Empfänger durch einen Fritter (ein Glasrohr mit Metallspänen, die durch zugeführte Spannung aneinander „kleben"), der den elektrischen Widerstand reduzierte und für einen Elektrizitätsstoß sorgte, der dann in den „Klick" eines Sprechers umgewandelt wurde. So wurde es möglich, Botschaften durch Punkt- und Strichcodes aus dem Morsealphabet zu senden, die für den Telegrafen entwickelt worden waren; Marconis Gerät aber brauchte nun keine Drähte mehr!

Im Jahre 1895 sendete Marconi Signale über eine Entfernung von mehreren Kilometern. Da die italienische Regierung kein Interesse an dem von ihm entwickelten Gerät zeigte, wandte er sich an die Briten, und von ihnen wurde er schließlich gefördert. Bereits 1899 etablierte Marconi eine Radioverbindung zwischen Großbritannien und Frankreich – da war er gerade mal 24 Jahre alt.

Um zu testen, wie weit sich in den späten 1890er-Jahren Signale senden ließen, stattete Marconi für eine Reise durch England und Wales einen Dampftraktor mit einem Radiosender aus – und kombinierte dabei die jüngste drahtlose Technologie mit einem modernen Fahrzeug.

Aufgeladene Atmosphäre

Um seinen Forschungsbereich auszuweiten, begann Marconi mit der Übertragung von Botschaften zwischen Schiffen im Atlantik. Dabei entdeckte er, dass er über den Horizont hinaus senden konnte und nachts weiter als am Tag. (Heute wissen wir, dass dies mit der Ionosphäre zusammenhängt, dem mit Ionen und Elektronen aufgeladenen Teil der Erdatmosphäre, die Radiowellen reflektiert; nachts steigt sie höher und reflektiert Signale über eine größere Distanz.) Nach 1901 verlief der Fortschritt langsamer, Marconi entwickelte Schiffsradiosysteme, seine Firma blieb in der der Sendetechnologie führend.

DAS RUNDFUNKVERMÄCHTNIS

Marconi nannte die Stimmenübertragung per Radiosignal „das drahtlose Telefon". Bei der ersten Tonübertragung waren andere indes schneller. 1915 entwickelte er eine Methode zur Übertragung von Referenzfrequenzsignalen durch Vakuumröhren. Im Juni 1920 wurde damit ein Auftritt der australischen Sopranistin Dame Nellie Melba (rechts) aus Marconis Firmenzentrale in Essex (Großbritannien) in ganz Europa übertragen. Aus dem Marconi-Sendebetrieb wurde später die britische BBC – der größte öffentliche Sender weltweit.

59 Die Curies

Das berühmteste Wissenschaftlerpaar, Marie und Pierre Curie, wurde für seine Arbeiten zur Radioaktivität berühmt; der Name steht jedoch auch in Verbindung mit anderen Bereichen der Physik.

In einem von den Curies erfundenen Gerät wird ein Hochspannungsfeld genutzt, um Alpha- und Betastrahlen aus einer radioaktiven Probe umzuleiten. Während Gammastrahlen nicht umgeleitet werden, nehmen positiv geladene Alphastrahlen die entgegengesetzte Richtung auf die negativ geladenen Betapartikel. Im Jahr 1900 zeigte Henri Becquerel, dass Betastrahlen aus einem Strom von Elektronen bestehen.

Marie Curie war die erste Nobelpreisträgerin und die einzige zweifache! Gleichwohl sollte das ihren Gatten nicht in den Schatten stellen, denn er hatte längst seinen Platz in der Ruhmeshalle der Physik erlangt, als er die polnische Emigrantin Maria Salomea Skłodowska 1894 an der Pariser Sorbonne traf. Ein Jahrzehnt zuvor hatte er zusammen mit seinem Bruder Jacques die Piezoelektrizität entdeckt – bei der durch das Zusammendrücken einer Substanz elektrische Spannung entsteht. Bekannt wurde er aber vor allem für die nach ihm benannte Curie-Temperatur, bei deren Erreichen ferromagnetische Eigenschaften eines Materials verschwinden.

Die Curies waren nicht sehr wohlhabend und ihr Labor befand sich in einem zugigen Schuppen. Pierre hatte Probleme mit dem Rücken, also übernahm Marie alle körperlich schweren Arbeiten – selbst dann, wenn es im Labor manchmal nahezu eiskalt war. Marie nutzte solche Tage, um die Wirkung von Kälte auf radioaktive Strahlen zu untersuchen; wie sich zeigte, waren sie temperaturunabhängig.

Erforschung der Radioaktivität

Für ihre Arbeiten zur Radioaktivität erhielten Marie und Pierre Curie, zusammen mit Henri Becquerel, 1903 den Nobelpreis für Physik. Sie hatten herausgefunden, dass das chemische Element Thorium radioaktiv ist, und dass Pechblende (enthält Uran und Thorium) weitaus stärker radioaktiv strahlt als erwartet. Vier Jahre später förderten ihre Arbeiten aus einer halben Tonne Pechblende nicht nur ein, sondern gleich zwei neue Elemente zutage: Polonium (nach Maries Heimatland benannt) und Radium. 1911 erhielt Marie für diese Entdeckungen den (zweiten) Nobelpreis; Pierre war bereits 1906 gestorben.

60 Einsteins *Annus mirabilis*

DAS JAHR 1905 GILT IN PHYSIKERKREISEN ALS *ANNUS MIRABILIS*, ALS „WUNDERJAHR". Der Mann, der diese (insgesamt vier) Wunder vollbrachte, war Albert Einstein. Das junge Genie veränderte unser Verständnis von Materie, Energie, Raum und Zeit von Grund auf.

MONDFONTÄNEN

In den 1950er-Jahren vermutete man, der fotoelektrische Effekt werde Merkwürdiges mit dem Mondstaub anstellen: Die Körnchen würden durch Sonnenlicht aufgeladen und einander abstoßen, sodass sie vom Boden abheben. Proben bestätigten solche „Mondfontänen".

Als Erstes nahm sich Einstein den fotoelektrischen Effekt vor: Licht auf Elektroden verstärkt den Strom zwischen ihnen. Einstein erklärte diesen Effekt, indem er das Licht nicht nur als Welle, sondern zugleich als Partikelstrom verstand. Jedes Teilchen (Photon) trägt, so Einstein, ein bestimmtes Quantum an Energie in sich. Wenn Photonen auf einen Leiter treffen, transferieren sie ihre Energie auf ihn. Umgekehrt stoßen Objekte Energie als Photonen aus. Zudem erklärte Einstein mithilfe der kinetischen Gastheorie die Brownsche Bewegung der Atome. Später beschäftigte er sich mit der Beziehung zwischen Energie *(E)* und Masse *(m)* und entwickelte die berühmte Formel $E = mc^2$. (c ist die Lichtgeschwindigkeit, eine sehr große Zahl). Also war Energie gleich der Masse multipliziert mit dem Quadrat einer Riesenzahl – das bedeutet: Selbst winzige Massen enthalten enorm viel Energie. Die Lichtgeschwindigkeit war auch integrales Moment in einer weiteren bahnbrechenden Entdeckung von 1905: die Spezielle Relativität.

Die Geschichte weist Albert Einstein als einflussreichsten Physiker der Moderne aus. 1905 waren die überwältigenden Theorien dieses jungen Patentamtsangestellten für die meisten Physikerkollegen indes schlichtweg zu revolutionär.

Spezielle Relativität

ALBERT EINSTEINS SPEZIELLE RELATIVITÄTSTHEORIE ERSCHLIESST SICH NICHT INTUITIV – einiges erscheint geradezu unsinnig. Sie behandelt die Physik im Schnellstdurchgang: Wie sähe das Universum aus, wenn wir es mit Lichtgeschwindigkeit durchquerten?

Im Vergleich zu den Entdeckungen von 1905 benötigte Einstein Jahre, um seine berühmte Theorie der Relativität zu entwickeln. Die vollständige Allgemeine Relativitätstheorie wurde 1916 vorgelegt. Bereits 1905 skizzierte bei Lichtgeschwindigkeit auftretende Effekte („Spezielle Relativität"). Und schon als Teenager soll ihn die Frage beschäftigt haben: „Was würde ich sehen, wenn ich auf einem Lichtstrahl säße?"

Wellenrichtung

Licht war als Welle erkannt – und die Maxwell-Gleichung zum Elektromagnetismus lieferte einen Mechanismus, der sie sich ohne Trägermedium fortbewegen ließ. Wie verhielt sich so eine Welle? War es möglich, die „Lichtgrenze" zu durchbrechen? Einsteins Teenagerfrage bildete einen guten Ausgangspunkt: Die Lichtgeschwindigkeit ist eine Konstante. Wer auf einem persönlichen Photon säße und mit Lichtgeschwindigkeit umhersauste, könnte wohl von anderen Photonen, die von hinten kämen, niemals eingeholt werden. Also wäre, wenn man sich umdrehte, das Universum hinter einem ständig dunkel, denn kein Licht könnte das Auge erreichen. Und was wäre umgekehrt? Licht, das aus entgegengesetzter Richtung auf mein Photon schiene, würde mit zweifacher relativer Lichtgeschwindigkeit an mir vorbeirasen.

Soweit erscheinen all diese Erklärungen absolut plausibel; doch niemand ist in der Lage, eine Veränderung der Lichtgeschwindigkeit zu erkennen. Einsteins spezielle Theorie besagt nun, dass die Lichtgeschwindigkeit stets dieselbe ist. Die relativen Geschwindigkeiten ihrer Quelle und des Beobachters haben keinerlei Auswirkung – und so sähe von einem Platz auf dem Lichtstrahl aus alles ganz normal aus.

Raum und Zeit

Aber warum hat die Bewegung keine Auswirkung auf die Geschwindigkeit des Lichts? Um das zu erklären, gestalteten Physiker wie Hermann Minkowski unser Verständnis von Raum und Zeit um: als Raumzeit bzw. Raum-Zeit-Kontinuum. Während ein Objekt sich an einem Beobachter vorbei bewegt, zieht sich die Raumzeit am Beobachtungspunkt zusammen und lässt das Objekt schrumpfen. Gleichzeitig vergrößert sich dessen Masse, d.h. um es schneller zu bewegen, wird mehr Energie benötigt. Um sich mit Lichtgeschwindigkeit zu bewegen, müsste das Objekt grenzenlos massiv werden und unendlich viel Energie benötigen, damit die Geschwindigkeit erreicht wird – was unmöglich ist. Eine einfache Tatsache der speziellen Relativität besagt daher: Keine Masse kann sich mit Lichtgeschwindigkeit fortbewegen; das können nur masselose Photonen. Auch bei einer Geschwindigkeit nahe der Lichtgeschwindigkeit scheint eine mobile Masse sich im Verhältnis zum stationären Beobachter langsamer durch die Zeit zu bewegen.

Diese Veränderungen von Masse, Raum und Zeit sind für uns nicht wahrnehmbar, doch sie sorgen dafür, dass die Geschwindigkeit des Lichts im Verhältnis zu einem Beobachter stets konstant bleibt (egal, wie schnell beide sind).

Wenn Sie sich das nächste Mal abends im Straßenverkehr bewegen, denken Sie über die Lichter der anderen Fahrzeuge nach: Sie gehorchen – wie Sie – einer Geschwindigkeitsbegrenzung.

62 Positive Entdeckung

Atome besitzen keine Rundumladung; wenn also Elektronen aus dem Innern der Atome kommen, muss dort auch etwas positiv Geladenes sein. 1909 fand das Team um Ernest Rutherford heraus, was das war – und begründete so die Nuklearphysik.

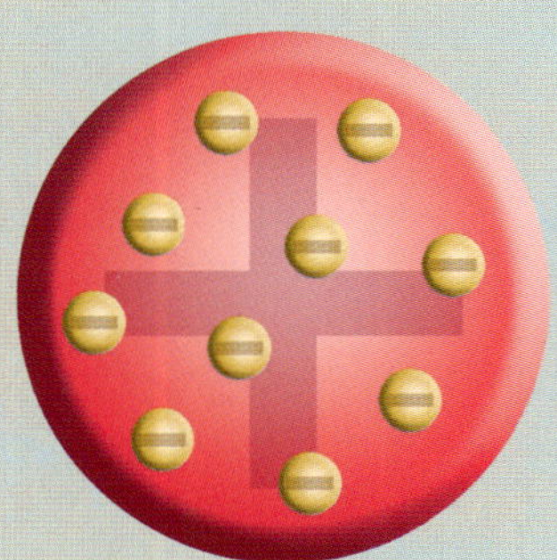

ROSINENKUCHENATOM

J.J. Thomson nahm an, in einem Atom säßen Elektronen verteilt wie Rosinen in einem Kuchen; sie bildeten nur eine winzige Teilmasse des Atoms – der „Kuchen" musste also den Großteil der Masse ausmachen, aber eine Ladung enthalten, die der gesamten Elektronenladung entgegengesetzt und gleich groß war. Das „Rosinenkuchenmodell" war der erste Versuch, sich die Struktur eines Atoms vorzustellen, und wurde schon bald ersetzt.

1908 hatte Ernest Rutherford bereits für seine Arbeiten an der McGill-Universität in Montreal den Nobelpreis für Chemie erhalten. Sieben Jahre zuvor hatte er zusammen mit Frederick Soddy bemerkt, dass Thorium neben Gas auch Radioaktivität abgab; die chemische Analyse zeigte, dass durch seinen radioaktiven Zerfall Radium entstand. Die beiden Forscher entdeckten den Mechanismus hinter der Radioaktivität: Atome eines chemischen Elements waren instabil und zerfielen in Atome eines anderen Elements;

Hans Geiger und Ernest Rutherford (rechts) posieren neben einer Apparatur, mit der sie reflektierte Alphapartikel nachwiesen und den ersten Beweis für die Existenz des Atomkerns lieferten.

dabei gaben sie geladene Partikel ab. Das daraus entwickelte Atommodell (Rosinenkuchenatom) erlaubte Elektronen (Betastrahlung), das Atom zu verlassen. Aber die positiv geladenen Alphapartikel konnte es nicht erklären.

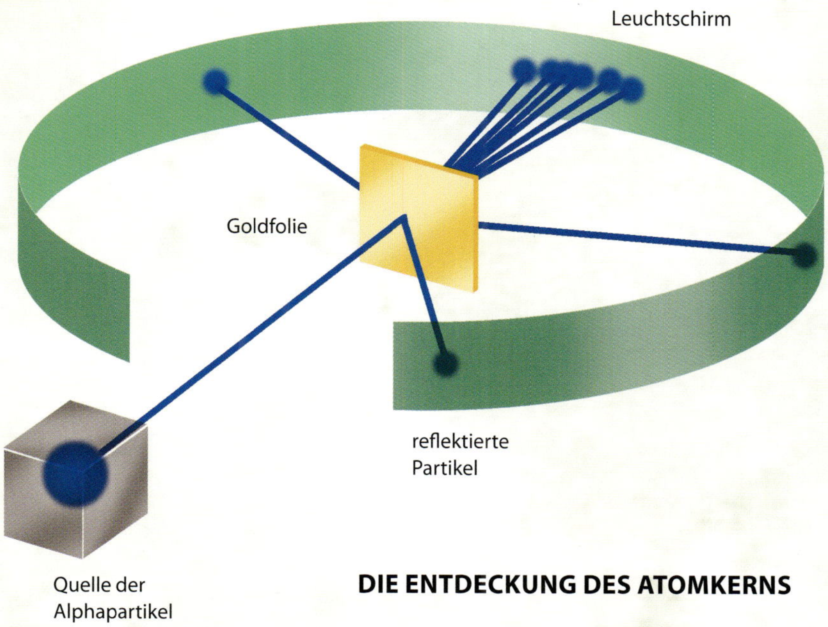

DIE ENTDECKUNG DES ATOMKERNS

Der Apparat wurde beim sogenannten Rutherfordschen Streuversuch eingesetzt.

Der Kuchenbeweis

1909 arbeitete Rutherford wieder in Großbritannien, an der Universität in Manchester. Rutherford holte zwei Forscher in sein Team: Hans Geiger und Edward Marsden; anhand von Alphapartikeln wollten sie die Struktur des Atoms untersuchen, die, so glaubte Rutherford, gewiss komplexer war, als Thomson angenommen hatte. Bei einer Rosinenkuchenstruktur mussten die Elektronen gleichmäßig in der Atommasse verteilt sein: Rutherford wollte dies testen, indem er positiv geladene Alphapartikel durch Goldfolie schoss. Wenn die Goldatome rosinenkuchenähnlich aufgebaut waren, mussten Alphapartikel gerade hindurchgehen (ohne Umlenkungen); und genau das geschah mehr oder weniger.

Der Rückprall

Um nichts unversucht zu lassen, bat Rutherford sein Team am Ende des Projekts, einen Detektorschirm rund um die Goldfolie laufen zu lassen – um sicherzugehen, dass nicht irgendetwas auf der Folie zurückprallte. Und die neue Versuchsanordnung zeigte tatsächlich, dass ein winziger Teil der Alphapartikel von der Folie abprallte. Als er vom Resultat hörte, soll Rutherford den Kriegstanz der Maori (haka) aufgeführt haben – für ihn war es, „als würde man eine 38-cm-Patrone auf Seidenpapier schießen und sie käme zurück und träfe dich".

Für Rutherford sah es so aus, als würden die Alphapartikel von den positiv geladenen Teilen des Atoms abgewehrt. Das geschah aber nur manchmal, weil die positive Region im Atom nur ein winziger Kern ist: ein Nukleus. Wie Planeten kreisen die Elektronen um das Atom und werden durch die Anziehungskraft des Kerns festgehalten. Das Atom selbst ist großenteils leer – deshalb gingen auch die meisten Alphapartikel hindurch. Diese Sicht des Atomkerns gilt bis heute – auch wenn die Quantenphysik alsbald mit weiteren Komplexitäten aufwarten sollte.

63 Ladungseinheiten

VIELE PHYSIKER WOLLTEN NICHT GLAUBEN, DASS LICHT UND ELEKTRIZITÄT AUS PARTIKELN BESTANDEN. Die Offensichtlichkeit einer kontinuierlichen Welle sprach dagegen. 1909 setzten zwei US-Amerikaner alles daran, die Partikeltheorie zu widerlegen – und förderten dabei das Gegenteil zutage.

Professor Robert Millikan entwickelte zusammen mit seinem Assistenten Harvey Fletcher ein Gerät zur Messung elektrischer Ladung. Wenn Elektromagnetismus eine Welle war, die zwischen zwei Extremen hin und her schwang, so Millikan und Fletcher, dann musste elektrische Ladung jeden Wert innerhalb dieser zwei Punkte einnehmen können. Um dies zu beweisen, wandten sie die sogenannte Öltröpfchenmethode an: In ein elektrisches Feld zwischen zwei Platten wurden feinste Öltröpfchen gesprüht; die Forscher konnten durch das Mikroskop beobachten, wie die Tröpfchen unter der Schwerkraft auf eine Platte sanken. Dann wurde der Strom angeschaltet. Einige Tröpfchen wurden beim Aussprühen durch Reibung aufgeladen – und diese wurden nun durch das elektrische Feld in die Luft zurückgestoßen.

Man wählte einen geeigneten Tropfen aus und berechnete Größe und Gewicht danach, wie schnell er unter der Schwerkraft sank; das Ergebnis wurde mit der Kraft des elektrischen Feldes verglichen, die nötig war, um sie hochzuschleudern. So konnte das Maß der Tröpfchenladung bestimmt werden. Zahllose weitere Messungen ergaben stets ein Vielfaches derselben Zahl, nämlich $1{,}5 \times 10^{-19}$. Das bewies: Ladung nahm nicht einfach irgendeinen Wert an, sondern bestand aus der Anhäufung einer riesigen Anzahl von Elektronen; und mit der Öltröpfchenmethode ließ sich die Ladung eines einzelnen Elektrons messen. So hatten Millikan und Fletcher entgegen ihrer Intention mitgeholfen, die subatomaren Partikel zu etablieren.

Robert Millikan – hier mit dem originalen Öltröpfchenapparat fast 20 Jahre nach dem Experiment – wurde anschließend Gründungsmitglied des California Institute of Technology (Caltech).

64 Nebelkammern

Ein Spaziergang im Nebel durch die schottischen Berge lieferte 1911 die Idee für ein Gerät, das die Bewegung kleinster Partikel aufzeichnete. Die gekräuselten Streifen in dieser „Nebelkammer" sollten den Schleier über der subatomaren Welt lüften.

Der Berggeist ist eine optische Illusion: Der Schatten des Beobachters fällt dabei auf unsichtbare diffuse Nebelwolken direkt vor ihm. Normalerweise bleibt das so gut wie unsichtbar – wenn nicht weit unterhalb des Betrachters eine helle Wolkenbank liegt. Vor dieser weißen Wolkenbank wird der Schatten sichtbar und lässt ihn als Riesen in weiter Entfernung erscheinen.

Als der Physiker Charles Wilson 1911 zum Ben Navis, dem höchsten Gipfel Schottlands, wanderte, wurde er Zeuge des Berggeists – ein optisches Phänomen, bei dem der Schatten des Betrachters sich als riesige Figur auf niedrigen Wolken neben einem Berg abzeichnet. Wilson dachte darüber nach, wie aus Wassertropfen, die um Staubtupfen und andere Nuklei herum kondensierten, Nebel wurde.

Um Ionen herum

Wilson machte sich daran, Nebel maschinell herzustellen. Er füllte eine Flasche mit Wasserdunst und veränderte Temperatur und Druck solange, bis daraus Tröpfchennebel entstand. Er fand heraus, dass Ionen (Atome, die Elektronen verloren oder hinzugewonnen haben) gute Kerne für die Tropfen waren. Wenn ein subatomares Partikel wie ein Alphateilchen den Dunst passierte, schlug es die Elektronen von den Atomen und hinterließ Ionen, und damit Nebelstreifen. So wurde Wilsons Nebelkammer zu einem Partikeldetektor.

Andere Physiker veränderten das Experiment und ersetzten z. B. den Wasserdunst durch Alkoholschwaden oder Kohlenstoffdioxid; auch fügte man ein elektromagnetisches Feld hinzu, um die geladenen Partikel umzuleiten. Die Richtung hängt von der Ladung ab und der Umlenkungswinkel ermöglicht die Berechnung der Masse. In den kommenden 40 Jahren eröffneten Nebelkammern die klarsten Einblicke in eine zunehmend dichter bevölkerte subatomare Welt.

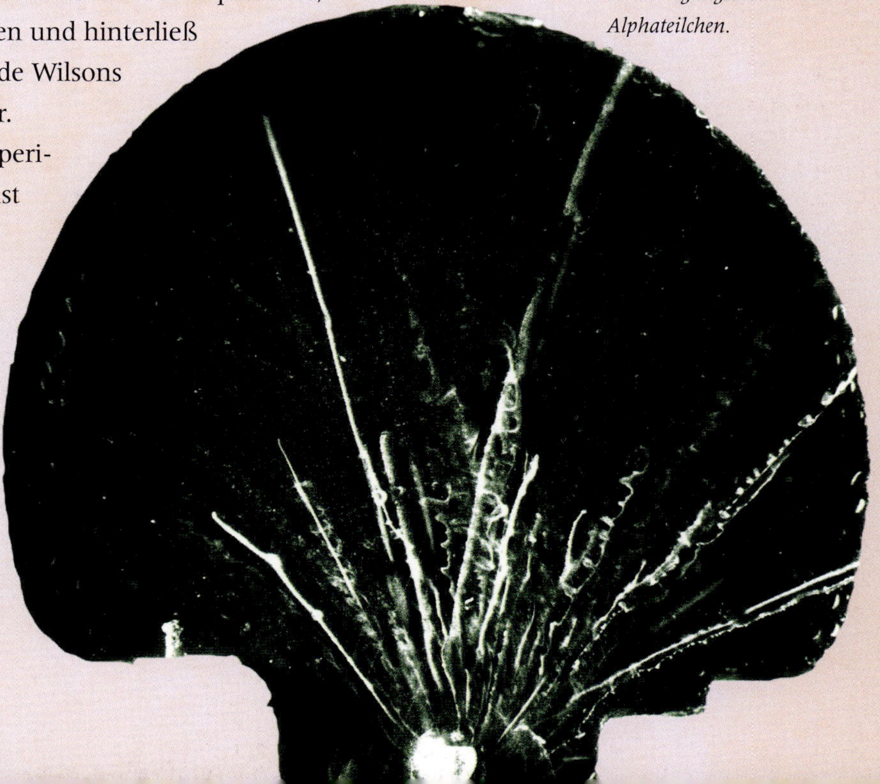

Eine Hochgeschwindigkeitskamera zeichnet die Ströme in einer Nebelkammer auf und zeigt dabei die Bewegungsbahnen von Alphateilchen.

65 Supraleiter

DASS DER WIDERSTAND VON METALLEN MIT SINKENDER TEMPERATUR DES LEITERS GERINGER WIRD, WAR BEKANNT. Als Forscher besser mit kalten Materialien bei immer niedrigeren Temperaturen umzugehen wussten, entstand die Frage, ob dieser Widerstand gegen Null gehen konnte.

Elektrischer Widerstand ist das Produkt von Materie, die einem Elektronenstrom im Weg ist. Bewegt sich die Materie bei hoher Temperatur, ist die Wahrscheinlichkeit größer, dass sie Elektronen in den Weg gerät, also ihr Widerstand groß ist. Nimmt man dem Leiter Wärmeenergie, führt das dazu, dass seine Partikel sich langsamer bewegen, also weniger Widerstand bieten. Zu Beginn des 20. Jhs. gelang es Physikern immer besser, niedrige Temperaturen zu erzeugen. Haushaltskühlschränke beruhen bis heute auf derselben Methode: Sie nutzen den Joule-Thomson-Effekt, bei dem ein flüssiges Kühlmittel sehr schnell zu Gas wird. Die Energie im Kühlmittel dient der Ausbreitung seiner Partikel – so wird die kinetische (bzw. Wärme-) Energie der Teilchen reduziert. Von einer anderen Quelle fließt Wärme in das Gas, sodass seine Quelle (das Kühlfach) kälter wird.

Flüssiges Helium, festes Quecksilber

Dem holländischen Forscher Heike Kamerlingh Onnes gelang es 1908, Helium zu verflüssigen – keine einfache Angelegenheit, denn sein Siedepunkt liegt bei –268,95 °C. Anschließend setzte er das flüssige Helium als Kühlmittel ein und konnte so andere Materialien fast bis zum absoluten Nullpunkt abkühlen. (Etwa zur selben Zeit hatte Walther Nernst das dritte Gesetz der Thermodynamik entdeckt: Der absolute Nullpunkt lässt sich nicht erreichen.) 1911 kühlte Onnes Quecksilber auf –269 °C, das dabei zu einem festen Metall wurde. Er fand heraus, dass sein elektrischer Widerstand völlig verschwand: Aus dem Quecksilber war ein Supraleiter geworden. Die Elektronen in dem Metall konnten ohne Energieaufwand frei umherschweben. Hierbei zeigt sich in riesiger Größenordnung ein Quanteneffekt: Elektronen umkreisen einen Nukleus und erfahren dabei keinerlei Widerstand.

Es wurden Supraleiter entwickelt, die bei „hohen" Temperaturen arbeiten, um 130 K (obwohl das immer noch ziemlich kalt ist, nämlich –143 °C). Supraleiter vertreiben sämtliche magnetischen Felder und lassen das Material frei schweben. Das Phänomen machen sich superschnelle Magnetschwebebahnen zunutze.

66 Kosmische Strahlen

WÄHREND CHARLES WILSON IONISIERTE PARTIKEL IN SEINER NEBELKAMMER UNTERSUCHTE, suchte ein anderer Physiker in den Wolken am Himmel nach ihnen – und machte dort eine kosmische Entdeckung.

Ein Elektroskop ist ein Gerät zum Nachweis elektrischer Ladung (ein Detektor). Es enthält hauchdünne Goldblätter, die sich bei gleicher Ladung voneinander abstoßen und so bewegen. Ein vollkommen aufgeladenes Elektroskop verliert jedoch schließlich seine Ladung. Der Grund könnte nur darin liegen, dass Ladung (bzw. Elektronen) an die Luft abgegeben werden. Das aber würde bedeuten, dass die Luft eine der Goldfolie entgegengesetzte Ladung (wie gering auch immer) enthält. Als Quelle dieser Ladung vermutete man äußerst aktive und hochenergetische Partikel – wie sie natürlich nur bei radioaktiven Steinen und Ähnlichem vorkamen –, die die Gase in der Luft ionisierten. Wenn dem so war, musste sich die Ladung mit wachsender Höhe reduzieren, da die Gase sich immer weiter von der Quelle der ionisierenden Strahlung entfernten.

Das Foto zeigt Victor Hess in seinem Ballon, kurz vor dem Abflug im Jahre 1911. Er erreichte eine Höhe von 5300 m und kehrte mit der Entdeckung zurück, die ihm 1936 den Nobelpreis einbringen sollte.

Höhen und Tiefen

Der deutsche Physiker und Erfinder eines höchst sensiblen Elektroskops, Theodor Wulf, brachte 1911 eines seiner Geräte auf die Spitze des Eiffelturms. Er fand heraus, dass die Luft dort oben stärker aufgeladen war als am Boden. Im gleichen Jahr unternahm der Österreicher Victor Hess eine Reihe experimenteller Ballonflüge in immer größerer Höhe. Bevor er vom Boden abhob, lud er einen von Wulfs Detektoren, sodass dessen zwei Goldblätter einander abstießen. Indem das Elektroskop Ladung an die Luft abgab, würden die Goldblätter sich mit abnehmender Abstoßung aufeinander zu bewegen. Hess bestätigte Wulfs Ergebnisse: In größerer Höhe verlor das Elektroskop seine Ladung schneller. Also war die dünne Luft dort oben stärker ionisiert als am Boden. Hess nahm an, dass die ionisierenden Hochenergiepartikel und die Strahlung nicht von der Erde, sondern aus dem Weltraum kamen – „kosmische Strahlung"! Spätere Untersuchungen zeigten, dass sie voller exotischer, „erdfremder" subatomarer Partikel war.

67 Das Quantenatom

1913 – VIER JAHRE, NACHDEM MAN ENTDECKT HATTE, DASS ATOME AUS EINEM VON ELEKTRONEN UMGEBENEN KERN BESTEHEN, entwickelten zwei Physiker eine neue Sicht auf das Atom. Beide gründeten ihre Theorien darauf, wie das Atom Strahlung abgab. Der eine wurde berühmt – der andere erschossen.

Der Däne Niels Bohr und der Engländer Henry Moseley arbeiteten beide eine Zeit lang in Manchester bei Ernest Rutherford, dem Vater der Atomphysik; ihre Forschungsinteressen waren indes sehr verschieden.

Atomzahl

Moseley erforschte die von Atomen ausgehenden Röntgenstrahlen; er fand heraus, dass Atome bestimmte Farben sichtbaren Lichts produzierten, dass ihre Röntgenstrahlen eine bestimmte Wellenlänge besaßen und diese sich proportional zur Ladungsmenge des Atomkerns verhielt. Indem er dem Wasserstoffatom die Zahl 1 zuwies, erstellte er eine Liste von „Atomzahlen" der Elemente entsprechend der jeweiligen Kernladung, wie sie sich in ihren Röntgenstrahlspektren zeigten. Dieses System verfolgte die Atommasse der Elemente, wie sie im periodischen System erschienen: Der Heliumkern hatte den Ladungswert 2, Lithum den Wert 3 usw. Moseleys System stellte sich als optimierte Version des periodischen Systems der Elemente heraus, das ursprünglich nach dem Atomgewicht und chemischen Eigenschaften angelegt worden war. Wie es indes möglich war, dass ein Atomkern mehr Ladung enthalten konnte als ein anderer, blieb ein Geheimnis, das Mosley nicht mehr lüften konnte. Er wurde 1915 im Ersten Weltkrieg getötet.

Niels Bohr in seinem Kopenhagener Labor, zehn Jahre nach seiner zukunftsträchtigen Arbeit zum Atommodell; 1997 wurde das Element 107 – ein äußerst radioaktives Metall, nach ihm benannt: Bohrium.

Bohrs Modell

Moseleys Arbeiten widersprachen Rutherfords Atommodell nicht, das besagte, dass Elektronen um einen Kern wandern und durch dessen elektromagnetische Anziehung an ihrem Platz gehalten werden. Die gesamte Ladung aller Elektronen war gleich groß und der des Kerns entgegengesetzt.

Bohr interessierte sich für die Bewegung und die Position der Elektronen. Zunächst behandelte er sie wie Festkörper, und nahm an, die kinetische Energie eines Elektrons verhalte sich propor-

Wie vor ihm bereits Max Planck suchte Bohr nach mathematischen Instrumenten, mit denen sich das Verhalten der Atome beschreiben ließ. Das Resultat war ein Atom, das sich aus nebulösen, wahrscheinlichkeitstheoretischen Wellenformen zusammensetzte – statt aus Partikeln, die umherschwirrten. Dies läutete die Quantisierung in der Atomphysik ein.

tional zur Frequenz seiner Kernumkreisungen – also dazu, wie schnell es den Kern umkreist. Bohr ging davon aus, dass die Proportionalitätskonstante einen Bruchteil der Planck-Konstante ausmache.

Als Bohr seine Sicht des Atoms mit dem Phänomen der Spektralemissionen verband (den einzigartigen Lichtstreifen, die jedes Element produziert), fand er, dass sein Modell nur dann funktionierte, wenn Elektronen sich auf bestimmten Positionen bzw. Umlaufbahnen befinden.

Strahlung einer bestimmten Wellenlänge (bzw. Frequenz) enthält eine spezifische Menge an Energie. Ein Elektron bewegt sich nur dann von einer niedrigen zu einer höheren Ringebene, wenn es eine exakte Energiemenge dafür erhält. (Es giebt keine Möglichkeit, darüber hinauszuschießen oder wieder zurückzufallen.) Also muss ein Elektron eine bestimmte Wellenlänge der Strahlung absorbieren, um das spezifische Energiequantum für den Sprung zu erlangen: der Quantensprung. Emissionsspektren resultieren aus dem umgekehrten Prozess: Von einer höheren Umlaufebene hin zu einer niedrigeren wird eine bestimmte Wellenlänge der Strahlung ausgegeben.

KREISRUNDE FORMEN

Bohrs Atommodell überwand Rutherfords Vorstellung von Umlaufbahnen, auf denen Elektronen den Kern wie Planeten einen Stern umkreisen. An ihre Stelle setzte er Energieebenen, die eine bestimmte Anzahl von Elektronen in sich halten. Die niedrigste Ebene erzeugt einen Sphärenring, der zwei Elektronen halten kann, während hochenergetische Ringe vielen Elektronen Platz bieten.

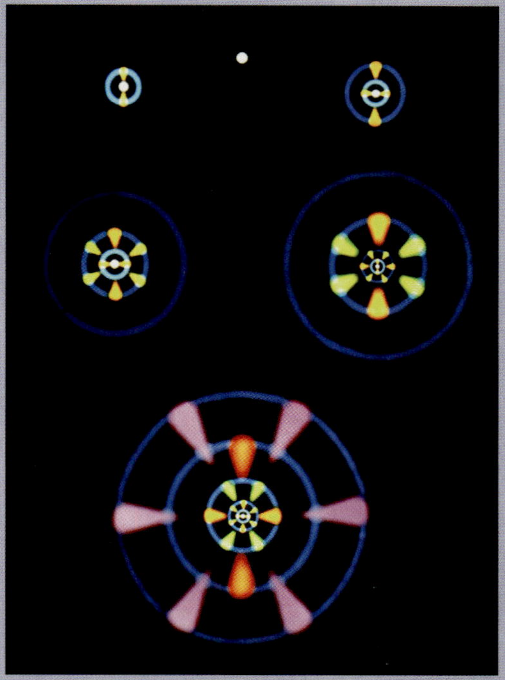

Bohr baute 1939 den ersten Teilchenbeschleuniger in Europa. Er diente dazu, Atome mit Neutronen zu bombardieren.

68 Allgemeine Relativität: Raum und Zeit

Bis zum Jahr 1916 hatte Einstein seine Spezielle Relativitätstheorie zu einer allgemeinen weiterentwickelt und die Irrtümer der klassischen Mechanik bezüglich der Bewegung besonders großer Objekte wie Planeten und Sterne korrigiert.

„Genie ist zu 1 Prozent Inspiration und zu 99 Prozent Perspiration", sagte Albert Einstein; dabei sieht er in diesem Porträt recht entspannt aus. Für seine allgemeine Theorie brauchte er insgesamt elf Jahre.

Newtons Schwerkraft- und Bewegungsgesetze funktionieren sehr gut für Voraussagen darüber, wie ein Stein den Hügel hinabrollt, eine Kanonenkugel sich ihrem Ziel nähert und eine Rakete zum Mond befördert wird. Will man aber die Bewegung riesiger Objekte, z.B. Planeten, verfolgen, entstehen Irrtümer. Sie korrigierte Albert Einstein 1916 – und stufte dabei die Newtonsche Physik zurück: von einem akkuraten Modell dessen, wie das Universum funktioniert, zu einem praktischen Werkzeug zur Lösung einiger einfacher Probleme. Wer aber wirklich wissen wollte, was im Universum vor sich geht, kam ohne die allgemeine Relativität nicht aus.

Einsteins Theorie weitete die elf Jahre zuvor in seiner Theorie der Speziellen Relativität entwickelte Verbindung zwischen Raum, Zeit, Masse und Energie aus. Diesmal konnte er sämtliche Auswirkungen aufzeigen – nicht nur die bei einer Bewegung mit (bzw. nahezu mit) Lichtgeschwindigkeit. Der kürzeste Weg zwischen zwei Punkten ist immer

Ein Bild des Hubble-Weltraumteleskops der NASA zeigt einen „Einsteinring". Die helle Galaxie halb rechts hat die Raumzeit so sehr verzogen, dass das Licht von einer noch weiter entfernten Galaxie hinter ihr als gekrümmtes Licht-Hufeisen erscheint.

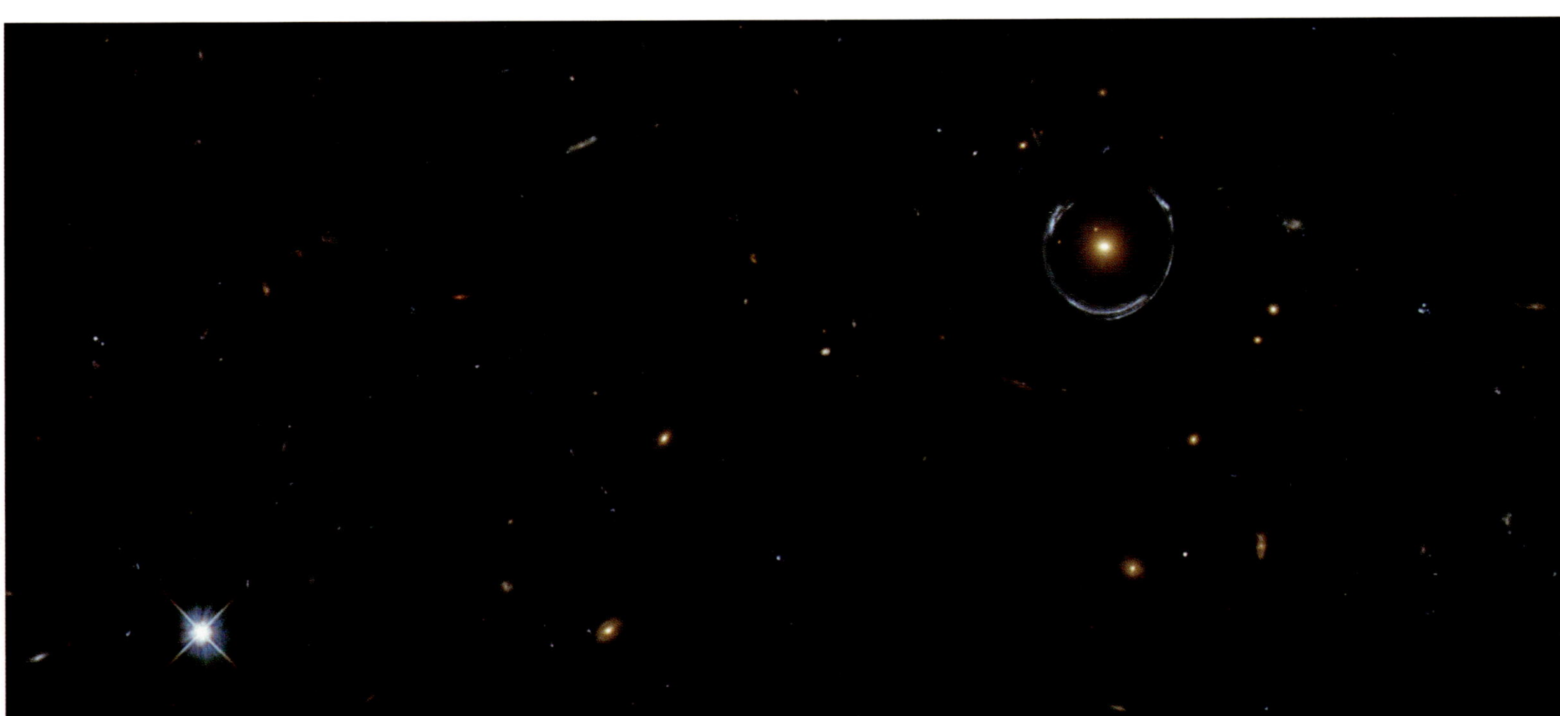

eine gerade Linie. Dennoch sind gerade Linien manchmal gekrümmt. Denn Masse krümmt die Raumzeit – und schwere Objekte wie Sterne krümmen sie erheblich. Nähme man ein Maßband, um die Distanz zwischen zwei Punkten nahe eines Sterns zu messen, erschiene es angelegt nahezu als gerade Linie. Dabei hat sich die gesamte Raumzeit verzogen, inklusive des Maßbands. Wer es von außen betrachtete, würde selbst den Lichtstrahl zwischen den Punkten als Kurve erkennen.

Einstein gelang es, die Schwerkraft als Raum-Zeit-Krümmung zu erklären. Alle Masse krümmt die Raumzeit in eine „Gravitationsströmung" – und je größer die Masse, desto größer die Strömung. So fällt ein Apfel in die mächtige Gravitationsströmung der Erde. Die Erde wiederum befindet sich innerhalb der Gravitationsströmung der Sonne. Statt nun irgendwie herumzurollen, hält uns die Seitwärtsgeschwindigkeit unseres Planeten innerhalb der Gravitationsströmung. Es dauerte viele Jahre, bis die Relativität allgemein anerkannt wurde; heute fußt die gesamte moderne Physik auf der allgemeinen Relativität und auf der Quantentheorie.

Raumkrümmungen stammen nicht aus Science-Fiction-Romanen; jede Masse krümmt die Raumzeit.

69 Das Proton

HENRY MOSELEYS BAHNBRECHENDE ARBEITEN HATTEN GEZEIGT, DASS SICH DIE POSITIVE LADUNG EINES ATOMKERNS IN EINHEITEN ZÄHLEN LIESS. Die Ladung des Wasserstoffatoms betrug 1; sie bildete den Ausgangswert für die Suche nach der positiven Ladung subatomarer Teilchen.

1815 nahm William Prout an, sämtliche Elemente, die man bis dahin entdeckt hatte, enthielten Atomkerne aus einem Vielfachen des Wasserstoffatoms (dem leichtesten aller Elemente); 1917 erwies sich diese Annahme als teilweise korrekt.

In diesem Jahr entdeckte Ernest Rutherford, dass aus Stickstoffatomen (mit der Atomzahl 7), die man mit Alphapartikeln beschoss, Sauerstoffatome wurden (Atomzahl 8) und einen Wasserstoffkern freisetzten. Rutherford wusste: Ein Alphapartikel war ein Heliumkern (Atomzahl 2). Eine seiner positiven Ladungseinheiten war zum Stickstoffkern vorgedrungen und hatte so seine Ladung auf 8 erhöht (und in Sauerstoff konvertiert). So blieb eine Ladungseinheit übrig – die sich als dieselbe wie die des Wasserstoffkerns (Atomzahl 1) herausstellte. Rutherford folgerte, dass positive Ladung von einem Teilchen transportiert wurde, das er „Proton" (vom griech. Wort für „das Erste") nannte. Als Nächstes entdeckte man, dass ein Proton die entgegengesetzte Ladung wie ein Elektron aufwies, aber fast 2000 Mal schwerer war.

Henry Moseley war erst 25, als er herausfand, warum jeder Atomkern eine spezifische Atomzahl besaß. 1917 entdeckte man, dass sie die Anzahl der Protonen in einem Atomkern bezifferte. Doch da war Moseley bereits seit zwei Jahren tot.

70 Welle-Teilchen-Dualität

LICHT WAR ALS WELLE ERKANNT, SETZTE SICH ABER AUCH AUS PARTIKELN ZUSAMMEN. In Gestalt der Atome war Materie auf ein Bündel kleiner Partikel reduziert worden. Konnte es sein, dass auch sie Wellen waren?

Genau diese Frage verfolgte 1923 der Franzose Louis de Broglie mit der These, die Dualität von Welle und Partikel sei nicht nur eine Eigenschaft des Lichts und anderer Energieformen; dasselbe gelte auch für Materie, d. h. für Massepartikel wie Elektronen und Protonen. So entwickelte er die Theorie von der Materiewelle: Jedem Teilchen kann eine Wellenlänge zugeordnet werden. Sie verbreitet sich nicht wie die des Lichts, hat aber gleichwohl andere Welleneigenschaften; so ist die Geschwindigkeit der Partikel umgekehrt proportional zu seiner Wellenlänge – schnelle Partikel haben kurze Wellenlängen. Die kinetische Energie in einem Partikel ist proportional zu seiner Frequenz.

Partikel sind Wellen

De Broglie stützte seine These mithilfe der Mathematik; 1927 fand Georg Thomson – sein Vater Joseph John hatte 28 Jahre zuvor das Elektron entdeckt – greifbare Beweise dafür: Er wiederholte Youngs Experiment, bei dem das Licht als Welle erkannt worden war, setzte aber statt Licht- Elektronenstrahlen ein: Er feuerte Elektronen auf einen Schirm mit zwei Schlitzen darin. Ein Detektor dahinter verzeichnete jedes Elektron, das hindurchschoss, als schwarzen Punkt. Wenn Elektronen einfach nur Partikel waren, würden sie sich als zwei Gruppen von Punkten direkt hinter den Schlitzen manifestieren. Stattdessen fand Thomson, dass die Punkte ähnlich dunkle Streifen wie Interferenzmuster hinterließen – so, wie es Wellen tun. Das subatomare Partikel seines Vaters war also nicht nur ein Partikel, sondern zugleich auch eine Welle!

STARK-EFFEKT

1913 fand Johannes Stark heraus, dass elektrische Felder Spektrallinien (Emissionen einer bestimmten Strahlungsfrequenz) in verschiedene Linien aufspalteten, weil das Feld die Wellenform des Elektrons veränderte. So ließen sich nun auch die Eigenschaften des Elektrons erforschen.

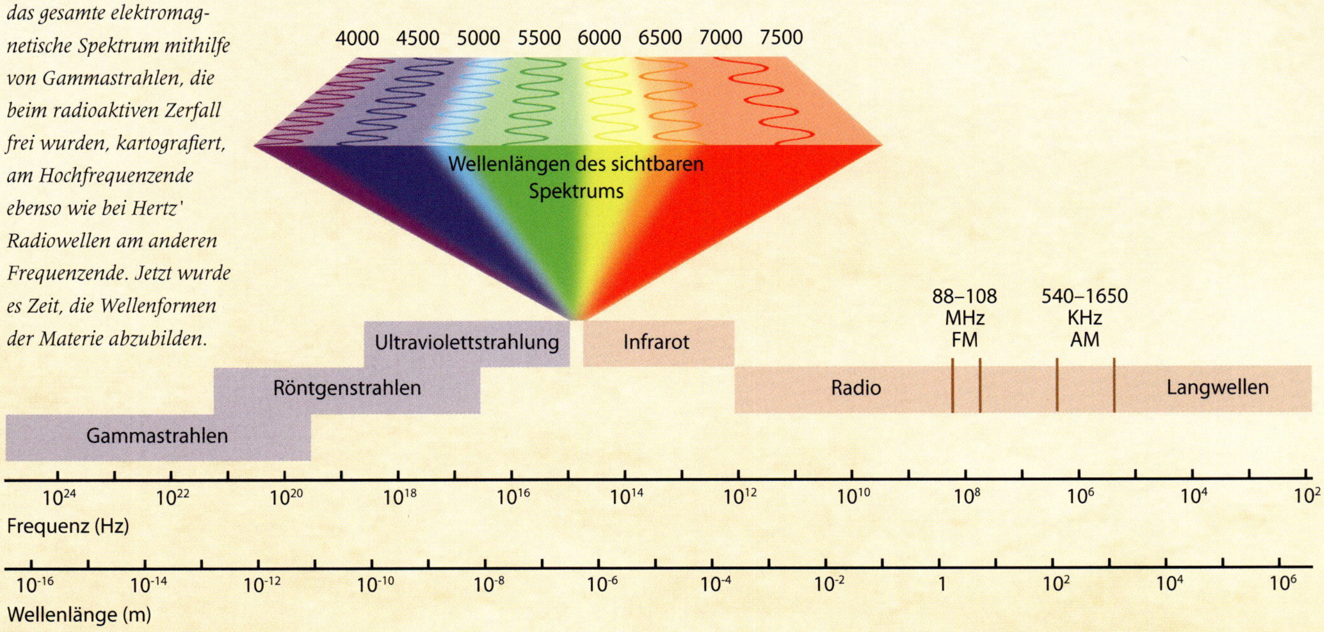

In den 1920er-Jahren war das gesamte elektromagnetische Spektrum mithilfe von Gammastrahlen, die beim radioaktiven Zerfall frei wurden, kartografiert, am Hochfrequenzende ebenso wie bei Hertz' Radiowellen am anderen Frequenzende. Jetzt wurde es Zeit, die Wellenformen der Materie abzubilden.

71 Ausschlussprinzip

Mithilfe der Mathematik zur Beschreibung von Wellen begannen Quantenphysiker, die Eigenschaften der Partikel zu untersuchen. 1925 entdeckte Wolfgang Pauli, dass einige von ihnen wahrhaft exklusiv waren.

Der österreichische Physiker Wolfgang Pauli wollte sich einen Reim auf all die möglichen Eigenschaftskombinationen eines Elektrons in einem Atom machen. Er stellte fest: Alle seine Daten wiesen darauf hin, dass jedes Elektron einen bestimmten Energiezustand – aus einer begrenzten Anzahl solcher Zustände – aufwies. Heute bezeichnet man dies als quantenmechanisch verstandenen Eigendrehimpuls oder „Spin" (stets ein Vielfaches von 0,5). Auf der Quantenskala können niemals zwei Elektronen eines Atoms gleichzeitig an derselben Stelle stehen.

72 Bosonen: Kräftepartikel

Einige Quantenpartikel wiesen einen ganzzahligen Drehimpuls auf. Sie waren vom Ausschlussprinzip ausgenommen – und konnten daher am selben Platz stehen und dieselbe Energie aufweisen: die Bosonen.

Der indische Physiker Satyendra Nath Bose arbeitete 1925 zusammen mit Einstein an einer Reihe von Regeln, die das Verhalten von Partikeln mit ganzzahligem Spin definieren sollten – so auch des Photons, das Elementarteilchen des Elektromagnetismus: Gegensätzliche elektrische Ladung zieht sich an (und gleiche stößt sich ab), weil Photonen die Energie zwischen ihnen befördern. Kräfte transportierende Partikel werden seither als Bosonen bezeichnet, Partikel mit halbzahligen Spins dagegen als Fermionen.

Der Quantenphysik gelang es, eine wachsende Familie von Partikeln mathematisch zu beschreiben; wo einst solide Sphären das Bild beherrschten, gab es nun komplexe vibrierende Wellenlandschaften.

73 Ungewisses Universum

DIE QUANTENMECHANIK WARF EIN NEUES LICHT AUF DIE NATUR DER MATERIE – UND ZWAR AUF GRUNDLEGENDER EBENE. 1927 schien es indes, als gäbe es eine Grenze, bis zu der sich dieser Bereich der Wirklichkeit erforschen ließ. Das Quantenuniversum war von lauter Ungenauigkeiten durchzogen.

Werner Heisenbergs Name gilt heute als Synonym für eine der scheinbar widersprüchlichsten Eigenschaften der Quantenphysik: Ungenauigkeit bzw. Unschärfe.

Der Verkünder dieser neuen Ungewissheit hieß Werner Heisenberg – ein junger Wissenschaftler an Niels Bohrs Institut für theoretische Physik in Kopenhagen. Schon bald darauf versammelten sich die Topphysiker auf der Solvay-Konferenz in Belgien (1930), um die Zukunft der Quantentheorie zu diskutieren. Die Debatte kreiste um die Frage, wo die Grenze anzusetzen sei, an der Forscher sagen konnten, sie hätten tatsächlich etwas entdeckt – und hierbei war die Quantenunschärfe von großer Bedeutung. Albert Einstein war kein Freund dieser Theorie und sagte: „Gott würfelt nicht". Bohr antwortete: „Einstein – hören Sie auf, Gott zu sagen, was er tun soll!"

Unschärferelation

Mitte der 1920er-Jahre hatten Heisenberg und sein Kollege Max Born herausgefunden, dass bei den Wellenformen von Quantenpartikeln die Wahrscheinlich-

HALBWERTZEIT

Die quantenmechanische Ungenauigkeit besagt, dass es unmöglich ist vorauszusagen, wann radioaktive Atome zerfallen. Stattdessen wird die Zerfallsrate als Wahrscheinlichkeit ausgedrückt. Instabile Elemente werden der Wahrscheinlichkeit nach schneller zerfallen als weniger radioaktive. Der Zerfall wird als Halbwertzeit dargestellt: die Zeit, in der wahrscheinlich die Hälfte der Atome zerfallen sein wird. Die Halbwertzeit von Uran beträgt 4,46 Mrd. Jahre (etwa das Alter der Erde) – d. h.: Die Hälfte des Urans zur Zeit der Erdentstehung ist heute zerfallen.

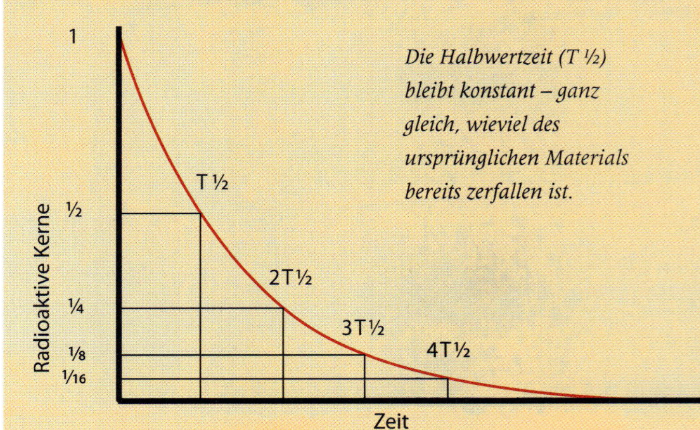

„Schrödingers Katze" – so heißt ein Gedankenexperiment, das Erwin Schrödinger 1935 anstellte, um den Beobachtungseffekt zu verdeutlichen. Zu diesem Zweck wird eine – hypothetische – Katze in eine Schachtel gesetzt. Die Schachtel enthält ein Gift, das freigesetzt wird, sobald ein einzelnes radioaktives Atom zerfällt: ein absolut unvorhersehbares und zufälliges Ereignis. Schrödinger sagt: Bei geschlossenem Deckel ist es unmöglich zu sagen, ob die Katze tot oder lebendig ist. Mithilfe der Quantentheorie indes lässt sich zu gleichen Teilen sagen, sie lebt oder sie ist tot – bis ein Beobachter nachsieht.

keit eine zentrale Rolle spielte. Das führte schließlich zur Unschärferelation: Je genauer die Position eines Teilchen definiert ist, desto weniger genau lässt sich sein Impuls bestimmen – und umgekehrt. Dies ist nicht etwa ein Problem des Messens, sondern eine Eigenschaft der Welle selbst. Die genaue Bestimmung der Geschwindigkeit (besser: des Impulses = Masse x Geschwindigkeit) eines Quantenpartikels bedeutet, das sich seine Position nur in Wahrscheinlichkeitsbegriffen ausdrücken lässt – d. h. sie können an mehr als einem Ort sein (selbst zur gleichen Zeit) und lassen sich erst an einem bestimmten nieder, wenn sie beobachtet werden.

Kausalitäten

Der Gedanke der Überlagerung („Superposition") von Zuständen macht den Zusammenhang von Ursache und Wirkung obsolet. Die Superposition von Teilchen in einem Quantensystem unterbricht diesen Zusammenhang. Auf dieser Ebene können Wirkungen ohne Ursache zutage treten – und es bleibt ungewiss, was geschehen wird. Bevor ein Beobachter ein Ergebnis misst, ist das eine wie vieles andere möglich. So, wie die Superposition einem das Hirn zermartern kann, kann sie ebenso gut die Basis für superschnelle Computerprozesse und Teleportation abgeben – doch „gewiss" ist das keineswegs.

74 Geigers Zähler

EINE TICKENDE MASCHINE, DIE IN EINEM MOMENT EIN ALARMSIGNAL AUSLÖST. Genau das macht der Geigerzähler: eine Messgerät für Radioaktivität – entwickelt von einem Mann der Geburtsstunde der Nuklearphysik.

Dieses Geiger-Müller-Zählrohr aus Kupfer von 1932 wurde bei der Entdeckung des Neutrons eingesetzt.

Hans Geiger baute 1908 unter Ernest Rutherfords Anleitung den ersten Detektor für radioaktive Strahlung. Zunächst konnte Geiger nur Alphapartikel nachweisen; bis1928 aber hatte er zusammen mit seinem Assistenten Walther Müller ein Gerät entwickelt, das alle mögliche hochenergetische Strahlung erfasste: Das Geiger-Müller-Zählrohr besteht aus einem geschlossenen Rohr mit zwei elektrisch aufgeladenen Elektroden und einer Füllung aus Niedrigdruckgas – dessen hoher Widerstand verhindert, dass der Strom fließt. Wenn hochenergetische Strahlung in das Rohr eintritt, wird das Gas ionisiert (seine Moleküle aufgeladen) und elektrische Impulse können fließen. Die Pulsfrequenz entspricht einem Maß der Strahlung an diesem Ort. Ein elektrischer Puls wird durch einen Lautsprecher als „Klick" hörbar – viele „Klicks" lösen den Alarm aus.

75 Antimaterie: dasselbe, nur anders

1928 STELLTE PAUL DIRAC EINE GLEICHUNG AUF, DIE ALLE QUANTENEIGENSCHAFTEN DES ELEKTRONS UMFASSTE. Diese mathematische Formel beschrieb nicht nur perfekt das Verhalten negativ geladener Elektronen – sie deutete auch an, dass eine positiv geladene Version existieren könnte.

$$(c\alpha \cdot p + \beta mc^2)\,\varphi = i\hbar \frac{\partial \varphi}{\partial t}$$

Die Dirac-Gleichung bringt die Wellenform eines Teilchens mit halbzahligem Spin zum Ausdruck; seinerzeit besaß nur das Elektron diese Eigenschaft; heute kennt man elf weitere.

Die Familie subatomarer Partikel bestand bis 1928 aus Elektronen, Protonen und ladungsfreien, neutralen Photonen, sogenannte Eichbosonen, die die Anziehungskraft zwischen den anderen beiden vermitteln. Aus ihnen besteht die Materie. Die Dirac-Gleichung legt nahe, dass positiv geladene Elektronen genauso funktionieren, aber negativ geladene Protonen benötigen. Diese spiegelbildliche Materie, die in allem außer der elektrischen Ladung der Materie gleicht, wurde „Antimaterie“ genannt. Wenn es sie gibt: Was geschieht mit ihr? Der Theorie zufolge vernichten sich Materie und Antimaterie gegenseitig, es entsteht nichts, aber es wird Energie freigesetzt. Wenn es also Antipartikel da draußen gab, existierten sie nicht allzu lange.

Wie bei anderen bahnbrechenden Erkenntnissen der Quantenphysik lieferte auch Paul Diracs mathematische Gleichung weit mehr Erkenntnisse über das Universum, als Dirac erwartet hatte.

76 Atomzertrümmerer

ERNEST LAWRENCE SUCHTE DIE GANZ GROSSE PHYSIK. Während seine Zeitgenossen vor allem theoretisch arbeiteten, wollte Lawrence die Atomenergie in Aktion sehen – und erfand den mächtigsten Teilchenbeschleuniger der Welt.

Zu Beginn des Atomzeitalters war Ernest Lawrence unter den Topphysikern der Welt eine Ausnahmegestalt: Als Amerikaner in einem von Europäern dominierten Gebiet besaß er die typische Wissenschaftshaltung der neuen Welt: Was er tat, tat er in großem Stil. Ein Weg herauszufinden, was im Innern von Atomen geschieht, war es, sie zu zertrümmern. 1929 erfand Lawrence den Zyklotron, einen Teilchenbeschleuniger, der Partikel spiralförmig auf hohe Geschwindigkeit beschleunigte und dann auf ein Ziel schoss.

Teilchenbeschleuniger waren bereits gebaut worden, doch das waren Linearbeschleuniger, die einen Ionenstrahl durch eine Reihe schwingender elektrischer Felder schossen; dabei beschleunigte jedes Feld die Ionen ein bisschen mehr (Ionen sind geladene Atome und Moleküle und daher empfänglich für elektromagnetische Kräfte).

TECHNETIUM

1935 war das 43. Element noch unbekannt (es ist radioaktiv, flüchtig und daher kaum noch auf der Erde vorhanden). 1936 baten zwei Physiker Lawrence darum, Teile seines alten Zyklotrons zu untersuchen. Sie fanden Atome des 43. Elements, die durch die Kollision von Ionen mit anderen Elementen erzeugt worden waren – das erste künstlich erzeugte Element, „Technetium".

43
Tc
TECHNETIUM
(98)

In einem Wirbel

Lawrences Zyklotron setzt ebenfalls elektrische Felder zur Ionenbeschleunigung ein. In seinem Gerät erfolgt der Strahl jedoch kreisförmig, d. h. der Druck des elektrischen Feldes ist mehr oder weniger konstant und führt so zu weit höheren Geschwindigkeiten, als sie bisher möglich waren. Ein Zyklotron hat zwei Duanten, D-förmige Elektroden, die zusammen mit der zwischen ihnen liegenden Lücke einen Kreis bilden. Das elektrische Feld verläuft in der Lücke dazwischen. Die gesamte Anlage ist von einem mächtigen Elektromagneten umgeben, dessen elektrisches Feld senkrecht zu dem zwischen den Ds verläuft. Eine ionisierte Materialprobe wird ins Zentrum der Maschine geleitet und durch das elektrische Feld in eines der Ds gedrückt. Das magnetische Feld bewirkt nun, dass das Material umherschwingt, sich auf diese Weise beschleunigt und in Richtung des anderen Ds bewegt. Indem die Ionen immer schneller werden, werden auch ihre Kreisbahnen größer und sie bewegen sich spiralförmig auf die Ränder der Ds zu. Sind sie auf Höchstgeschwindigkeit, werden sie aus dem Zyklotron heraus und in eine sogenannte Targetkammer geleitet, wo sie auf ihr Ziel treffen. Lawrences erstes Modell war 10 cm breit und erreichte bereits eine Geschwindigkeit von 1 % der Lichtgeschwindigkeit. Größere Zyklotronen können ungleich größere Geschwindigkeiten erreichen; Lawrence baute schließlich ein Zyklotron von 4,67 m Breite – der war 1000-fach stärker als sein erster.

Ernest Lawrence (im Bild unten) stellt mithilfe seines Kollegen Donald Cooksey 1938 ein Zyklotron fertig. Die beschleunigenden Duanten liegen hinter Lawrence. Er und Cooksey arbeiten an der Targetkammer, in die der Strahl von Hochgeschwindigkeitsionen geleitet wird.

77 Das Elektronenmikroskop

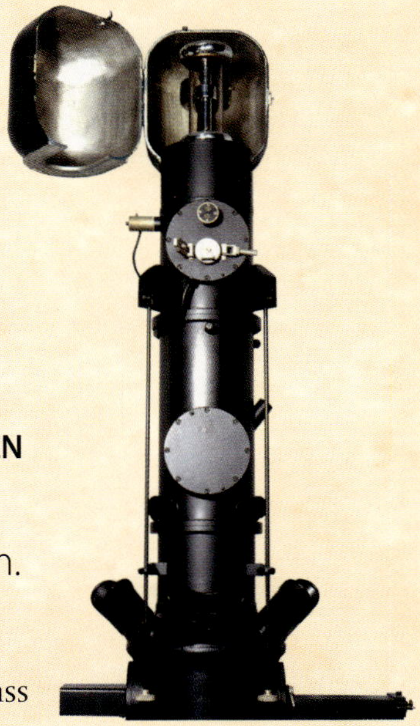

Ein altes Elektronenmikroskop; die Elektronenkanone sitzt oben.

ALS DIE PHYSIKER DER RENAISSANCE DAS LICHT IN TELE- UND MIKROSKOPEN mithilfe von Linsen bündelten, erweiterten sie die Reichweite menschlicher Sinne; in den 1930er-Jahren machte man dasselbe mit Elektronen.

Optische Geräte nutzen die Welleneigenschaft des Lichts. Nachdem man wusste, dass sich auch Elektronen wie Wellen verhalten – ließen sie sich da nicht ebenfalls zu Bildern bündeln? Lichtmikroskope kennen nur eine begrenzte Auflösung: ca. 200 Nanometer (nm), d. h. die Wellenlänge des Lichts ist zu groß, um kleiner Bilder darzustellen. Elektronen hingegen besitzen eine 100 000-mal kürzere Wellenlänge und das bedeutet: Elektronenmikroskope (EMs) können Objekte von 50 pm (Pikometer: 10^{-12} = 1 billionstel Meter) sehen! Elektromagnetische Linsen wurden in den 1920er-Jahren entwickelt und im darauffolgenden Jahrzehnt wurden erste EMs getestet. Ein Transmissions-EM liefert Bilder der Elektronenbahnen, wenn sie durch eine Materialprobe treten; bei einem Raster-EM trifft ein Elektronenstrahl auf das Objekt und wird reflektiert.

78 Neutronen: das letzte Stück

James Chadwicks Apparat zur Messung von Neutronen

IRGENDETWAS FEHLTE NOCH IN DEN ATOMEN – Protonen und Elektronen allein konnten die Atommasse nicht ausmachen.

Wie wir gesehen haben, besitzen Atome eine spezifische Atomzahl (s. S. 84) – sie beziffert die Anzahl der positiven Ladungseinheiten, der Protonen, in einem Atomkern. Atome besitzen aber noch einen anderen Wert: den der Atommasse. Das ist ein relatives Maß – mit Wasserstoff (dem leichtesten Atom) als maßgebender Nr. 1; die Masse aller anderen Atome wird als ein Vielfaches des Wasserstoffatoms dargestellt. Wasserstoff hat einen Kern mit nur einem Proton, Atomzahl und Atommasse sind hier also gleich – nicht so indes bei allen anderen Elementen. In den 1920er-Jahren glaubten die meisten Atomphysiker, die Extramasse eines Atomkerns verdanke sich einem ladungsfreien Partikel. Obwohl die Atommasse ein wenig verlässliches Maß war (die Atome eines Elements können verschiedene Massen haben, die man Isotope nennt), wurde deutlich, dass sie allgemein doppelt so groß war wie die Masse der Protonen. Hatte also das unbekannte neutrale Partikel dieselbe Masse wie ein Proton?

In den frühen 1930er-Jahren fanden Forscher eine neue Art Strahlung, die erzeugt wurde, wenn Alphapartikel mit hoher Geschwindigkeit auf Beryll- oder Borproben stießen. Diese Strahlung war nicht elektrisch geladen, zugleich aber weitaus stärker als Gammastrahlen. 1932 richtete James Chadwick diese Strahlen in eine Reihe von Gasen, um die Masse der Strahlenpartikel zu berechnen, und fand heraus, dass sie so groß wie die von Protonen war: Chadwick hatte das Neutron entdeckt, ein neutrales Teilchen, das den atomaren Kern vervollständigte.

79 Positronen: ein neues Puzzle

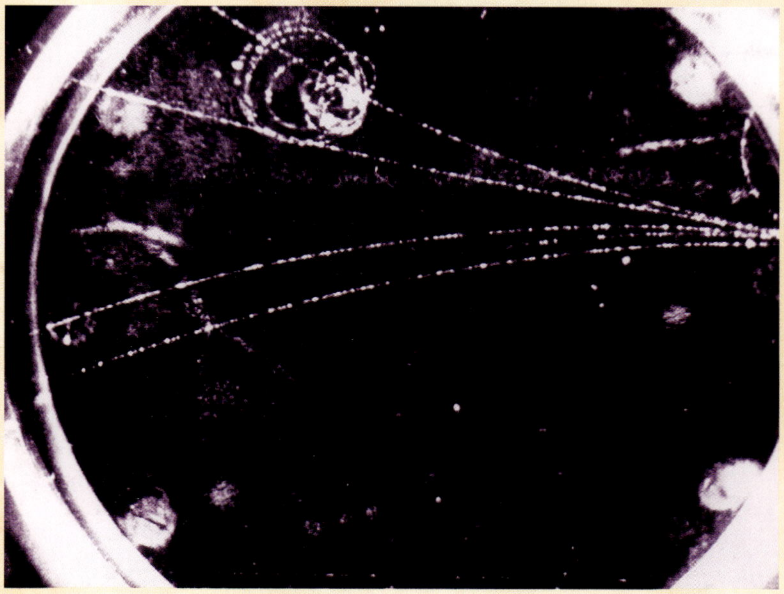

Während die Neutronen das Rätsel der Atommasse lösten, fand man erste Hinweise auf die Antimaterie – und damit ein neues Rätsel.

1929 entdeckten Forscher beim Eintreten hochenergetischer kosmischer Strahlen in die Atmosphäre Partikel, die aussahen wie Elektronen – nur dass sie positiv geladen waren! Die Folgen von Paul Diracs Annahme einer Antimaterie im Jahr zuvor waren in der Wissenschaftsgemeinde noch nicht restlos verdaut; daher schenkte man dieser Anomalie zunächst keine Beachtung. Erst als Carl Anderson 1932 in seiner Nebelkammer dieselbe Beobachtung machte, begriff er, was er da sah. Er nannte das Teilchen „Positron", ein Portmanteau-Wort für „positives Neutron".

Eine Nebelbahn zeigt, wie sich Elektronen und Positronen im magnetischen Feld einer Nebelkammer bei der Umlenkung in entgegengesetzte Richtungen trennen.

Diese Positronen waren flüchtige Besucher unseres Planeten; sie bildeten sich, wenn größere Partikel (wahrscheinlich Atomkerne) aus dem Weltraum mit nahezu Lichtgeschwindigkeit auf die Erdatmosphäre stießen. Solche Kollisionen waren so stark, dass sie reine Energiepartikel erzeugten – und anschließend neben Positronen eine ganze Familie „exotischer" Partikel freisetzten, die alle erst noch entdeckt werden mussten.

80 Fehlende Materie

In den 1920er-Jahren schrumpften die Dimensionen des Universums auf ein bis dahin nie gekanntes Mass. Und Edwin Hubble zeigte, dass es größer wurde. Dann wurde in den 1930ern von einer schockierenden Entdeckung berichtet: Das meiste vom Universum war nicht da!

SCHWÄCHLINGE ODER MACHOS?

Wir tappen nach wie vor im Dunkeln: Dunkle Materie – sind das schwach wechselwirkende, massereiche Teilchen, die nicht mit Detektoren reagieren (WIMPPs), oder „massereiche, astrophysikalische kompakte Halo-Objekte" (MACHOs), d. h. große dunkle Dinge wie Schwarze Löcher oder kalte Sterne – zu dunkel, um sie sehen zu können?

Fritz Zwicky fand in der Rotationsbewegung einiger Galaxien im Coma-Haufen erste Hinweise auf dunkle Materie.

Astronomen benutzen Spektroskope, um zu erforschen, woraus Sterne bestehen. Die Gase rund um die Sterne absorbieren einzelne Farben des Lichts; deshalb weist das Licht der Sterne viele Löcher auf. Jedem Loch lässt sich ein Element zuordnen. Doch die normale Wellenlänge geriet aus ihrer Position (der Doppler-Effekt, s. S. 53): Verschiebungen in Richtung Blau bedeuteten, die Galaxie bewegte sich auf uns zu. Verschiebengen nach Rot waren weitaus üblicher – sie zeigten, dass Objekte sich von uns entfernten. 1929 half Edwin Hubble bei dem Beweis, dass alles jenseits unserer direkten intergalaktischen Nachbarn sich stetig von allem anderen entfernte: Das Universum dehnt sich aus.

Im Trudel

Astronomen wollten nun wissen, welche Rolle die Schwerkraft – die Anziehungskraft zwischen aller Materie – bei dieser Expansion spielte. Wie konnte sich alles von allem weg bewegen? Die große Frage war: Wieviel Materie enthält das Universum? 1932 fand Jan Oort heraus, dass die Milchstraße sich im Verhältnis zur in ihr enthaltenen Materie zu schnell dreht. Im folgenden Jahr beobachtete Fritz Zwicky dasselbe in der Bewegung anderer Galaxien und zog den Schluss: Es gibt mehr Materie in ihnen, als er sehen konnte; all das Unsichtbare nannte er „dunkle Materie". Seiner Theorie nach sind die dunklen Flecken im Universum nicht etwa „leere" Räume, sondern angefüllt mit Materie; sie sondern zwar kein Licht ab, sind aber am Gravitationsgeschehen beteiligt. In den 1970er-Jahren wurde die dunkle Materie gemessen, indem man beobachtete, wie riesige Mengen sichtbarer Materie Raum und Licht krümmten. Man fand heraus, dass es im Universum fünfmal so viel dunkle Materie wie sichtbare gibt!

Zwicky leitete das Palomar-Observatorium in Kalifornien (USA) und suchte nach Supernovae – gigantischen explodierenden Sternen.

81 Künstliche Blitze

ROBERT VAN DE GRAAFF SCHUF ANFANG DER 1930ER-JAHRE EINEN ELEKTROSTATISCHEN GENERATOR, dessen Anblick allein einem schon alle Haare zu Berge stehen ließ.

Einen Van-de-Graaf-Generator in Aktion zu erleben, gehört gewiss zu den beeindruckendsten Highlights des Physikunterrichts. Jeder wird dabei jemanden gesehen haben, dessen lange Haare bei der Berührung einer Metallsphäre buchstäblich kreuz und quer in die Luft standen. Die Ladung der Sphäre wird auf die Person übertragen und jede Haarsträhne stößt die benachbarte ab – und erzeugt so die einmalige Frisur.

Der US-amerikanische Erfinder Van de Graaff hatte ursprünglich gar nicht vor, diese Neuheit zu bauen. 1929 stellte er sich einen Generator vor, der für den Einsatz in Linearbeschleunigern hohe Voltzahlen erreichen sollte. In den enormen elektrischen Feldern, die von diesen riesigen Maschinen erzeugt wurden, sollten Teilchen ionisiert und mit hoher Geschwindigkeit in Detektoren geschleudert werden.

Der Van-de-Graaff-Generator arbeitet ähnlich wie die mit Reibungskraft arbeitenden Geräte aus den ersten Tagen der Elektrizitätsforschung. Ein sich bewegender Riemen nimmt in einer Säule des Generators durch Reibung an einem elektrisierten Kamm Ladung auf und trägt sie hinauf in die Kuppel; dort springt sie vom Riemen zu einem ähnlichen Kontaktkörper. So sammeln sich in der Kuppel riesige Voltmengen und schleudern künstliche Blitze hervor.

Van-de-Graaff-Generatoren wurden 1933 in einem ehemaligen Flugzeughangar des MIT (Massachusetts Institute of Technology) gebaut. Sie konnten bis zu 10 Megavolt (MV) erzeugen; diese hohe Spannung wurde gebraucht, um in einer Röhre zwischen den Kuppeln Partikel abzusprengen. Kaum zu glauben: In beiden Kuppeln waren Labors eingerichtet, die während der Experimente besetzt waren – im Innern der Kuppeln war man sicher.

82 Die Tscherenkow-Strahlung

ALS EIN RUSSISCHER FORSCHER EIN SELTSAMES BLAUES LICHT AUS EINER FLASCHE UNTER RADIOAKTIVEM BESCHUSS LEUCHTEN SAH, entdeckte er, dass Dinge schneller als das Licht sein konnten.

In einem Vakuum ist Licht am schnellsten – schneller geht es nicht. Seit den Tagen des Snellius-Gesetzes ist aber auch bekannt, dass Licht sich beim Übergang von einem transparenten Medium in ein anderes (wie Luft oder Wasser) verlangsamt.

1934 fand Pavel Tscherenkow heraus, warum das Wasser leuchtete. Die ins Wasser hineinschießenden radioaktiven Partikel durchbrachen die Geschwindigkeitsgrenze dieses Mediums; die Geschwindigkeit von Licht im Wasser betrug nur 75 % seiner Geschwindigkeit im Vakuum. Trotzdem ist es möglich, dass Materiepartikel im Wasser schneller sind als Licht (auch wenn im Vakuum Materie niemals Licht einholen kann).

Die Tscherenkow-Strahlung aus Kernbrennstäben lässt das Kühlwasser in einem Reaktor blau leuchten.

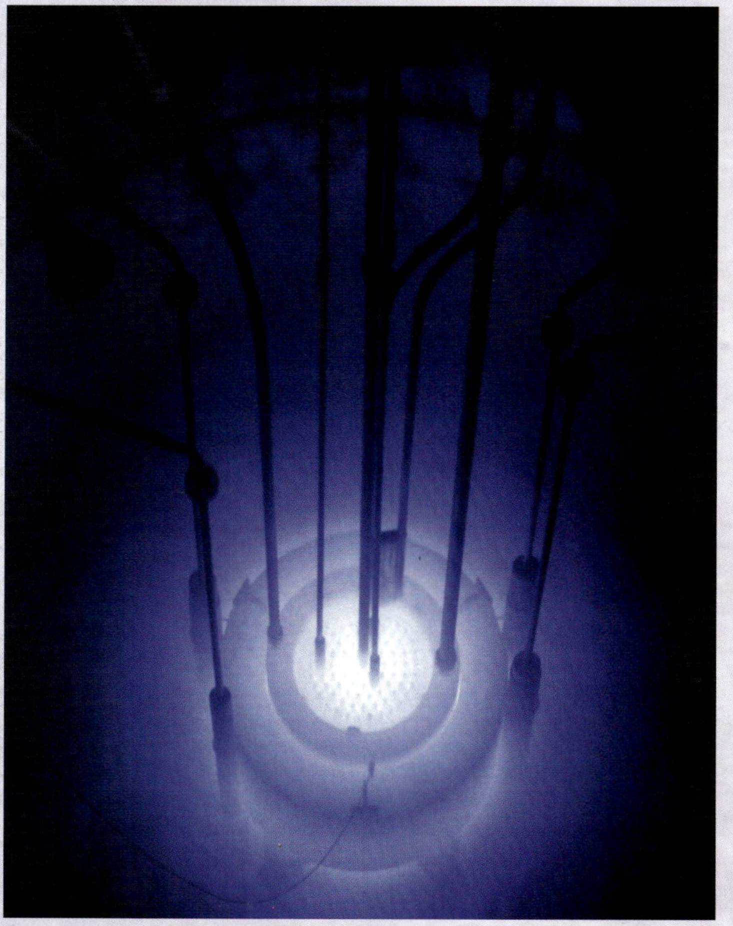

Der Tscherenkow-Effekt

Wenn solche rasenden Partikel durch das Medium ziehen, stören sie die umliegenden Atome, die deshalb Strahlung aussenden. Das verlangsamte Licht kann aber nicht von den superschnellen Partikeln „wegscheinen". Wenn Luft nicht vor einem Überschallflieger, der die Schallgrenze durchbricht, ausweichen kann, erzeugt sie eine hörbare Druckwelle. Beim Tscherenkow-Effekt geschieht Ähnliches: Es entwickelt sich eine Art Druckwelle von Photonen, und sie erzeugen das blaue Leuchten.

Meldesystem

Der Tscherenkow-Effekt liefert einen äußerst nützlichen Nachweis über rasende Partikel aus dem All („kosmische Strahlung"). Ein Aufblitzen der Tscherenkow-Strahlung kündigt ihr Eintreffen in unsere Luftschichten an und erzeugt Strahlen solch hochenergetischer Partikel. Tscherenkow-Detektoren melden außerdem die nur schwer fassbaren Neutrinos, die unseren Planeten durchfluten.

83 Exotische Partikel

Die Kollisionen kosmischer Strahlungsteilchen mit der Erdatmosphäre boten, obwohl sie in den 1930er-Jahren nur schwer zu beobachten waren, die beste Gelegenheit, eine Reihe neuer subatomarer Partikel zu entdecken.

Der japanische Physiker Hideki Yakawa fragte sich: Was hält einen Atomkern zusammen? Die elektromagnetische Kraft stößt die positiv geladenen Protonen voneinander ab – also musste eine noch größere Kraft den Elektromagnetismus aufheben und Protonen und Neutronen zusammenhalten. (Diese als starke Wechselwirkung bezeichnete Kraft wirkt nur auf so minimalen Distanzen wie der Breite eines Atomkerns und reicht nicht bis zu den Elektronen.)

Yukawa nahm 1934 an, dass die starke Wechselwirkung durch mittelgroße, zwischen Elektronen und Protonen (bzw. Neutronen) angesiedelte Partikel vermittelt wird; diese nannte er „Mesonen". 1936 wurde das My-Meson in Partikelstrahlen kosmischer Strahlung entdeckt. Es entsprach aber nicht Yukawas Theorie und wurde daher später in „Myon" umbenannt. 1945 entdeckte man bei einer Kollision mit kosmischer Strahlung das Pi- (bzw. π-)Meson – es besaß zwei Drittel der Masse eines Protons und war das erste echte Meson. Dieses „Pion" agiert als virtuelles Partikel: Es existiert nur für eine sehr kurze Zeit (gemessen in Billionstelsekunden), bevor es zerfällt. Schließlich sollten Pionen und eine Reihe weiterer Mesonen den Meilenstein auf dem Weg zu noch grundlegenderen Partikeln darstellen: den Quarks und Gluonen.

Hideki Yukawa erhielt 1949 den Physik-Nobelpreis für seine Arbeiten über die Mesonen.

Die Spiralbahnen in einer Blasenkammer zeigen Kaonen; sie sind für die starke Wechselwirkung und für die schwache Kraft des radioaktiven Zerfalls verantwortlich.

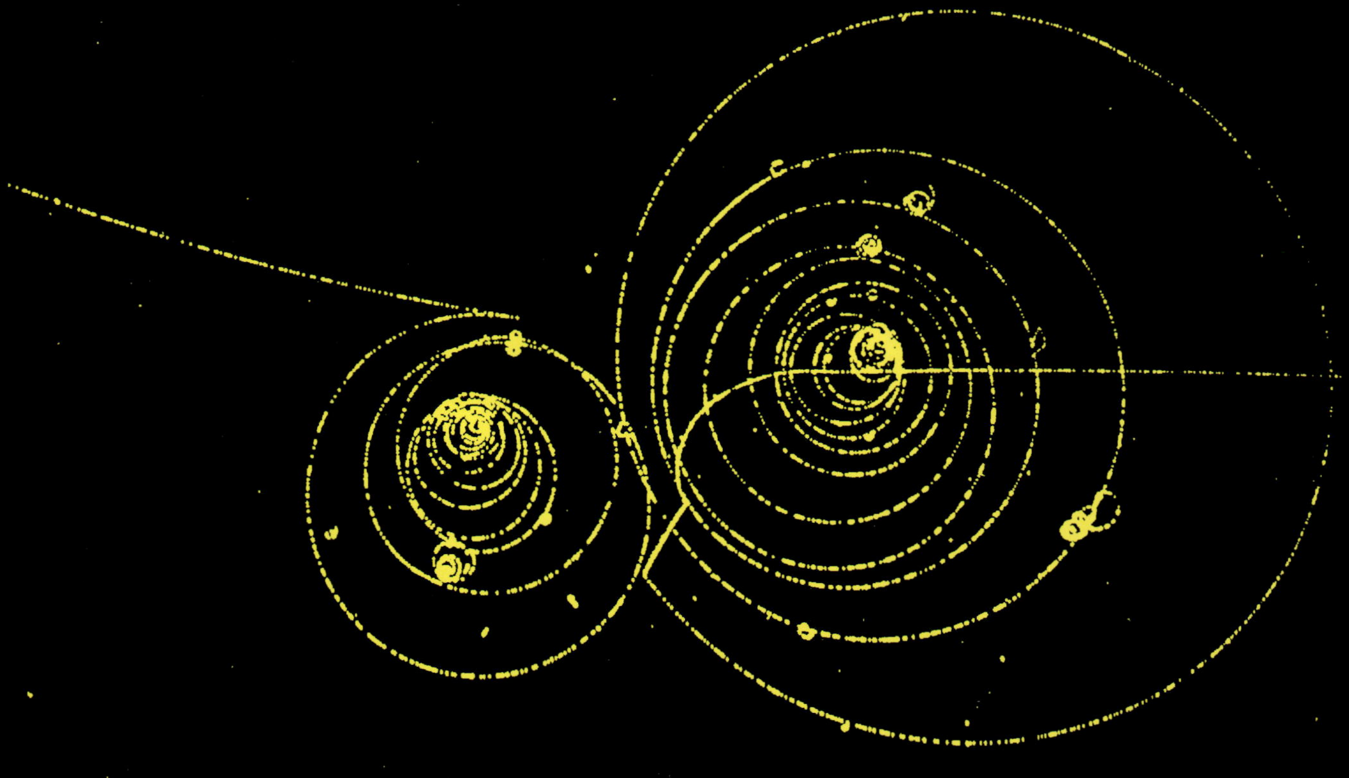

84 Suprafluidität

WENN EINE FLÜSSIGKEIT SEHR KALT WIRD, ETWA NUR WENIGE GRADE ÜBER DEM ABSOLUTEN NULLPUNKT, geschieht etwas Merkwürdiges. Sie lässt sich nicht länger in seinem Behälter halten und entweicht schließlich von selbst daraus: Sie wird suprafluid.

Supraflüssigkeit wurde erstmals 1937 in einer verflüssigten Heliumprobe festgestellt. Helium wird bei etwa –271°C suprafluid. Die Flüssigkeit sieht aus wie jede andere, doch sie besitzt Null Viskosität, d.h. dem Helium fehlt jegliche Klebrig- bzw. Zähflüssigkeit, die verhindert, dass es seinen Zustand verändert. Auch fließt eine Supraflüssigkeit ohne jede Reibung. Bei der genannten Temperatur zeigt sie Quanteneffekte, allerdings im Makrobereich. Helium ist eine besonders gute Supraflüssigkeit, denn die meisten Heliumkerne besitzen vier Partikel, die sich bei niedrigen Temperaturen wie Bosonen verhalten – und somit vom Ausschlussprinzip ausgenommen sind (s. S. 89).

Supraflüssiges Helium entweicht aus einer Schale, indem es hinauf und über den Rand kriecht. Die meisten Flüssigkeiten klammern sich an die Seiten ihres Behälters; doch ihre Viskosität verhindert, dass sie nach oben steigen – anders als bei Supraflüssigkeiten.

85 Kernspaltung

ALS IN DEN 1930ER-JAHREN OFFENBAR WURDE, DASS DIE WISSENSCHAFT WEGE GEFUNDEN HATTE, MATERIE IN ENERGIE ZU VERWANDELN, kamen Physik und Politik in großem Stil zusammen. Alles begann mit der Entdeckung des Neutrons.

Der Physiker Enrico Fermi wollte mithilfe des Neutrons den Atomkern untersuchen, so es wie Rutherford mithilfe von Alphapartikeln getan hatte. Anders als diese besaßen Neutronen jedoch keine Ladung und wurden durch die Ladung im Atom nicht umgelenkt. Fermis Team bereitete also in Rom eine Testreihe vor, bei der alle möglichen Atome mit ihrem neuen Instrument „bombardiert“ wurden. 1934 verkündeten sie, das Element mit der Ordnungszahl 94 (Plutonium) werde aus Uran gebildet. Otto Hahn wiederholte das Experiment und endeckte in einer Uranprobe das Metall Barium. Seine Kollegin Lisa Meitner fand den Grund heraus: Ein Neutron war in den Atomkern eingedrungen und hatte ihn destabilisiert; anstatt in lauter kleinste Partikel zu zerfallen, hatte sich der Kern geteilt: die Kernspaltung.

Pile 1, *der erste Kernreaktor, wurde auf dem Gelände der Universität von Chicago errichtet; hier wurde 1942 die erste kontrollierte Kernspaltungskettenreaktion ausgelöst.*

Wettlauf der Kettenreaktionen

Wie Einsteins Energie-Masse-Gleichung *($E = mc^2$)* vorhersah, setzten Kernspaltungen enorme Energiemengen frei. Leó Szilárd, ein gebürtiger Ungar in New York, fand heraus, dass für eine mögliche Kettenreaktion bei der Kernspaltung zwei oder mehr Neutronen freigesetzt werden mussten. Jedes sich spaltende Atom setzte sich in mindestens zwei weiteren Spaltvorgängen fort – bis alle Atome aufgespalten waren. Unkontrolliert konnte daraus eine verheerende Bombe werden. Da Europa sich am Rande eines Krieges befand, beschlossen Szilárd und Fermi (der inzwischen ebenfalls in New York war), ihre Entdeckungen geheim zu halten. Frédéric Joliot-Curie (Marie Curies Sohn) machte allerdings dieselbe Entdeckung und berichtete 1939, dass die Spaltung eines Uran-235-Kerns mindestens drei Neutronen erzeugte.

Mit Beginn des Weltkriegs setzte auch der Wettlauf um die Kontrolle der Kernspaltung ein – und um die Erzeugung einer vielleicht kriegsentscheidenden Waffe. 1942 startete Fermi an der Universität von Chicago *Pile 1*, den weltweit ersten Kernreaktor; darin wurde zwecks einer langsamen, kontrollierten Kettenreaktion mithilfe von Graphitblöcken der Neutronenbeschuss auf das Uran gerichtet.

Aus Fermis Forschungen ging letztlich das Manhattan-Projekt hervor; Uran wurde „angereichert“, indem der in einer natürlichen Probe vorhandene U-235-Anteil von rund 0,7 % auf einen Anteil erhöht wurde, der eine Kernexplosion ermöglichte. Die Atombomben auf Hiroshima und Nagasaki bewiesen der Welt 1945, dass die Kernspaltung eine Kraft war, mit der zukünftig gerechnet werden musste.

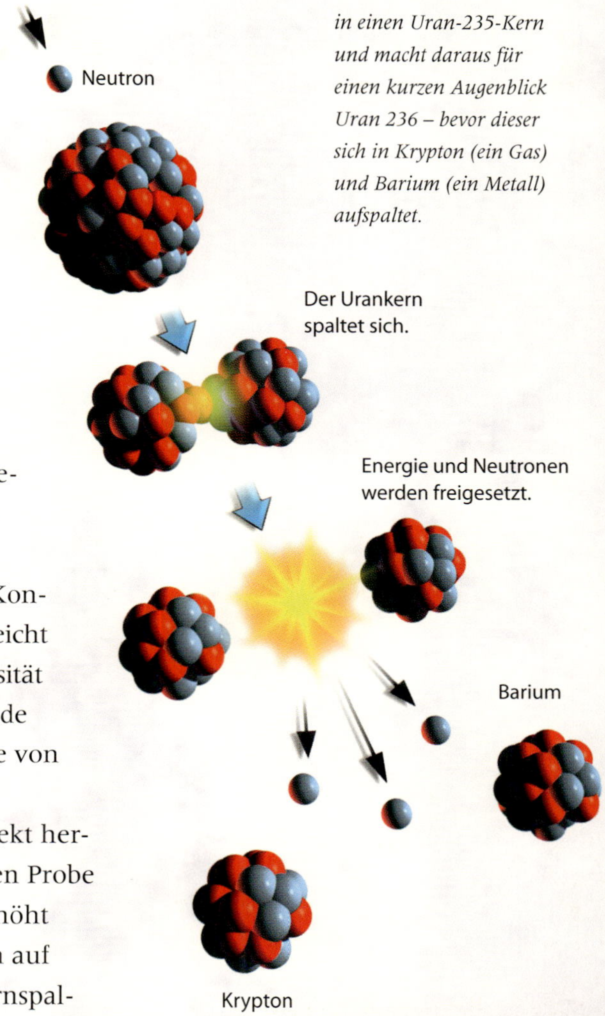

Ein Neutron schiebt sich in einen Uran-235-Kern und macht daraus für einen kurzen Augenblick Uran 236 – bevor dieser sich in Krypton (ein Gas) und Barium (ein Metall) aufspaltet.

Enrico Fermi, der Vater der Atomkraft, in seinem Labor in Rom 1931

86 QED: Quantenelektrodynamik

FEYNMAN-DIAGRAMME

Schnörkel und Pfeile sind Ausgangspunkt der QED. Die geraden Linien zeigen den Weg der Elektronen, die wellenförmigen den der Photonen, absorbiert und emittiert von Elektronen. Die Diagramme dienen als Visualisierung einer Interaktion, die mit einer bestimmten Wahrscheinlichkeit eintritt.

QUOD ERAT DEMONSTRANDUM, ODER QED – DIESE WORTE SCHLIESSEN ÜBLICHERWEISE EINEN LOGISCHEN ODER MATHEMATISCHEN BEWEIS AB; „was zu beweisen war" zeigt also an, dass etwas bewiesen ist – in der Physik trifft dies in besonderem Maße auf die QED-Theorie zu.

Für einen Physiker stehen die Initialen QED für Quantenelektrodynamik. Einer ihrer Gründungsväter, der Amerikaner Richard Feynman, bezeichnete sie einmal als „Juwel der Physik". Keine andere Theorie ist in der Lage, die gleichen Phänomene über die gesamte Größenskala einheitlich zu beschreiben, von der Quanten-Ebene der subatomaren Teilchen bis zu astronomischen Größen wie Sternen, Galaxien und Schwarzen Löchern.

Die Elektrodynamik beginnt mit James Clerk Maxwells Feldgleichungen, auf deren Grundlage Albert Einstein seine Spezielle Relativitätstheorie entwickelte. Einstein führt die Idee des Photons in seine Überlegungen ein, eines Lichtteilchens, mit dem sich erklären lässt, wie sich das Licht auf seiner Reise durch die Raum-Zeit verhält. Doch mit den ersten Erkenntnissen der Quantentheorie war klar, dass diese sich auf die Makrostrukturen des Universums beziehenden Theorien nicht mit dem verknüpft werden konnten, was im Inneren der Atome passiert.

Der Nobelpreisträger Richard Feynman war ein Meister der Kommunikation; er war in der Lage, komplexe Quantenereignisse mit einfachen Mitteln anschaulich darzustellen.

Viele Schritte

Eine erste Ahnung davon, wie eine solche Verbindung zu denken sein könnte, vermittelte in den 1920er-Jahren Paul Diracs Elektronen-Gleichung, die zeigte, wie Energie und Materie interagieren, sodass Licht und andere elektromagnetische Strahlung entsteht.

Doch die Komplexität der Quantenteilchen war ein Hindernis auf

dem Weg zu einer allgemeinen Theorie darüber, wie Licht und fundamentale Materieteilchen zusammengedacht werden können. Im Jahr 1947 gelang es Hans Bethe, dessen Name bald mit der Urknalltheorie verknüpft werden würde, mittels neuer mathematischen Methoden, das bis dato bestehende Chaos der Quantengrößen zu überwinden. Seine Erkenntnisse erwiesen sich als das entscheidende Sprungbrett für Physiker wie Feynman, um elektromagnetische Erscheinungen auf der Quantenskala zu erklären.

Feynmans auf Diagrammen basierender Ansatz ist ein integraler Bestandteil der Quantenelektrodynamik und trug entscheidend zu deren Entmystifizierung bei. Die Diagramme sind derart vielseitig, dass sie die Wechselwirkungen sämtlicher Quantenteilchen zu erklären vermögen. Dies ist selbstverständlich nicht möglich, ohne ein gehöriges Maß schwierigster Mathematik, durch die Physiker sehr genaue Vorhersagen bezüglich der spezifischen Wechselwirkungen zwischen Elektronen und Photonen treffen können. Und tatsächlich funktionieren diese Vorhersagen auch dort, wo man es zuvor mit einem schier unergründlichen Schaum von Möglichkeiten zu tun hatte.

87 Transistoren

Mit dem Aufkommen der Elektronik im frühen 20. Jahrhundert verbreitete sich eine Technologie, bei der mithilfe eine Reihe von „Schaltern“ mathematische Befehle umgesetzt werden können.

Jeder Computer benötigt ein Programm, auch die frühesten, in den 1930er- und -40er-Jahren entwickelten Rechner. Es besteht aus einer Folge von Nullen und Einsen, die in einer bestimmten Weise Komponenten ein- und ausschalten, sodass Daten verarbeitet und Befehle ausgeführt werden können.

1947 entwickelten Forscher der Bell Labatories eine neue Art von Schalter, der die Welt verändern sollte: den Transistor. Er sollte die Elektronenröhren, die bis dahin zur Verarbeitung elektrischer Signale verwendet wurden, ersetzen. Auch Transistoren leiten oder blockieren elektrischen Strom, allerdings mithilfe eines Halbleiters, der sowohl als Leiter und als Isolator wirken kann. Ermöglicht wurde die Entwicklung durch Fortschritte in der Quantenphysik. Halbleiter-Transistoren, miniaturisiert auf Mikrochips, sind angetreten, die Welt zu verändern.

Der erste Transistor hatte wenig mit dem zu tun, was heute in der Computertechnologie Verwendung findet.

88 Der Urknall

DAS UNIVERSUM DEHNT SICH AUS – ES MUSS EINE ZEIT GEGEBEN HABEN, ALS ES WEITAUS KLEINER WAR ALS HEUTE. Diese Logik zu Ende denkend, muss der Raum am Anfang unendlich klein gewesen sein. Wie gelangt man nun von diesem Punkt zu dem heutigen Zustand des Universums?

Die Theorie, die erklärt, dass das Universum expandiert, wird Hubble-Gesetz genannt. 1912 entdeckte Vesto Slipher, dass weit entfernte Objekte eine größere Rotverschiebung aufweisen. (Als Rotverschiebung bezeichnet man die Vergrößerung der Wellenlängen des Lichts durch den Dopplereffekt: die Farbe verschiebt sich nach Rot, das beobachtete Objekt entfernt sich.) 1929 konnte Edwin Hubble nachweisen, dass Galaxien sich nicht nur von uns weg bewegen, sondern sich auch von einander entfernen. Der Raum selbst dehnt sich aus und mit ihm das Licht, und zwar proportional zur Entfernung.

Hubbles Erkenntnisse gelten als Meilenstein in der Entwicklung der Kosmologie. Allerdings war der belgische Priester Georges Lemaître bereits zwei Jahre zuvor zu denselben Schlussfolgerungen gelangt. Mithilfe von Einsteins Relativitätstheorie konnte er erklären, weshalb ein statisches Universum undenkbar ist; es muss dynamisch sein, entweder größer oder kleiner werdend. 1931 entwarf Lemaître die Vorstellung, dass das Universum seinen Anfang in einer gleichsam allmächtigen Explosion eines einzigen

BANG!

Der Urknall bezeichnet keine Explosion innerhalb eines bereits bestehenden Raums, sondern die Entstehung des Raums (sowie der Zeit und der Materie) selbst, hervorgegangen aus einer „singulären" unendlichen Temperatur und Dichte. Mit seiner Ausdehnung kühlte er ab, aus der Energie entstand Materie, aus ihr bildeten sich Atome, die sich wiederum zu Sternen zusammenballte. Je weiter wir ins Universum schauen, desto älter ist das Licht, das wir sehen.

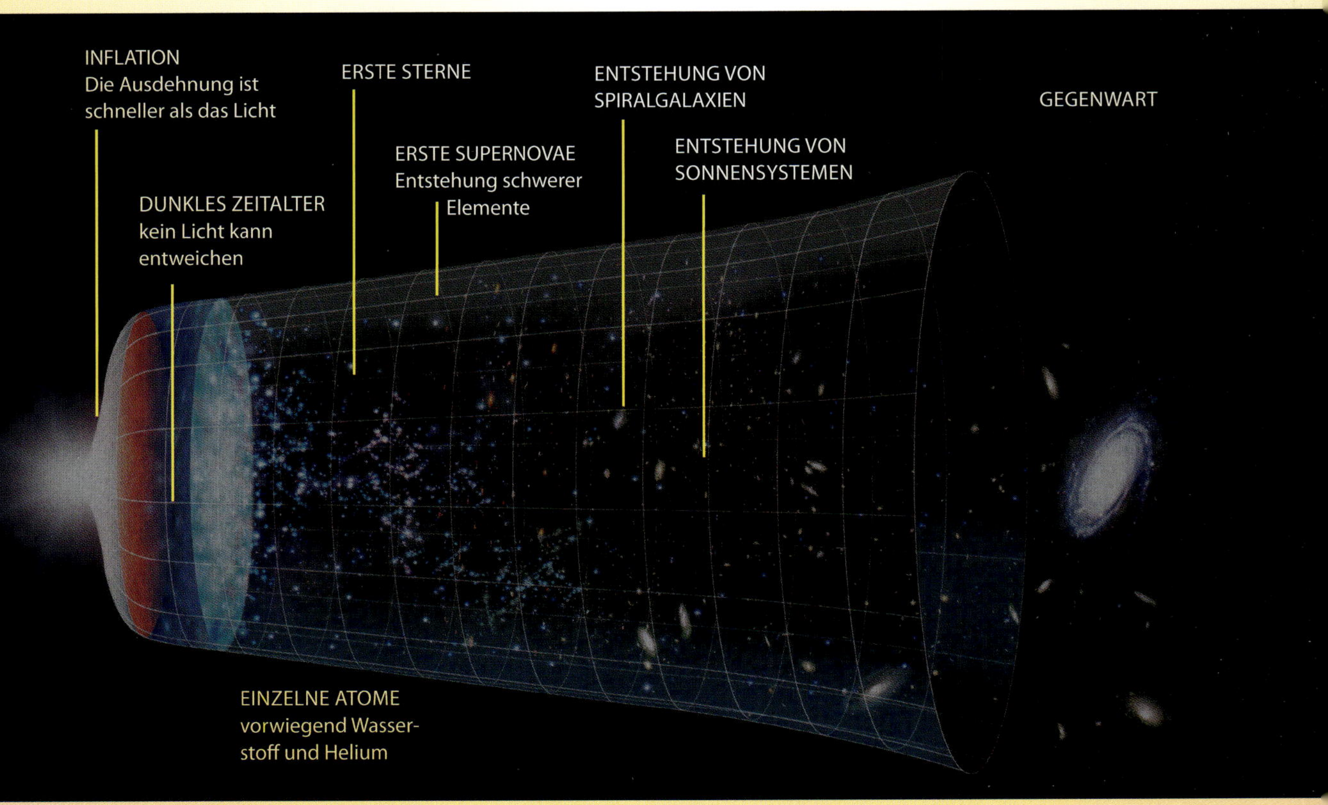

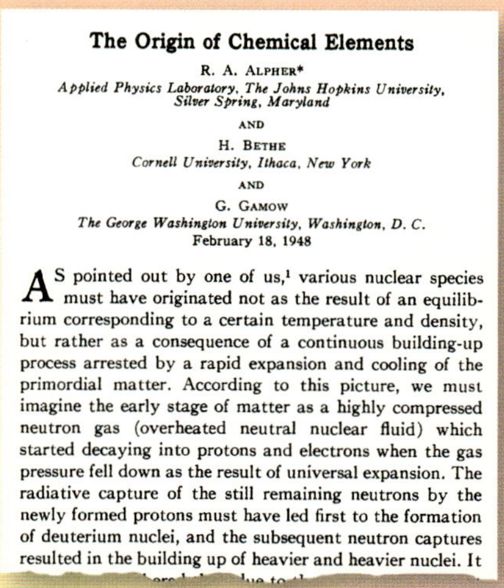

The Origin of Chemical Elements

R. A. ALPHER*
Applied Physics Laboratory, The Johns Hopkins University, Silver Spring, Maryland

AND

H. BETHE
Cornell University, Ithaca, New York

AND

G. GAMOW
The George Washington University, Washington, D. C.
February 18, 1948

AS pointed out by one of us,[1] various nuclear species must have originated not as the result of an equilibrium corresponding to a certain temperature and density, but rather as a consequence of a continuous building-up process arrested by a rapid expansion and cooling of the primordial matter. According to this picture, we must imagine the early stage of matter as a highly compressed neutron gas (overheated neutral nuclear fluid) which started decaying into protons and electrons when the gas pressure fell down as the result of universal expansion. The radiative capture of the still remaining neutrons by the newly formed protons must have led first to the formation of deuterium nuclei, and the subsequent neutron captures resulted in the building up of heavier and heavier nuclei. It

Die Alpher-Bethe-Gamow-Theorie schuf die solide wissenschaftliche Basis der Urknalltheorie.

Punktes hatte, den er als „Uratom“ bezeichnete. Mit dieser „Explosion“ sei die gesamte heute im Universum vorhandene Materie entstanden.

Der „Big Bang“

Die Theorie klang gut, aber es fehlten viele Details. Mitte der 1940er-Jahre entwickelten George Gamow und Ralph Alpher, die zuvor am Manhattan-Projekt mitgearbeitet hatten, ein avancierteres Modell der Nukleosynthese. (Gamow beschloss, seinen Freund Hans Bethe, in die Liste der Autoren mit aufzunehmen: Alpher, Bethe und Gamow – ein Wortspiel mit den ersten drei Buchstaben des griechischen Alphabets.) Die sichtbare Materie sei entstanden, als das Universum sich abkühlte und expandierte, und zwar durch die Fusion von Teilchen zu immer komplexeren und massiveren Formen. Ironischerweise stammt der Name der Theorie von einem ihrer Hauptgegner: Der Astronom Fred Hoyle sprach 1949 vom „Big Bang“, im Unterschied zu der von ihm vorgeschlagenen und heute als überholt geltenden Steady-State-Theorie, nach der in dem sich ausdehnenden Universum permanent neue Materie entsteht.

89 Blasen und Funken

IN DEN 1950ER-JAHREN WURDEN ZWEI NEUE TEILCHENDETEKTOREN IN BETRIEB GENOMMEN, die die Theorien der Teilchenphysik bestätigen konnten.

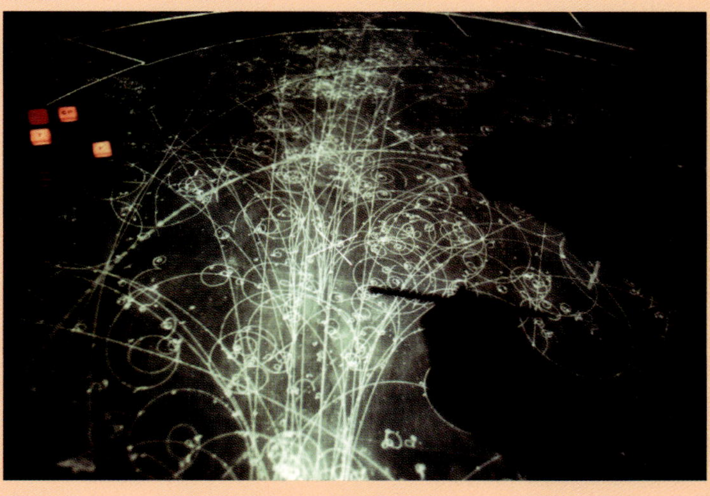

1983 in der Blasenkammer des CERN aufgezeichnete Teilchenspuren.

Die Detektoren der Blasenkammer und der Funkenkammer verwenden in der Regel flüssigen Wasserstoff, wobei Druck und Temperatur so eingestellt sind, dass die Flüssigkeit nicht verdampfen kann. Durch plötzlichen Druckabfall im Innern der Kammer wird die Flüssigkeit überhitzt. Durchqueren nun hochenergetische Teilchen die Flüssigkeit, beginnt sie entlang der Teilchenbahn zu sieden; die so erzeugte Spur kleiner Gasblasen wird von Kameras aufgenommen. Der Weg, den die Teilchen durch das an die Flüssigkeit angelegte Magnetfeld nehmen, zeigt ihre Masse und Ladung. In einer mit Gas gefüllten Funkenkammer finden aufgrund der hohen anliegenden elektrischen Spannung entlang der Bahn eines das Gas durchquerenden Teilchens Funkenentladungen statt, die in gleicher Weise erfasst werden. Mit den Detektoren ist es gelungen, W- und Z-Bosonen nachzuweisen, die Vermittler der schwachen Wechselwirkung. Die Existenz der 1973 vorausgesagten Teilchen konnte 1983 am CERN bestätigt werden.

90 Ivy Mike: ein anderer Big Bang

FORSCHUNGEN ZUM URKNALL UND ZUR ENERGIE IM INNEREN VON STERNEN FÜHRTEN ZUR BESCHÄFTIGUNG MIT DER KERNFUSION, einem nuklearen Prozess, bei dem zwei Atomkerne zu einem größeren verschmelzen.

Ivy Mike detonierte auf Elugelab, einer kleinen Insel des Eniwetok-Atolls (Marshallinseln, Pazifik). Die Sprengkraft betrug etwa das 450-fache der Atombombe, die über Nagasaki abgeworfen worden war. Die Insel wurde komplett zerstört.

Wie sind die uns bekannten chemischen Elemente entstanden? In den späten 1940er-Jahren wurde eine Theorie der Nukleosynthese entwickelt, die besagt, dass alle schwereren Elemente aus Kernfusionsprozessen des Wasserstoffs entstanden sind. Zwei Wasserstoffkerne verschmelzen zu einem Heliumkern; Heliumkerne wiederum verschmelzen zu Bor-Atomen etc. Im Allgemeinen entstehen aus Fusionen instabile radioaktive Kerne, aus denen wiederum die uns bekannten Elemente hervorgehen. Zur Kernfusion kommt es nur bei enormen Energien, wie es sie etwa im Inneren von Sternen gibt – dort also, wo in ferner Vergangenheit die meisten Elemente entstanden sind. Die bei der Fusion frei werdende Energie wiederum ist es, die die Sterne zum Leuchten bringt. Die schwersten Elemente – Gold, Uran, Quecksilber etc. – sind hervorgegangen aus Fusionsprozessen in Supernovae, gigantischen Explosionen, die auftreten, wenn Riesensterne sterben.

Hans Bethe (rechts), sein Kollege Edward Teller verglich Fusionsreaktionen mit der Ausbreitung von Blasen auf der Quantenebene.

Heißer Krieg

Im Jahr 1952 offenbarte das US-Militär, dass es sich bei „Ivy Mike" um eine thermonukleare Bombe handelte. Bei der von Edward Teller und Stanislaw Ulam entwickelten, am 31.10.1952 gezündeten Wasserstoffbombe wurde durch die Energie einer Atombombe Tritium verschmolzen, ein schweres Isotop des Wasserstoffs. Ivy Mikes Sprengkraft betrug etwa das 700-fache der Hiroshima-Bombe.

91 Erst Maser, dann Laser

DER LASER IST EINE IKONE DER TECHNOLOGIE, aufs Engste verknüpft mit der Vorstellung von technischem Fortschritt.

Laser emittieren kohärentes, kollimiertes Licht. Kohärent meint, dass die Lichtwellen phasensynchron zueinander schwingen, kollimiert, dass sie parallel und nicht in alle möglichen Richtungen verlaufen. Laserlicht enthält zudem nur wenige Wellenlängen, zuweilen nur eine einzige. Diese Eigenschaften ermöglichen es, den Laserstrahl zu reflektieren, zu brechen und sehr genau zu fokussieren, ohne dass seine Stärke abnimmt.

Der erste Laser war allerdings überhaupt keiner, sondern ein Maser: Microwave Amplification by Stimulated Emission of Radiation – Mikrowellenverstärkung durch stimulierte Emission von Strahlung; Mikrowellen sind hochfrequente Radiowellen.) Das Prinzip ist das gleiche: Energie, in der Regel Licht oder Elektrizität, wird so verstärkt, dass die Elektronen oszillieren und als Strahl emittieren. Das Verstärkungsmedium ist häufig ein Kristall – beim Laser beispielsweise ein Saphir. Der erste Maser wurde 1953 entwickelt, vier Jahre später folgte eine optische Version. Streng genommen müsste man allerdings von einem „Light Oscillation by Stimulated Emission of Radiation" sprechen, also von einem „loser" (Verlierer). Glücklicherweise hat sich dieser Name nicht durchgesetzt.

Laser werden in den unterschiedlichsten Anwendungsbereichen eingesetzt, vom Entfernen unerwünschter Haare über das Lesen und Brennen von CDs und DVDs bis zur Entfernungsmessung – und natürlich bei Licht-Shows.

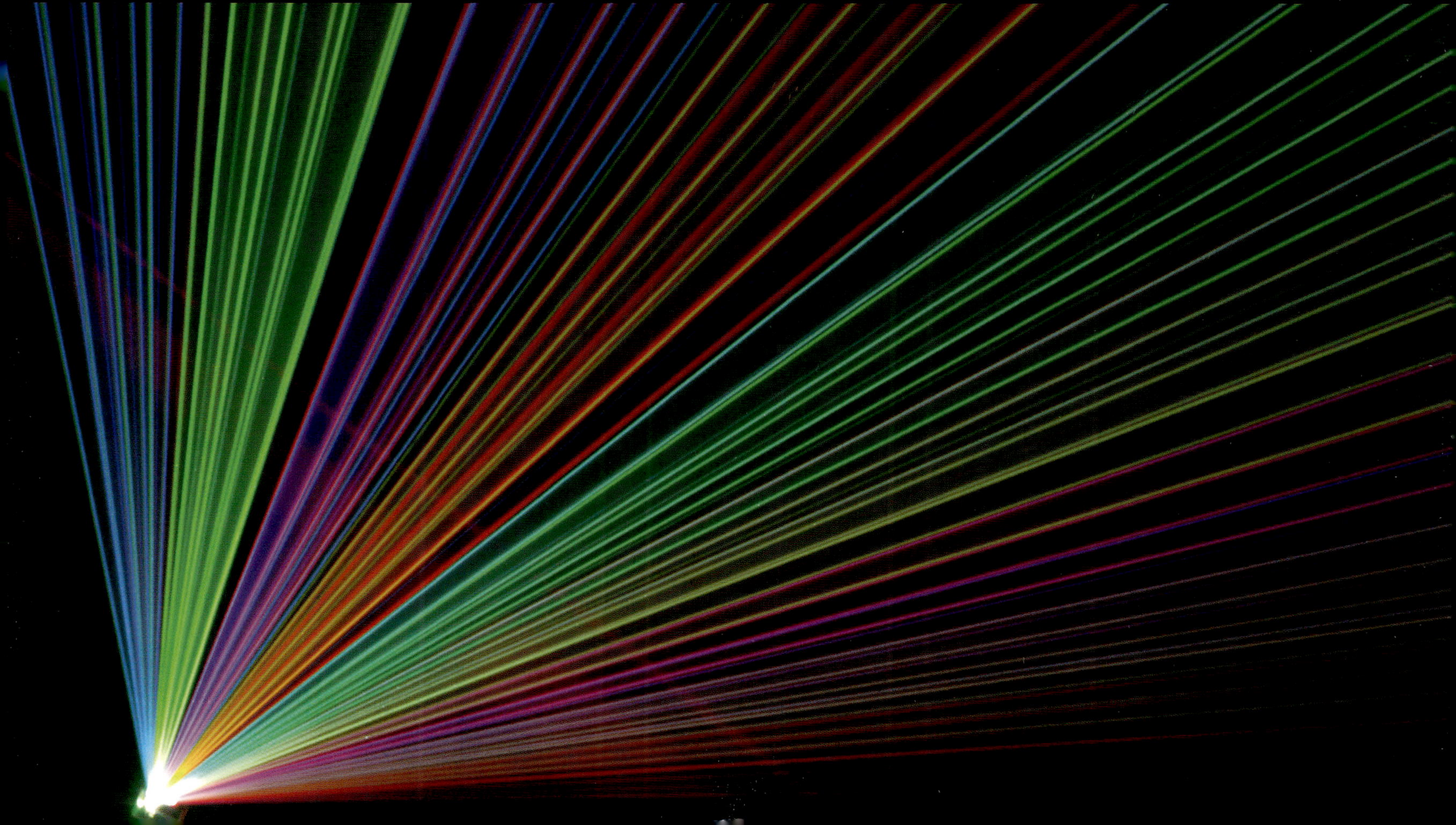

92 Neutrino-Geschmack

Bei einigen radioaktiven Zerfallsprozessen können Protonen zu Neutronen werden. Als Quantenphysiker diesen Prozess untersuchten, stellten sie fest, dass in den Erklärungen etwas fehlte.

Beim Alphazerfall verlässt ein aus zwei zwei Protonen und zwei Neutronen bestehendes Alphateilchen den Atomkern. Die Ordnungszahl verringert sich um zwei, die Massenzahl um vier Einheiten. Der Betazerfall ist komplizierter, es gibt zwei Formen: In der ersten wird ein Neutron in ein Proton umgewandelt. Das Neutron ist immer etwas schwerer und neutral. Diese zusätzliche Masse und nicht benötigte Ladung werden als Elektron freigesetzt – das Betateilchen. Da die Quantentheorie besagt, dass sowohl Masse und Ladung als auch Impuls und Spin erhalten bleiben müssen, muss ein drittes Teilchen im Spiel sein. In den 1920er-Jahren nannte man es Neutron, 1932 war dieser Name allerdings dem massereichen Teilchen im Atomkern gegeben worden. Jenes flüchtige Teilchen ist ebenfalls elektrisch neutral und seine Masse so gering, dass es bis heute nicht gelungen ist, sie nachzuweisen. Enrico Fermi nannte es Neutrino, also „kleines Neutron". Bei der zweiten Form des Betazerfalls wandelt sich ein Proton zu einem Neutron, unter Emittierung eines Positrons und eines Neutrinos. Tatsächlich handelt es sich bei dem emittierten Teilchen des zuerst genannten Zerfallsprozesses um ein Antineutrino: dem Atom entweicht Antimaterie. Da Neutrinos an der elektromagnetischen Wechselwirkung nicht teilnehmen und die Auswirkungen der Schwerkraft nicht messbar sind, lassen sie sich nur sehr schwer nachweisen; erst 1956 gelang der indirekte Nachweis von Antineutrinos, 1962 konnten Myon-Neutrinos nachgewiesen werden, im Jahr 2000 Tau-Neutrinos; ein Jahr später wurde entdeckt, das Neutrinos zwischen den drei Flavors wechseln können – was nur möglich ist, wenn sie eine, wenn auch noch so kleine, Masse besitzen.

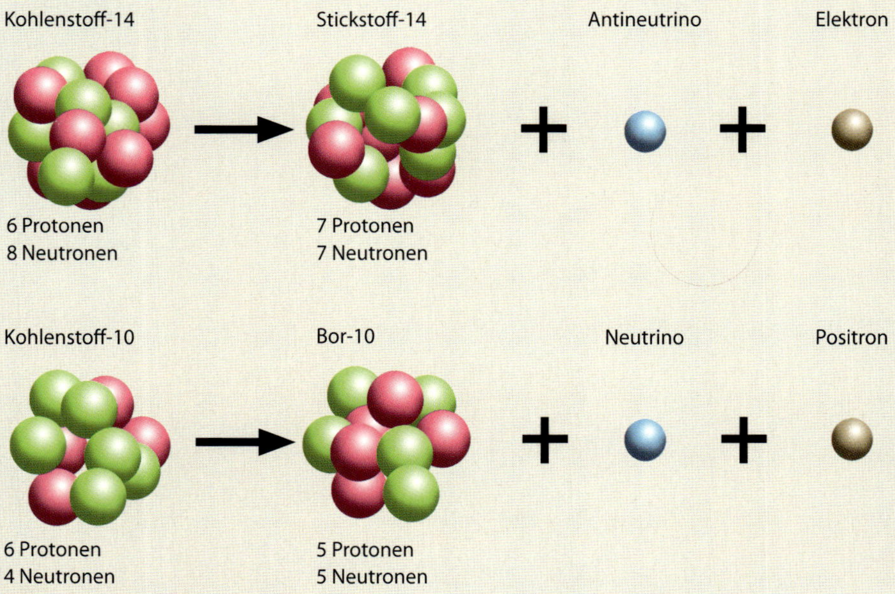

Das Diagramm zeigt die beiden Formen des Betazerfalls. Das Neutrino wird von der schwachen Wechselwirkung aus dem Kern emittiert und befindet sich anschließend einzig unter dem Einfluss der Schwerkraft. Aufgrund seiner äußerst geringen Masse, ist dieser Einfluss allerdings minimal.

Um sie vor unerwünschter „Verschmutzung" durch andere Teilchen zu schützen, befinden sich Neutrinodetektoren tief unter der Erdoberfläche, der hier gezeigte im kanadischen Sudbury in einer Tiefe von 2000 Metern. Die Kugel enthält Wasser, das, getroffen von einem Neutrino, eine Tscherenkow-Strahlung zeigt. Die Erde wird in jeder Sekunde von Myriaden von Neutrinos durchströmt, aber selbst dieser gewaltige Detektor kann nur einen winzigen Prozentsatz auffangen.

93 Quarks: Fremdheit und Charme

1964 ERREICHTE DIE ENTWICKLUNG DER TEILCHENPHYSIK EINE NEUE EBENE. Es zeigte sich, dass Protonen und Neutronen keine Elementarteilchen sind, sondern selbst aus noch kleineren Einheiten aufgebaut sind.

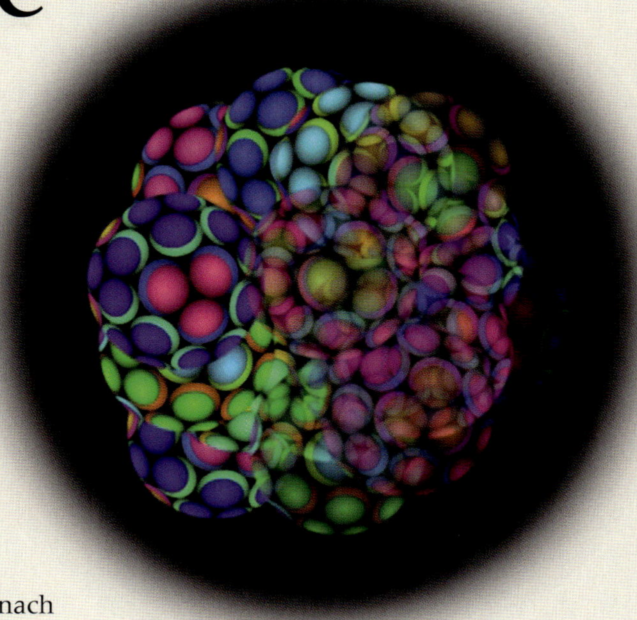

Die Quantenchromodynamik ist eine Theorie, welche die zwischen den Quarks im Innern von Protonen (oder anderen großen Teilchen) herrschenden Kräfte beschreibt – die Wechselwirkung zwischen Teilchen unterschiedlicher „Farbe", wobei letztere eine der Ladung vergleichbare Qualität darstellt, mit sechs anstelle von zwei Erscheinungsformen – so entsteht ein sehr lebendiges Bild.

Unabhängig voneinander kamen die amerikanischen Physiker Murray Gell-Mann und George Zweig zu dem Schluss, dass massive Teilchen wie Protonen und Neutronen, aber auch ihre kleineren Verwandten, die Mesonen, in der Tat aus noch kleineren Teilchen bestehen. Gell-Mann nannte sie Quarks, nach einem Satz aus James Joyce's Roman „Finnegans Wake".

Triaden und Paare

Zweig und Gell-Mann entwickelten eine Theorie, nach der Neutronen und Protonen, die beiden am häufigsten vorkommenden Baryonen, aus drei Quarks bestehen müssen; zu den Baryonen zählen außerdem eine Reihe kurzlebiger Teilchen, die bei hochenergetischen Teilchenkollisionen nachgewiesen wurden. Mesonen, wie Kaonen und Pionen, haben zwei Quarks. Baryonen und Mesonen bilden die größere Gruppe der Hadronen. Im Juli 2015 berichteten Forscher des CERN, dass es gelungen sei, die Existenz von aus fünf Quarks bestehenden Hadronen (Pentaquarks) nachzuweisen.

Quark-Geschmack

Quarks werden entsprechend ihrer sechs Eigenschaften (engl. *flavor,* Geschmack, Aroma) in sechs Arten eingeteilt: Up, Down, Top, Bottom, Strange und Charm. Die stabilsten und leichtesten sind die Up-und Down-Quarks, in die die vier anderen zerfallen können. Ein Proton hat zwei Up- und ein Down-Quark, beim Neutron ist es umgekehrt. Die exotischen Baryonen enthalten andere Kombinationen und sind äußerst kurzlebig, einige existieren nur für Billionstel einer Sekunde. Jedes Quark hat eine Ladung, entweder –1/3 oder + 2/3, bei Kombinationen aus drei Quarks (Hadronen) ist die Ladung immer ganzzahlig (–1 oder +2). Mesonen bestehen aus einem Quark und einem Antiquark; sie sorgen für den Zusammenhalt des aus Protonen und Neutronen bestehenden Atomkerns. Auf der Ebene der Quarks wird die entsprechende Kraft vermittelt durch weitere Teilchen, die Gluonen. Diese für die Übertragung von Kräften zuständigen Elementarteilchen heißen Bosonen – sie sind es, die letztlich für den Zusammenhalt aller Materie verantwortlich sind.

94 Das Standardmodell

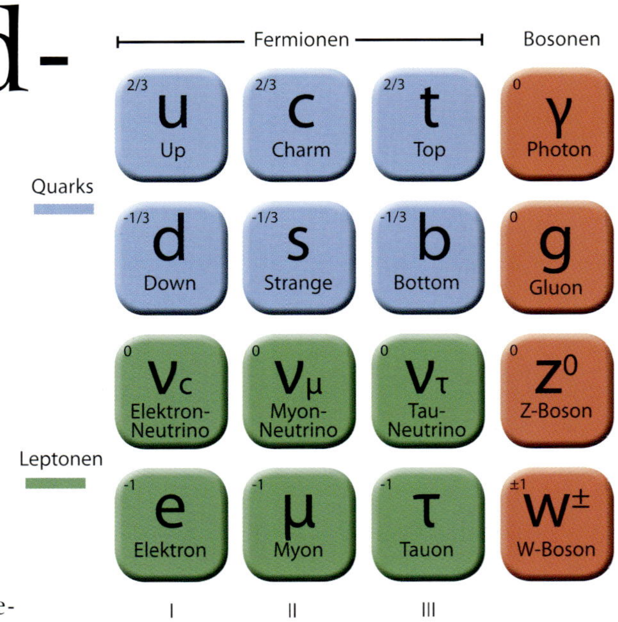

Diese Grafik zeigt die 17 Teilchen des Standardmodells (zur Erinnerung: es gibt zwei W-Bosonen). Die Spalten der Fermionen zeigen die drei „Generationen" mit der von links nach rechts abnehmenden Lebensdauer. Von jedem dieser Teilchen gibt es natürlich eine Antimaterie-Version.

DIE ENTDECKUNG DES ELEKTRONS WAR DER ERSTE SCHRITT BEIM AUFBAU DES STANDARDMODELLS DER TEILCHENPHYSIK. Dieses ist Anfang der 1970er-Jahre angetreten, mittels einer Reihe fundamentaler Teilchen alle Aspekte der Physik zu beschreiben.

Das Standardmodell hat das verwegene Ziel, sämtliche Materie und die auf sie wirkenden bzw. von ihr ausgehenden Kräfte zu beschreiben. Bis dahin ist es noch ein weiter Weg, aber es hat sich gezeigt hat, dass das Modell entscheidend zum Verständnis der sichtbaren Materie und drei der vier im Universum wirkenden Kräfte beizutragen vermag. Es kennt 17 (mit dem Higgs-Boson 18) Elementarteilchen. Zwar gab es in den frühen 70ern noch eine Reihe von Lücken, doch die mithilfe dieser Teilchen getroffenen Vorhersagen erwiesen sich alle als korrekt.

Kräfte und Materie

Es gibt vier elementare Grundkräfte: Die Gravitation ist die Kraft, die Massen über astronomische Entfernungen anzieht. Es ist die schwächste Kraft und im Standardmodell bislang nicht enthalten. Der Elektromagnetismus ist die Kraft, die die Anziehung entgegen-

Der ALICE-Detektor am CERN, dem führenden europäischen Forschungszentrum für Teilchenphysik in der Nähe von Genf, wurde u.a. gebaut, um zu beobachten, was passiert, wenn große Atomkerne von Protonen getroffen werden. Das Ergebnis ist ein Quark-Gluon-Plasma, eine Art Ursuppe der Materie in ihrer einfachsten Form.

gesetzter Ladungen und die Abstoßung gleicher Ladungen bewirkt; sie wirkt über riesige Distanzen. Die schwache Kernkraft wirkt nur in Entfernungen unterhalb der Größe von Atomen. Sie ist es, die dafür sorgt, dass bei radioaktiven Zerfallsprozessen Teilchen Atomkerne verlassen. Die starke Kernkraft schließlich bewirkt, dass Atomkerne zusammenhalten; es ist die stärkste, aber nur auf kürzesten Entfernungen wirkende Kraft.

Das Modell gliedert die Elementarteilchen in Fermionen, die Teilchen, auf die Kräfte wirken (und die dem Pauli-Prinzip unterliegen, s. S. 89), und Bosonen, die Partikel, die die Kräfte zwischen den Fermionen vermitteln. Die Fermionen werden unterteilt in sechs Quarks und sechs Leptonen (Elektron, Myon, Tauon und die zugehörigen Neutrinos). Die Quarks unterliegen der starken Wechselwirkung, die Leptonen nicht.

Fünf Bosonen wurden bislang identifiziert. Die starke Wechselwirkung wird durch Gluonen vermittelt, der Elektromagnetismus durch Photonen. Die schwache Kraft wird von drei Bosonen getragen; die W-Bosonen befördern beim Beta-Zerfall schwerere Leptonen aus dem Kern, während das Z-Boson dies für die leichteren Neutrinos bewirkt.

Nicht einbezogen ins Standardmodell ist die ausnahmslos auf alle Fermionen wirkende Schwerkraft; das für sie postulierte Boson (Graviton) erweist sich als so winzig, dass es bislang nicht nachgewiesen werden konnte.

Für Forschungen zum Standardmodells bedarf es der größten und teuersten Laboratorien der Welt, wie dem Compact-Muon-Solenoid-Teilchendetektor am Large Hadron Collider, dem CERN, einem riesigen Teilchenbeschleuniger in der Schweiz.

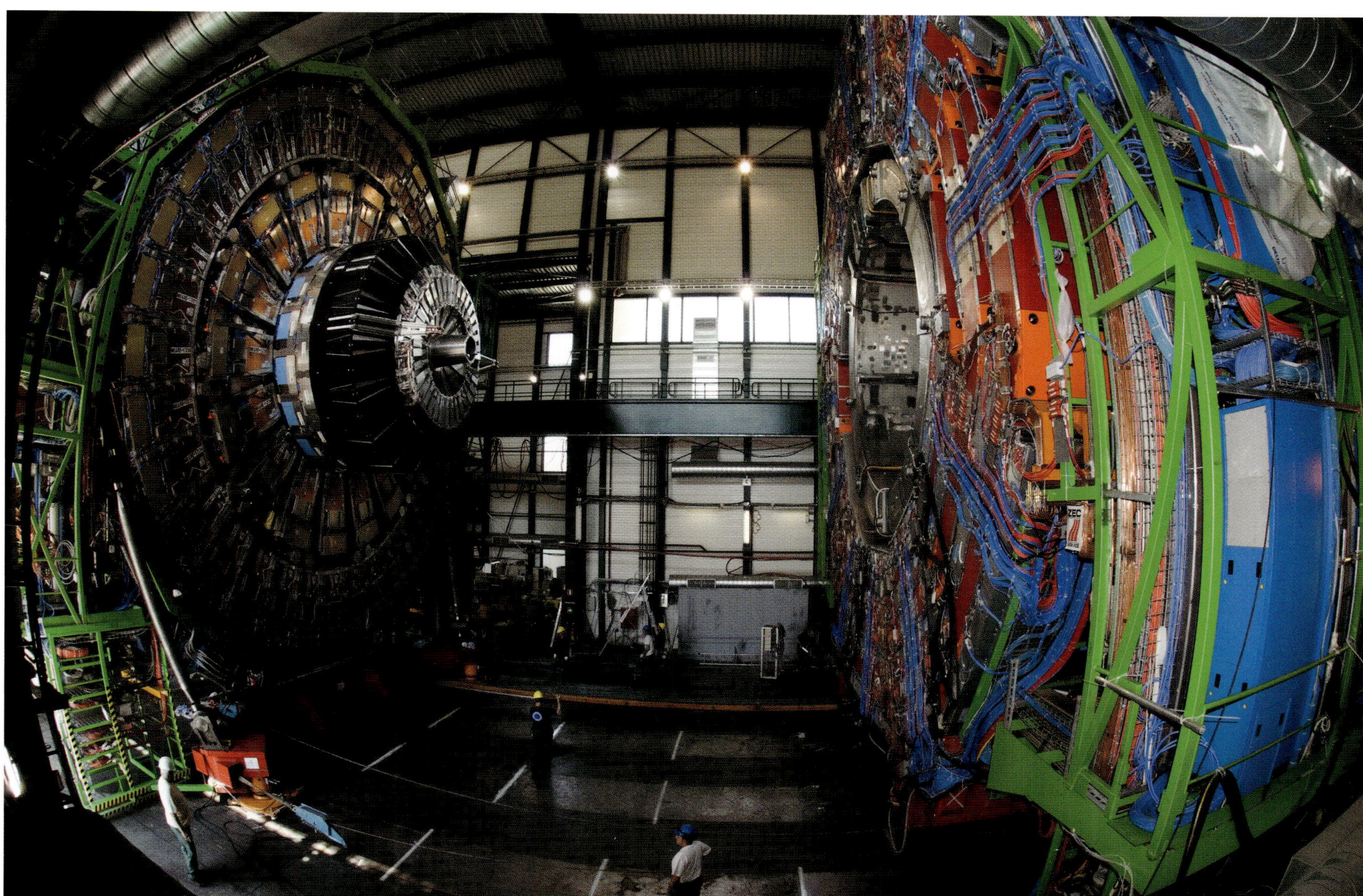

95 Stringtheorie

Trotz grosser Fortschritte in der ersten Hälfte des 20. Jahrhunderts ist die moderne Physik gespalten: Während die Quantentheorie das Universum auf (sub-)atomarer Ebene zu erklären sucht, behandelt die Relativitätstheorie alles andere, von winzigen Materiehaufen bis zu Galaxien. Ist es möglich, die beiden Bezugsrahmen in einer Theorie miteinander zu verflechten?

Eine schnelle Antwort gibt es nicht. Einstein hatte die letzten 40 Jahre seiner Karriere mit der Suche nach einer Verbindung zwischen der Welt der Quanten und der des Kosmos verbracht. Er scheiterte, und die Suche nach einer Theorie von Allem dauert bis heute an. Das große Schisma zwischen den beiden Theorien ist die Schwerkraft. Während die drei anderen Naturkräfte mit dem Standardmodell erklärt werden können, gelingt dies für die Schwerkraft lediglich auf der Ebene der astronomischen Relativität.

In den späten 1960er-Jahren ist die Stringtheorie (eigentlich eher ein Bündel von Theorien) angetreten, das Problem mittels mathematischer Zugänge zu lösen, mithin den Wellencharakter von Quanten mit dem gekrümmten Raum der Relativität zu verbinden. Wichtige Anregungen erhielt die Stringtheorie von der Topologie, einem aus Geometrie und Mengenlehre hervorgegangenen Teilgebiet der Mathematik, in dem Winkel und Längen keine Rolle spielen.

Während in der Quantenmechanik subatomare Teilchen als nulldimensionale Punkte gedacht werden, versteht man sie in der Stringtheorie als eindimensionale Linien oder Saiten. Die Eigenschaften der Quanten wie Spin, Ladung und Flavor werden als Schwingungen der Saiten dargestellt, und zwar in einem Universum mit bis zu elf Dimensionen. Ob diese nur auf der Quantenebene bestehen oder ob es sich um universelle räumliche Dimensionen handelt – unser dreidimensionales Vorstellungsvermögen kann dies kaum erfassen. Die Stringtheorie lässt sich schwerlich experimentell überprüfen, obgleich eine ihrer Voraussagen sogenannte Superteilchen sind, die alle anderen Teilchen in einem symmetrischen „Alles“ verbinden. Die weltweit stärksten Teilchenbeschleuniger sind auf der Suche nach solchen Superteilchen – werden sie sie finden?

Nach der Stringtheorie müssen wir uns Materie als ein brodelndes Gewirr von schwingenden Saiten vorstellen.

96 Hawking-Strahlung

1971 GAB ES ERSTE HINWEISE AUF DIE EXISTENZ SCHWARZER LÖCHER. Kurze Zeit später entdeckte ein junger Physiker, dass er sie nutzen konnte, um gleichzeitig Phänomene der Relativitätstheorie und der Quantenphysik zu untersuchen.

Die von Stephen Hawking postulierte Strahlung Schwarzer Löcher ist noch nie beobachtet worden; sie sagt voraus, dass Schwarze Löcher gleichsam verdampfen.

Bereits im 18. Jahrhundert entwickelte der französische Mathematiker, Astronom und Physiker Pierre Simon Laplace die Vorstellung eines Körpers *(corps obsure)*, dessen Schwerkraft so groß ist, dass seine Fluchtgeschwindigkeit größer als die Lichtgeschwindigkeit wäre – mit anderen Worten, dass selbst Licht dieser Schwerkraft nicht entkommen könnte, buchstäblich ein Schwarzes Loch im Weltraum.

1915 hat Karl Schwarzschild berechnet, wie klein eine Masse sein müsste, damit seine Fluchtgeschwindigkeit den Wert der Lichtgeschwindigkeit hätte (Schwarzschild-Radius). Die Masse der Erde geschrumpft auf eine Kugel mit einem Durchmesser von 9 mm hätte eine solche Schwerkraft. Tatsächlich gibt es Schwarze Löcher, deren Dichte größer ist als diese. Sie entstehen, wenn ein Riesenstern kollabiert. Ein solcher massiver Körper verzerrt die Raum-Zeit erheblich; wäre er winzig, fiele er zugleich in den Zuständigkeitsbereich der Quantentheorie. Es wäre naheliegend, dass alles, was den „Ereignishorizont" durchkreuzt und in ein Schwarzes Loch fällt, dort niemals wieder herauskommt. Doch Stephen Hawking entwickelte 1974 eine andere Vorstellung. Ausgehend von der Überlegung, das virtuelle Teilchen von Materie und Antimaterie auch auf beiden Seiten eines Ereignishorizonts existieren und durch diesen sofort getrennt werden, wenn ein Partner in das Schwarze Loch gezogen wird, müsste der zweite Partner als reales Teilchen in den Raum entkommen – die Hawking-Strahlung. Demnach verlieren sogar Schwarze Löcher Masse.

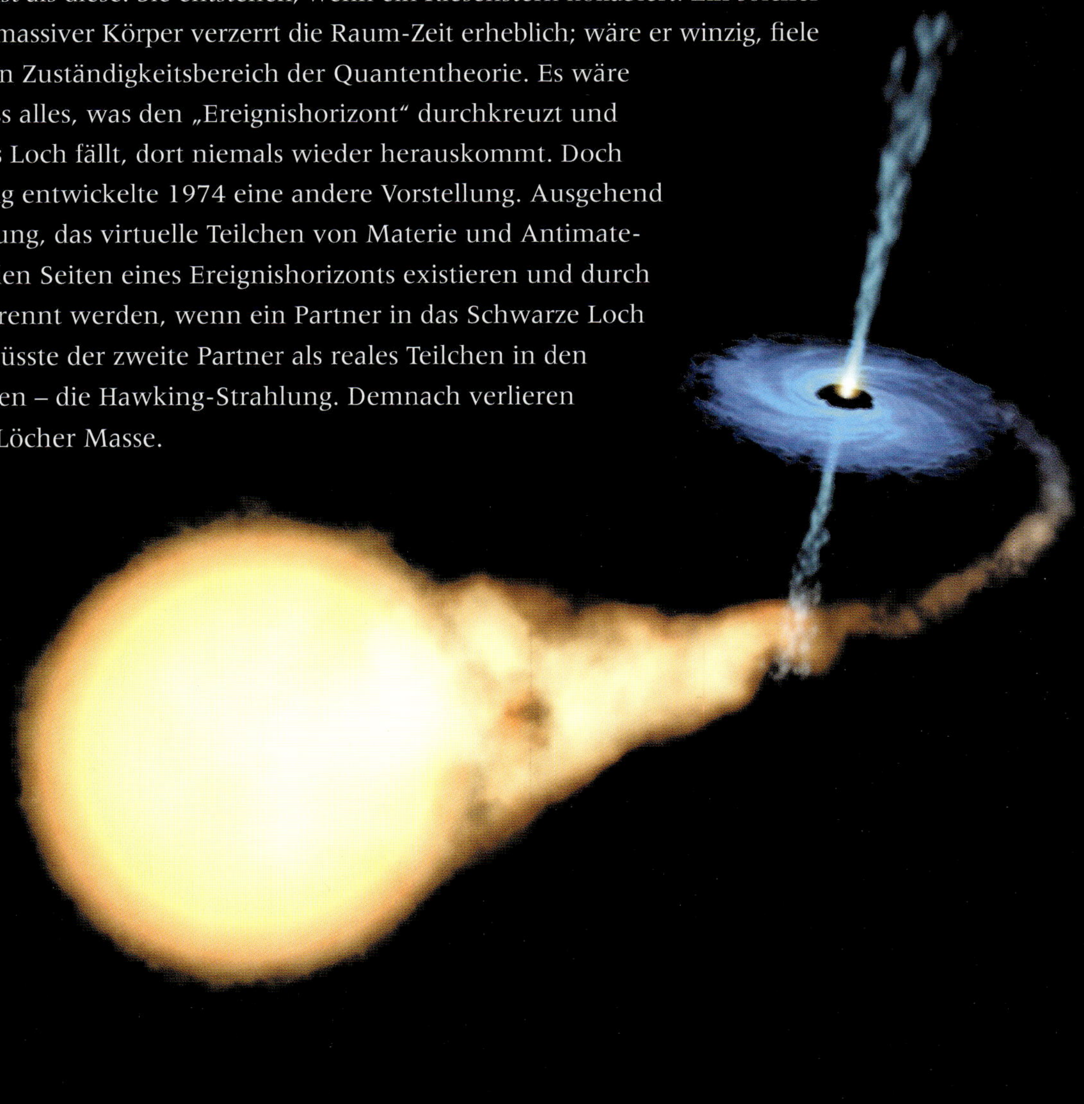

Schwarze Löcher ziehen sämtliche umliegende Materie an, sie saugen den Raum sauber. Die in Richtung des Ereignishorizonts wirbelnde Materie wird heißer und liefert so Beweise für die Existenz der ansonsten unsichtbaren Körper.

97 Spintronik

GERADE ALS MAN DACHTE, DIE PHYSIK SEI JA NUN WAHRLICH KOMPLIZIERT GENUG, tat sich im Jahr 1988 ein neues weites Feld auf, dem man einen passenden modernen Namen gab: Spintronik.

Der GMR-Effekt wird bei Computerfestplatten genutzt, auf denen die Daten als ein Magnetcode gespeichert sind. Der mit entsprechenden GMR-Eigenschaften ausgestattete Lesekopf übermittelt die magnetisierten Bereiche als Stromimpuls.

Die Spintronik beschäftigt sich mit der Kontrolle des Spins von Elektronen, um ihn für den Einsatz in elektronischen Bauteilen nutzbar zu machen. Alles begann 1988 mit der Entdeckung des GMR-Effekts (*giant magnetoresistance,* Riesenmagnetowiderstand). Dieser tritt auf, wenn eine nur wenige Nanometer dicke nicht magnetisch leitende Metallschicht zwischen zwei anderen magnetischen Schichten angeordnet ist. Der Widerstand des so aufgebauten Materials ist entscheidend von der Ausrichtung der Magnetisierung, mithin vom Spin der Elektronen, abhängig. Bei entgegengesetzter Magnetisierung aufeinanderfolgender Metallschichten ist es für einen Strom schwieriger, sich durch die mittlere Schicht zu bewegen, der Widerstand wird „riesig". Gesteuert wird der Elektronenspin durch äußere Magnetfelder – GMR in Aktion.

98 Dunkle Energie

FRITZ ZWICKY WAR EINER DER FÜHRENDEN FORSCHER BEI DER ENTDECKUNG VON SUPERNOVAE. Im Jahr 1998 kam im Zuge der bis dato gewaltigsten je beobachteten Sternenexplosion eine weitere dunkle Wahrheit ans Licht.

Ein Schatten legte sich über alles, was wir am Ende des 20. Jhs. über das Universum und die Materie zu wissen glaubten. Seit 70 Jahren galt als bewiesen, dass sich die seit dem Urknall konstante Expansion des Universums aufgrund der Gravitationskräfte verlangsamt. Es blieb die Frage, ob die Menge der vorhandenen Materie, einschließlich der sogenannten Dunklen Materie, ausreichte, diese Expansion zum Stillstand zu bringen.

Untersuchung der Dunklen Materie

Die unbekannte Größe bei diesen Überlegungen war die Dunkle Materie. Die Schwerkraft ist proportional zur Masse, sodass, wenn man messen kann, wie schnell die Expansion durch sie verlangsamt wird, eine klare Vorstellung davon erhielte, wieviel Dunkle Materie es gibt. Um hierüber Aufschluss zu gewinnen, begannen die Astronomen, Supernovae des Typs 1a zu untersuchen. Eine Supernova ist eine gewaltige Explosion von Sternen ab einer bestimmten Größe. 1a-Supernovae explodieren in bestimmter Weise: Bei einem Doppelsternsystem, bestehend aus einem Weißen Zwerg (der glühende Kern eines toten Sterns) und einem „normalen" Stern, saugt der Weiße Zwerg Materie seines größeren Nachbarn auf, und zwar so lange, bis er die oben erwähnte Supernova-Größe erreicht hat; aufgrund der Eigengravitation kollabiert er – eine 1a-Supernova! Sterne des Typs 1a haben alle die gleiche Masse und also eine Standardhelligkeit, können somit genutzt werden, um Entfernungen zu messen – die lichtschwächeren sind weiter entfernt als die helleren. Anhand ihrer Rotverschiebung zeigt sich, wie schnell sie sich wegbewegen. Theoretisch müsste das (ältere) Licht der weiter entfernten einen größere Rotverschiebung als dasjenige der näheren (jüngeren) Quellen aufweisen. Älteres Licht müsste somit eine ältere Expansionsrate als jüngeres erkennen lassen.

Dann der Schock: Die Expansion des Universums wird nicht langsamer, sondern schneller! Da keine Verlangsamung der Expansion zu beobachten ist, muss es eine andere, völlig unbekannte Kraft geben, die die Materie auseinander streben lässt – die Dunkle Energie; um was es sich dabei eigentlich handelt, ist unklar. Ihre Auswirkungen zeigen sich lediglich im weiten „Nichts" der Raumzeit – und scheinen stärker zu werden, je weiter sich das Universum in jenes Nichts ausdehnt. Irgendwann wird die Dunkle Energie so gewaltig sein, dass sie sogar Atome auseinander ziehen wird und eine unendlich dünne Suppe subatomarer Teilchen entstehen lässt.

Die Dunkle Energie hat unser Bild des Universums vollständig verändert. Man schätzt, dass sie drei Viertel der Gesamtenergie des Universums ausmacht, während die Dunkle Materie den größten Teil des verbleibenden Viertels bildet. Die uns bekannte Materie hat demnach lediglich einen Anteil von knapp fünf Prozent.

99 Jagd nach dem Higgs-Teilchen

BIS 2012 HATTE DAS STANDARDMODELL EINEN ENTSCHEIDENDEN MAKEL: Das geforderte Element, das der Materie die Masse verleiht, konnte nicht nachgewiesen werden. Diesem Nachweis dient das größte je durchgeführte physikalische Experiment.

Peter Higgs ist der große Name hinter dem nach ihm benannten Boson, wenngleich weitere fünf Physiker berechtigterweise diesbezügliche Ansprüche stellen könnten. Möglicherweise wird das Boson diesem Umstand eines Tages im Namen gerecht werden, doch wahrscheinlich wird wohl der von Higgs bleiben.

Masse ist eine Eigenschaft einiger, nicht aber aller subatomarer Teilchen; genauer gesagt sind es die Quarks (etwa in Protonen und Neutronen) und die Leptonen (u.a. Elektronen und Neutrinos), die Materie ausmachen. Was die Masse tatsächlich bewirkt, ist die Teilhabe der Materie an den Kräften der Natur. Gewicht ist der Effekt der Schwerkraft auf die Masse. Auch die starke Wechselwirkung, die Kraft, die den Atomkern zusammenhält, wirkt auf die Masse; ebenso die schwache Wechselwirkung, die bei radioaktiven Zerfallsprozessen eine Rolle spielt, sowie schließlich die elektromagnetische Kraft, die u.a. Elektronen an das Atom bindet.

Alle diese Kräfte werden vermittelt von anderen Teilchen, den Bosonen; sie übertragen die Energie zwischen den Massen. 1964 entwickelte u.a. Peter Higgs die Theorie, dass ein Boson auch der Materie die Masse verleiht. Ein von diesem Boson geschaffenes „Higgs-Feld" sei verantwortlich dafür,

Der LHC ist 27 Kilometer lang und kostete etwa 6 Mrd. Dollar; die Bauzeit betrug rund zehn Jahre. Zwei in dem Beschleunigerring in Gegenrichtung umlaufende Teilchenstrahlen mit einem Durchmesser von weniger als 1 mm werden von gekühlten Magneten (Temperatur nahe dem absoluten Nullpunkt) auf ihrer Bahn gehalten und innerhalb des Teilchendetektors zur Kollision gebracht.

dass aus der reinen Energie, aus der das ganz junge Universum bestand, Materie entstand. Zwischen 2008 und 2011 wurde diese Theorie am Large Hadron Collider (LHC) am CERN, einem Forschungszentrum in der Schweiz, experimentell überprüft. Am LHC kollidieren Protonen mit nahezu Lichtgeschwindigkeit, um so der ungeheuren Energie, die es nur unmittelbar nach dem Urknall gab, nahezukommen. 2012 haben CERN-Wissenschaftler in diesen Kollisionen Hinweise auf ein Higgs-Feld entdeckt. Die Theorie gilt als bestätigt, obwohl man über die Beschaffenheit des Higgs-Bosons nichts zu sagen vermag, da es nur weniger als ein Milliardstel einer milliardstel Sekunde existiert.

100 Kosmische Inflation

IM ALLERERSTEN AUFBLITZEN DES SEINS MÜSSEN DIE HEUTE SO UNVERÄNDERLICHEN GESETZE DER PHYSIK ANDERE GEWESEN SEIN. Im Jahr 2014 lieferte ein Teleskop am Südpol vermeintlich den ersten Beweis für diese Idee.

Über zwei Jahre zeichneten die BICEP2-Instrumente Radiowellen eines winzigen Fleckens am Himmel über dem Südpool auf; dort ist die Luft überaus klar und trocken, da alles Wasser gefroren ist.

Die Urknalltheorie beschäftigt sich vor allem mit der Ausdehnung des Universums. Um diese Theorie mit der Größe und Struktur des heutigen Universums in Einklang zu bringen, müssen im noch ganz ganz jungen Universum die uns heute bekannten Naturgesetze gebrochen worden sein. Im Jahr 1980 schlug der Amerikaner Alan Guth ein als kosmische Inflation bezeichnetes Entwicklungsmodell des Universums vor, nach dem es sich von einem unendlich kleinen Punkt zu etwas von der Größe einer Grapefruit entwickelt hat. Für ein Billionstel eines Billionstels einer billionstel Sekunde erfordert Guths Modell allerdings eine Expansionsgeschwindigkeit jenseits der Lichtgeschwindigkeit und zudem eine Art umgekehrter Schwerkraft, die die Masse abstößt und nicht anzieht. Diese Inflation muss im Universum Gravitationswellen hinterlassen haben, für die man im Jahr 2014 am Mikrowellenobservatorium BICEP2 am Südpool angeblich Beweise gefunden hatte – doch dieses „Urknallecho" löste sich später buchstäblich in Staub auf: Die Wellen erweisen sich als fehlerhafte Interpretation der von kosmischem Staub ausgehenden Lichtemissionen.

Physik: **Die Grundlagen**

Wohin führen uns all diese Entdeckungen? Die Physik wirft ein Licht in nahezu jeden Winkel des Universums, und beschäftigt sich selbst mit Phänomenen, die man niemals wird beobachten können. Auf den folgenden Seiten bieten wir eine Zusammenfassung der Grundlagen.

Was ist Energie?

Beginnen wir direkt mit einer der ganz großen Fragen: Energie ist das, was die Dinge im Universum geschehen lässt. Alles besitzt immer zumindest irgendeine Energie, die Masse selbst ist eine Form von Energie. Sie kann weder geschaffen noch zerstört werden; die

FORMEN VON ENERGIE

Akustische Energie
Durch Druckwellen in einem Medium übertragen. Das Ohr erkennt akustische Energie als Klang.

Strahlungsenergie
Energie, die durch Licht sowie Wellen anderer Formen elektromagnetischer Strahlung übertragen wird.

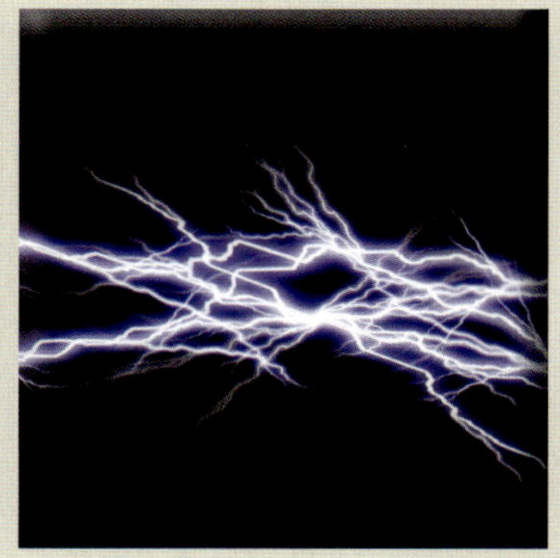

Elektrische Energie
Die von Elektronen oder anderen geladenen Teilchen übertragene Energie bildet einen durch ein Material fließenden Strom.

Wärmeenergie
Energie, die Atome und Moleküle in einem Material bewegt. Eine hohe Wärmeenergie lässt das Material heiß werden.

Menge der vorhandenen Energie ist heute genauso groß wie zu Beginn der Zeit. Allerdings kann Energie zwischen Objekten übertragen und in verschiedene Formen umgewandelt werden. Durch diesen Energiefluss verändert sich Universum permanent.

Masse und Kraft

Was ist Kraft?

Eine Kraft ist das, was Energie von einem Objekt auf ein anderes überträgt, wobei sich die Energie in irgendeiner Weise verändert, sei es hinsichtlich der Geschwindigkeit, der Richtung oder der Form. Es gibt vier Kräfte im Universum: Die starke Kraft hält die Atomkerne zusammen; die schwache Kraft bewirkt die Instabilität von Atomen (Radioaktivität, Kernspaltung); der Elektromagnetismus bewirkt die Anziehung entgegengesetzter und die Abstoßung gleicher Ladungen. Die Schwerkraft ist die zwischen allen Massen wirkende Anziehungskraft. Die starke und schwache Kraft wirkt nur innerhalb des Atoms, die Schwerkraft nehmen wir als Gewicht wahr. Die elektromagnetische Kraft macht sich z. B. bemerkbar, wenn wir mit der Hand Druck auf einen Gegenstand ausüben: Die Ladung der Elektronen, die die Atome unserer Hand umhüllen, führt zur Abstoßung von denjenigen des Gegenstands.

Die Bewegung der springenden Bälle hat die Form von Kurven, da die nach unten wirkende Schwerkraft der sie in Bewegung setzenden horizontal wirkenden Kraft entgegenwirkt.

Was ist Masse?

Masse lässt sich am besten als Widerstand gegen Kräfte definieren. Ein Objekt mit großer Masse erfordert eine größere Kraft, um es zu bewegen, als eines mit kleinerer Masse. Diese als Trägheit bezeichnete Eigenschaft sorgt etwa dafür, dass eine Masse solange in Bewegung bleibt, bis eine Krafteinwirkung diesen Zustand verändert. Die mechanisch auf einen Gegenstand übertragene Energie bezeichnet man als Arbeit (= Kraft x Weg).

Kinetische Energie
Bewegungsenergie; beim Zusammenstoß von Objekten wird kinetische Energie zwischen ihnen übertragen.

Chemische Energie
Energie, die durch Auflösung und Neubildung chemischer Verbindungen aufgenommen bzw. freigesetzt wird.

Kernenergie
Die im Atomkern gespeicherte Energie, freigesetzt in Spaltungs- und Fusionsreaktionen und beim radioaktiven Zerfall.

Potenzielle Energie
Wasser am Kopf eines Wasserfalls besitzt potenzielle Energie, die sich im Fallen nach unten in Bewegungsenergie verwandelt.

Bewegung

Geschwindigkeit und Beschleunigung

Selbst wenn die Fahrgeschwindigkeit, genauer gesagt der Betrag der Geschwindigkeit konstant bleibt, verringert sich in der Kurvenfahrt dieser beiden Motorradfahrer die als vektoriale Größe verstandene Geschwindigkeit.

Bei der Beschreibung der Eigenschaften von Bewegung ist die Physik sehr genau. Geschwindigkeit ist die Entfernung, die ein Objekt innerhalb einer bestimmten Zeit zurücklegt, wobei auch dessen Bewegungsrichtung zu berücksichtigen ist. So haben zwei Objekte, die sich mit derselben Geschwindigkeit aufeinander zu bewegen, relativ zueinander die doppelte Geschwindigkeit.

Ein Objekt bewegt sich solange mit konstanter Geschwindigkeit, bis eine Kraft auf es einwirkt. Auf der Erde werden Luft- und Reibungswiderstand ein Objekt immer

irgendwann zum Stillstand bringen, es sei denn, eine permanent einwirkende Kraft hält es in Bewegung. Im Vakuum des Weltraums jedoch wird es sich auch ohne eine solche Kraft permanent weiterbewegen. Jegliche Krafteinwirkung führt im Weltraum zu einer Veränderung der Geschwindigkeit, entweder als Beschleunigung oder Verlangsamung; deren Grad ist abhängig von der Größe der einwirkenden Kraft.

Ein Kugelstoßpendel demonstriert den Impulserhaltungssatz. Die rote Kugel gibt bei ihrem Zusammenprall mit der ersten silbernen ihren Impuls an diese ab; diese bewegt sich nicht, sondern überträgt den Impuls an ihren Nachbarn; die freie Kugel am Ende der Reihe schwingt aus.

Momentum

Ein sich bewegendes Objekt bleibt aufgrund des Impulses in Bewegung. Der Impuls ist die Größe oder Menge der Bewegung – ihr Maß, definiert als Masse mal Geschwindigkeit (je größer die Masse und je höher die Geschwindigkeit, desto größer der Impuls). Um einen sich bewegenden Körper zu stoppen, muss dessen Impuls mittels Krafteinwirkung entfernt werden; liegt der Impuls bei Null, stoppt der Körper. Der Impuls ist allerdings nicht aufgelöst und zerstört, sondern auf das die Kraft ausübende

Wanderfalken, die schnellsten Tiere auf der Erde, nutzen den Zug der Schwerkraft, wenn sie im Sturzflug mit bis zu 340 km/h auf Beutejagd gehen.

Objekt übertragen. Der Impulserhaltungssatz besagt, dass Energie in einem geschlossenen System nicht erzeugt oder zerstört, sondern übertragen wird.

Der Zug der Schwerkraft

Auf oder nahe der Erdoberfläche ist die Schwerkraft ein zentraler Faktor bei der Beschreibung von Bewegungen. Sie ist die Kraft, durch die Massen einander anziehen. Sie wirkt über riesige Entfernungen, zwischen Sternen und sogar Galaxien, auf der Erde allerdings erfahren wir sie als die gleichsam unter unseren Füßen wirkende Kraft. Ein Zug der Schwerkraft besteht zwischen jedem Objekt und dem Planeten Erde. Tatsächlich jedoch ist die Masse unseres Planeten in Relation zu selbst den größten Objekten auf ihm so unglaublich groß, dass deren Schwerkraft lediglich zu einer unendlich kleinen Bewegung der Erde führt. Umgekehrt führt die Schwerkraft der Erde zu einer erheblichen Veränderung der Bewegung von Körpern – sei es ein Fallschirmspringer oder ein Vogel im Sturzflug: sie beschleunigen auf dem Weg nach unten.

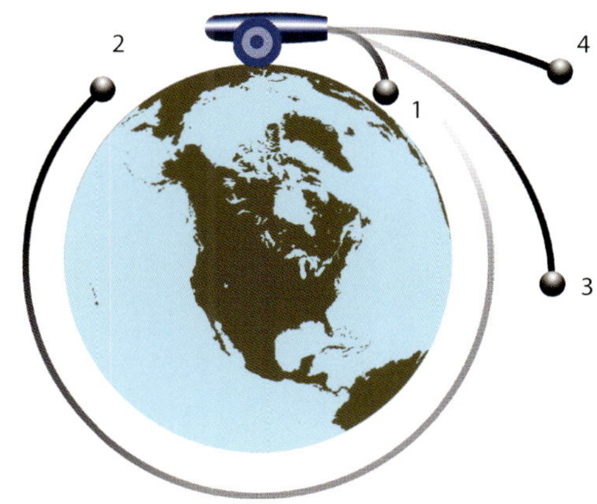

Dieses Diagramm (nach einem ähnlichen in Isaac Newtons Principia*) zeigt eine hypothetische Kanone; Kugel 1 wird in einer Geschwindigkeit unterhalb der Umlaufgeschwindigkeit abgefeuert, sodass sie in einer Parabelbahn zur Erde fällt. Kugel 2 wird mit Umlaufgeschwindigkeit, Kugel 3 mit Fluchtgeschwindigkeit abgefeuert; letztere entfernt sich in einer großen Parabelbahn von der Erde. Die Geschwindigkeit von Kugel 4 liegt oberhalb der Fluchtgeschwindigkeit, weshalb sie die Erde in einer Hyperbel genannten Flugbahn verlässt.*

Orbitalkräfte

Die Schwerkraft hält auch den Mond in seiner Umlaufbahn um die Erde – wie auch die unzähligen künstlichen Satelliten. Aber wie wird aus einer Kraft, die nach „unten" wirkt, eine Kreisbewegung? Diese kommt zustande, wenn ein die Erde umkreisendes Objekt auf eine große horizontale Geschwindigkeit relativ zur Erdoberfläche beschleunigt wurde. Überwiegt die vertikale Komponente der Bewegung (die Schwerkraft), wird der Körper schließlich nach unten fallen; überwiegt die horizontale Komponente, verlässt der Körper das Schwerkraftfeld der Erde (die sogenannte „Fluchtgeschwindigkeit"). Bilden Horizontalgeschwindigkeit und Vertikalgeschwindigkeit ein Gleichgewicht, verbleibt der Körper in einer Umlaufbahn.

Gewicht und Masse bemessen sich auf der Erde in derselben Weise. Auf dem Mond, wo die Schwerkraft geringer ist, bleibt die Masse konstant, das Gewicht jedoch verringert sich.

Gewicht versus Masse

Die Schwerkraft konstituiert das Gewicht eines Körpers. Sie ist es, die ihn nach unten fallen lässt. Während seine Masse konstant bleibt, ist sein Gewicht abhängig vom Zug der Schwerkraft. So hat der Mond eine kleinere Masse als die Erde, sein Zug der Schwerkraft ist ein Sechstel von dem der Erde. Ein 60 kg schwerer Astronaut verliert auf dem Mond zwar nicht an Masse, wiegt dort aber nur 10 kg.

Wellen

Wellen sind Schwingungen, die Energie von einem Punkt zum anderen transportieren. Einige Wellen, etwa Schallwellen oder seismische Wellen von Erdbeben, benötigen ein Trägermedium, andere nicht, z. B. Lichtstrahlen. Es gibt zwei Haupttypen: Transversalwellen (Licht) schwingen auf und ab, während die Longitudinalwellen (Schall) parallel zur Ausbreitungsrichtung schwingen.

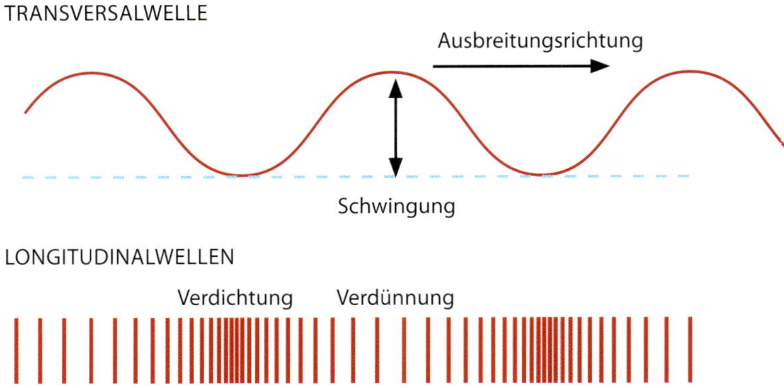

Die Messung von Wellen

Zur Beschreibung von Wellen dienen Länge, Frequenz, Geschwindigkeit und Amplitude. Die Wellenlänge ist die bei einer Schwingung zurückgelegte Strecke; die Frequenz ist die Anzahl der Wellenlängen während eines bestimmten Zeitraums. Ist die Geschwindigkeit, mit der sich eine Welle bewegt, konstant, etwa beim Licht, so ist sie umgekehrt proportional zu ihrer Frequenz. Die Amplitude schließlich ist das Maß für die Größe der Schwingung.

Die Wellenlänge (λ) ist konstant, wo auch immer sie gemessen wird.

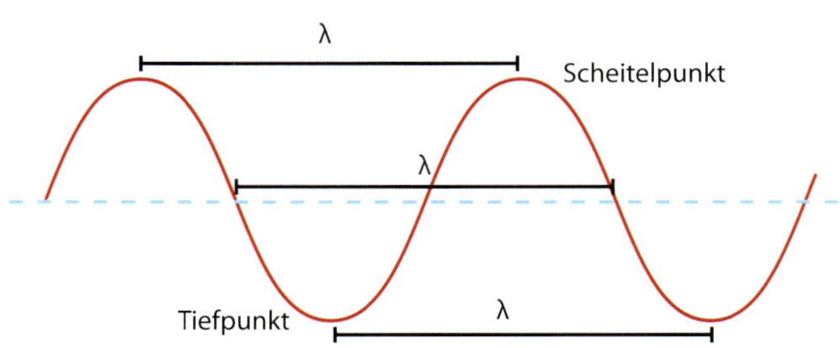

Bleiben alle anderen Aspekte einer Welle konstant, ist die Amplitude ein Maß für die Stärke der Welle (Energie pro Zeiteinheit). Ein gutes Beispiel ist der Schall: je lauter desto höher die Amplitude.

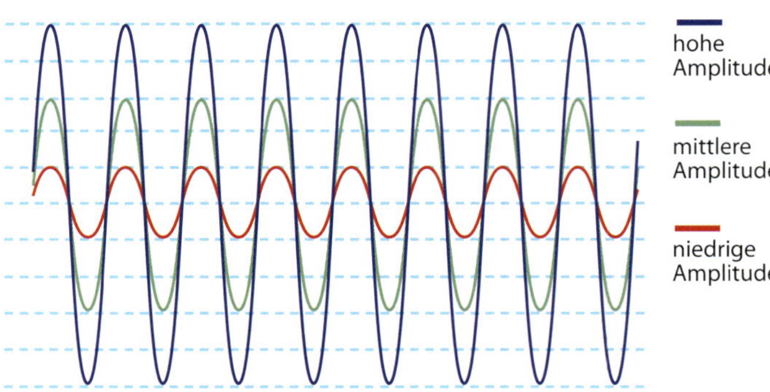

Eine Verkürzung der Wellenlänge bei Beibehaltung der Geschwindigkeit bedeutet eine Zunahme der Frequenz.

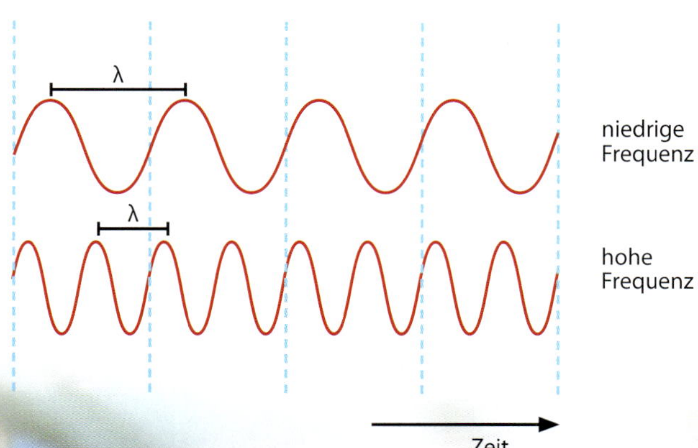

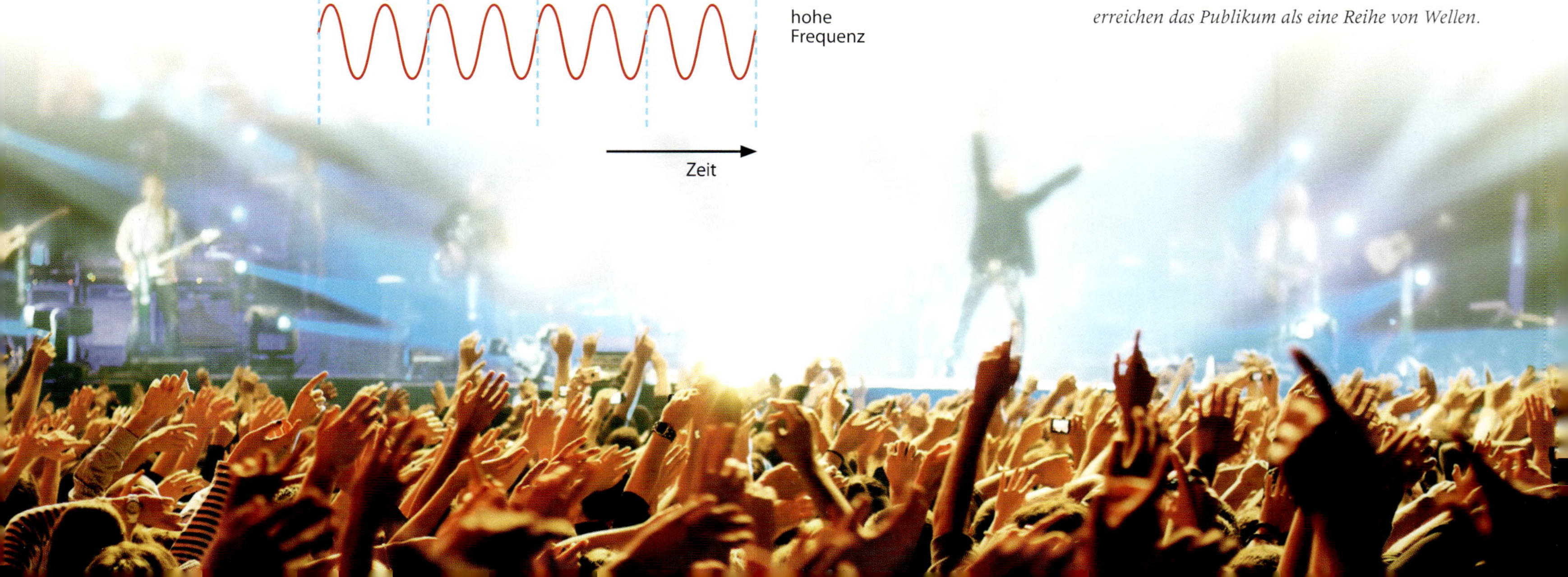

Ein Großteil unserer Wahrnehmung beruht auf Wellen. Die Musik und Bilder eines Konzerts erreichen das Publikum als eine Reihe von Wellen.

Optik

Reflexion und Brechung

Die Optik beschäftigt sich mit dem Verhalten von Licht. Das Reflexionsgesetz besagt, dass der Einfallwinkel eines Lichtstrahls gleich dessen Ausfallwinkel ist, sodass das von einer glatten Oberfläche reflektierte Licht nicht ungeordnet etwa auf die Netzhaut trifft. Wird es gebrochen, werden die Strahlen in einem bestimmten Winkel umgeleitet. Eine Linse kann Licht bündeln, weil die Strahlen auf ihrer gekrümmten Oberfläche in unterschiedlichen Winkeln so reflektiert werden, dass sie in einem Punkt zusammentreffen.

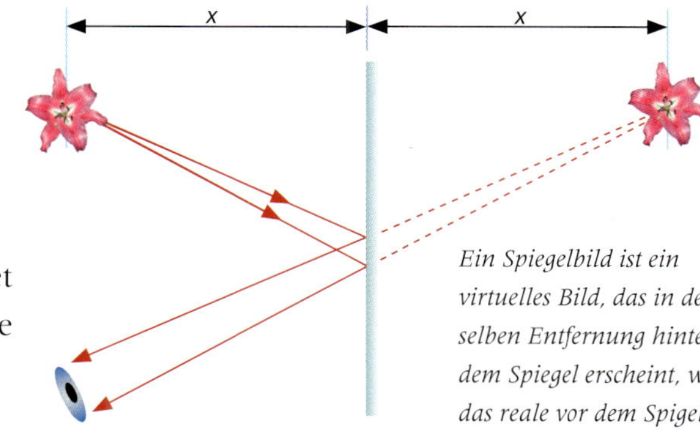

Ein Spiegelbild ist ein virtuelles Bild, das in derselben Entfernung hinter dem Spiegel erscheint, wie das reale vor dem Spigel von diesem entfernt ist.

Die Brennweite einer Linse ist abhängig von ihrer Krümmung; je stärker die Krümmung, desto kleiner die Brennweite.

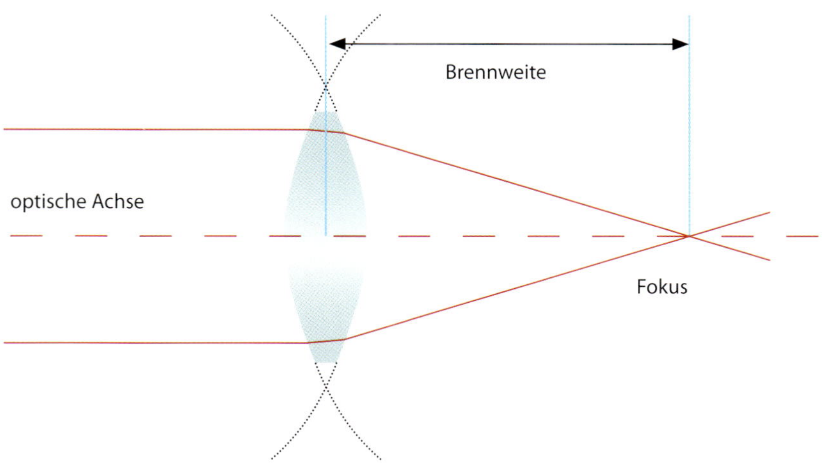

Das Licht wird reflektiert und gebrochen.

Die Farbe eines Objekts hängt davon ab, wie es das weiße Licht reflektiert und absorbiert. Schwarz ist die Abwesenheit von Licht, alles Licht wird absorbiert; umgekehrt reflektieren weiße Objekte das gesamte Spektrum. Eine Farbe sehen wir, wenn eine bestimmte Wellenlänge des Lichts reflektiert, die anderen absorbiert werden.

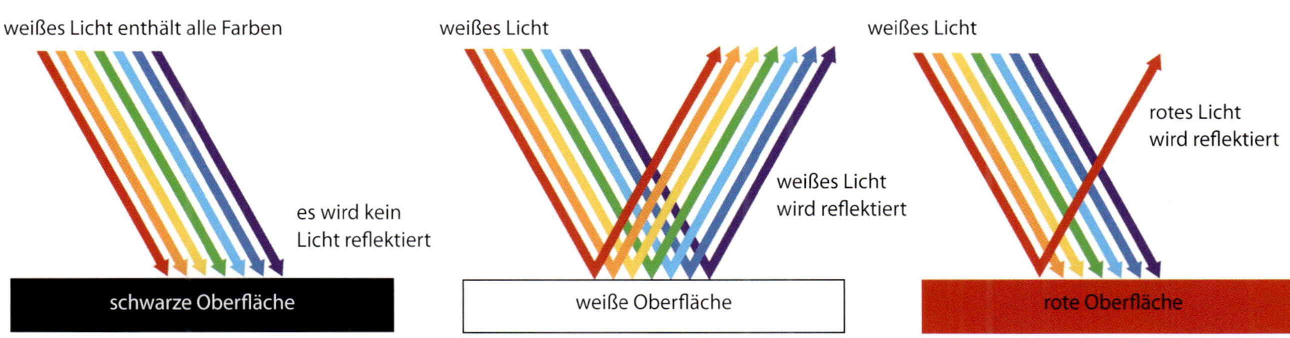

Interferenz

Wie alle Wellen so können auch Lichtwellen einander überlagern; diese Überlagerung nennt man Interferenz. Besitzen Wellen dieselbe Frequenz und durchlaufen zur selben Zeit dieselben Schwingungszustände, etwa einen „Wellenberg“, sind sie „in Phase“ und ihre Amplituden verstärken sich – man spricht von konstruktiver Interferenz. Sind sie hingegen exakt außer Phase, löschen sie sich gegenseitig (destruktive Interferenz).

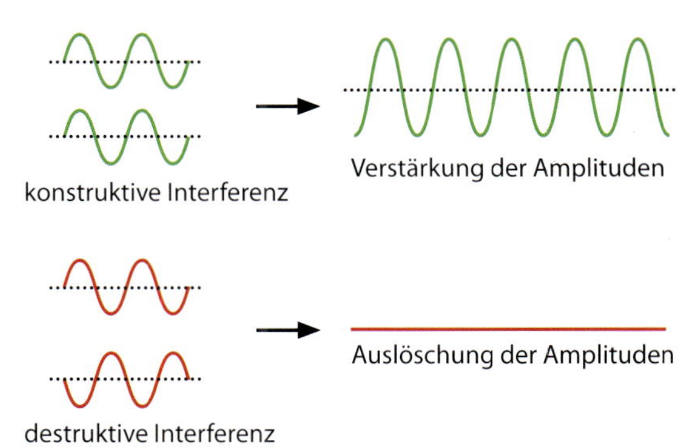

Elektromagnetismus

Seit den 1820er-Jahren ist bekannt, dass Elektrizität und Magnetismus zwei Aspekte eines Phänomens sind, des Elektromagnetismus. Er basiert auf jener Grundkraft der Physik, die die negativ geladenen Elektronen mit dem positiv geladenen Atomkern zusammenhält. Sie kann genutzt werden, um elektrischen Strom zu erzeugen, also einen Fluss von Elektronen oder anderen geladenen Teilchen. Elektrische Ströme fließen durch Materialien, die bewegliche Elektronen enthalten (Leiter). Materialien, denen diese Eigenschaft fehlt, sind Isolatoren, durch die kein Strom fließen kann. Fließt Strom durch einen Leiter, entsteht ein Magnetfeld, der Leiter wird zum Magneten.

Ohmsches Gesetz

Das Diagramm zeigt, wie nach dem Ohmschen Gesetz Stromstärke, Spannung, Widerstand und Leistung zueinander in Beziehung stehen und bei Kenntnis einzelner Komponenten entsprechend berechnet werden können.

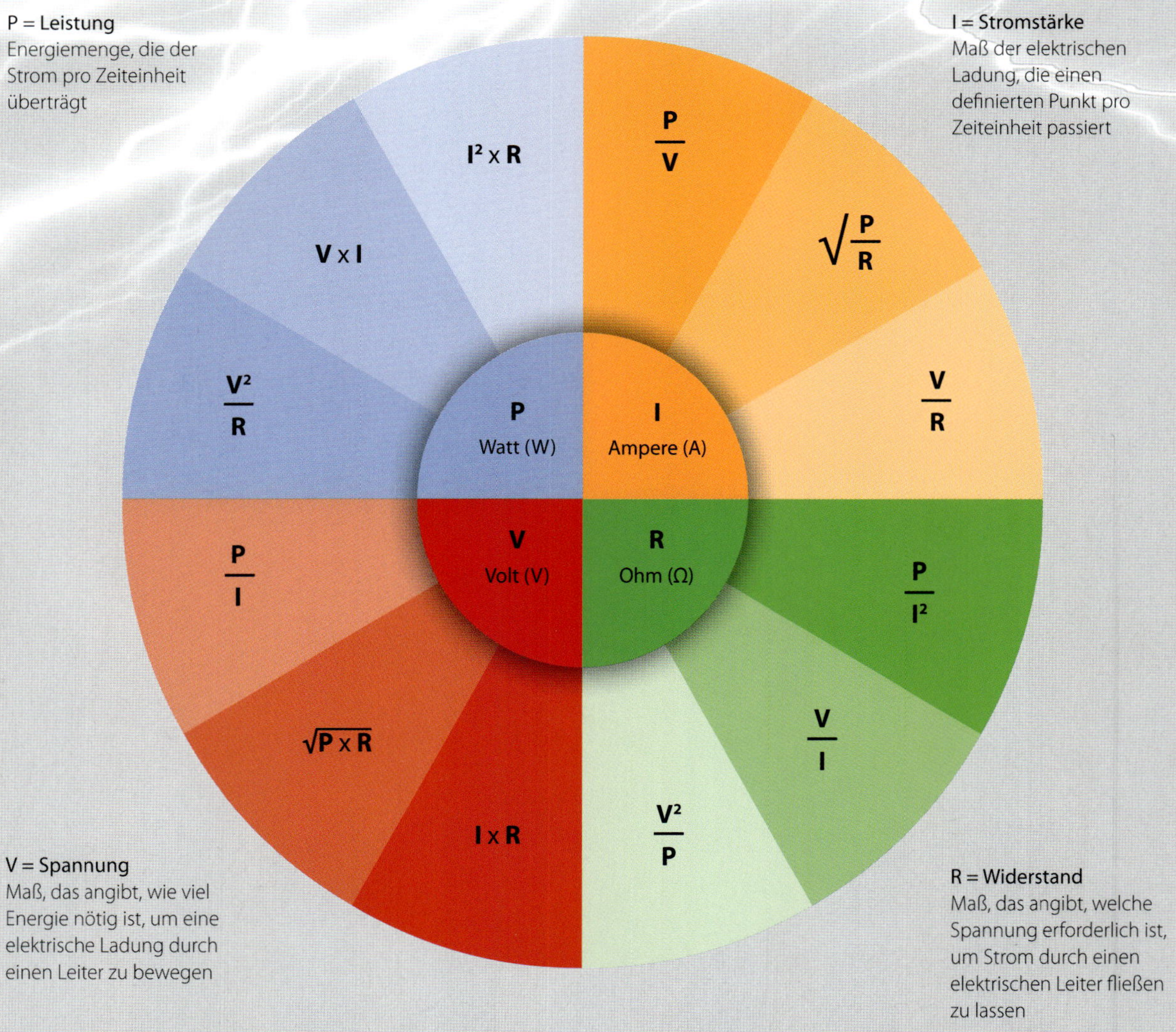

Das magnetische Feld

Ein Magnet ist umgeben von einem Kraftfeld, das man sich als aus Kraftlinien bestehend vorstellen kann. Die Kraftlinien verbinden die Pole des Magneten (Norden, N; Süden, S), wobei das Kraftfeld dort am stärksten ist, wo die Kraftlinien am dichtesten sind, eben an den Polen. Mit zunehmender Entfernung nimmt seine Stärke ab.

Wie bei elektrische Kräften gilt auch beim Magnetismus, dass sich Gegensätze anziehen. Der Nordpol eines Magneten zieht den Südpol eines anderen an, gleiche Pole stoßen einander ab. Diesen Aspekt veranschaulichen die Pfeile an den Kraftlinien; zeigen sie in dieselbe Richtung ziehen sie sich an – und umgekehrt.

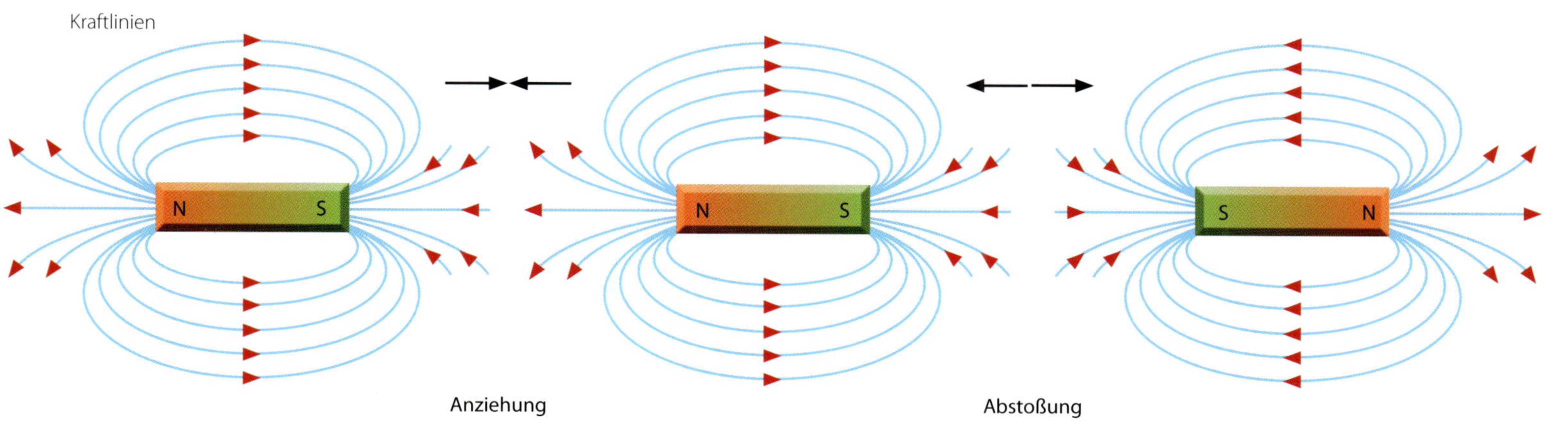

PHYSIKALISCHE FORMELN

Einheit	Beschreibung	Formel
Stromstärke	$\frac{\text{Spannung}}{\text{Widerstand}}$	$I = \frac{V}{R}$
Spannung	Stärke x Widerstand	$V = IR$
Widerstand	$\frac{\text{Spannung}}{\text{Stärke}}$	$R = \frac{V}{I}$
Leistung	$\frac{\text{Arbeit}}{\text{Zeit}}$	$P = \frac{W}{t}$
Zeit	$\frac{\text{Entfernung}}{\text{Geschwindigkeit}}$	$t = \frac{d}{v}$
Entfernung	Geschwindigkeit x Zeit	$d = vt$
Geschwindigkeit	$\frac{\text{Wegstrecke}}{\text{Zeit}}$	$v = \frac{s}{t}$
Beschleunigung	$\frac{\text{End-- Anfangsgeschw.}}{\text{Zeit}}$	$a = \frac{v_2 - v_1}{t}$

Einheit	Beschreibung	Formel
Kraft	Masse x Beschleunigung	$F = ma$
Impuls	Masse x Geschwindigkeit	$p = mv$
Druck	$\frac{\text{Kraft}}{\text{Fläche}}$	$P = \frac{F}{A}$
Dichte	$\frac{\text{Masse}}{\text{Volumen}}$	$\rho = \frac{m}{V}$
Volumen	$\frac{\text{Masse}}{\text{Dichte}}$	$V = \frac{m}{\rho}$
Masse	Volumen x Dichte	$m = V\rho$
kinet. Energie	1/2 Masse x Geschw. im Quadrat	$E_k = {}^1/_2 mv^2$
Gewicht	Masse x Schwerebeschleunigung	$Wt = mg$
Arbeit	in Wegrichtung wirkende Kraft x Weg	$W = Fs$

UNWÄGBARKEITEN

ENDE DES 19. JHS. GLAUBTEN VIELE PHYSIKER, DASS IHRE WISSENSCHAFT IMSTANDE SEI, DAS UNIVERSUM MEHR ODER WENIGER VOLLSTÄNDIG ZU ERKLÄREN – SIE IRRTEN. Heutige Physiker sind bescheidener, haben sie doch die vielen Unwägbarkeiten ihrer Forschung immer im Blick.

Menschliches Bewusstsein – ein Quantenphänomen?

Können Physiker Antworten geben, wo Ärzte, Biologen und Psychologen gescheitert sind? Das menschliche Gehirn hat Milliarden von Zellen mit Billionen von Verbindungen – aber noch ist es nicht in der Lage, sich selbst zu verstehen; mit der phylogenetischen Entwicklung des Menschen hat das Gehirn allerdings einen gewaltigen Entwicklungssprung gemacht, von einer zentralen Steuerungseinheit für den Körper hin zu einem reflexiven und zu abstraktem Denken befähigten Verstand. Zur Erklärung dieses Entwicklungsschubs wurden auch Phänomene aus der uns abstrus erscheinenden Welt der Quantenmechanik zu Rate gezogen, ist doch das menschliche Gehirn, im Unterschied zu heutigen Computern, in der Lage, jenseits der Grenzen zu schauen, die die Grundlagen seiner Arbeitsweisen bilden – was eben nur möglich sei, wenn, wie in der Quantenmechanik, ein Quäntchen Unsicherheit zum Tragen kommt. Eigentlich ist diese Theorie nicht viel mehr als ein origineller Gedanke, von Beweisen sind wir weit entfernt. Vielleicht werden Quantencomputer einst in der Lage sein, solche Probleme für uns zu lösen …

Schwerkraft auf der Quantenskala?

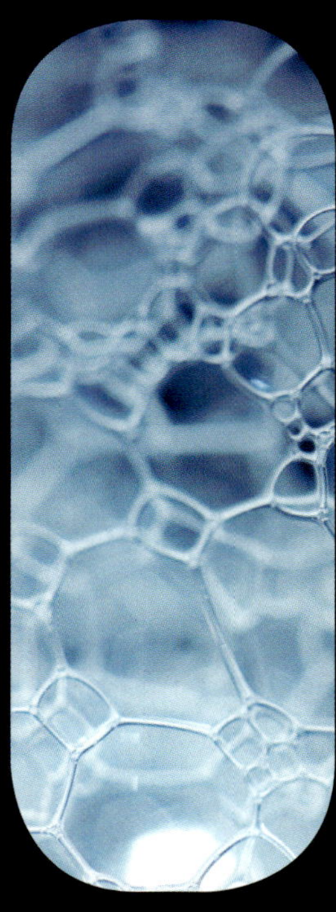

Die Natur von Raum und Zeit könnte so etwas wie ein Schaum sein.

Die Schwerkraft ist die räumlich unbegrenzt wirkende Anziehungskraft zwischen Massen. Die Allgemeine Relativitätstheorie zeigt, wie Massen den Raum und die Zeit krümmen; nach ihr lässt sich die Schwerkraft als Ergebnis dieser verzerrten Geometrie verstehen. Diese Theorie funktioniert gut für große Gegenstände, vom Apfel bis zu Galaxien. Aber wie lässt sich die Schwerkraft in ein Verhältnis setzen zu den am anderen Ende der Größenskala wirkenden Kräften? Auf subatomarer Ebene sind die Effekte der Schwerkraft zu schwach, um in Relation zu den anderen hier wirkenden Kräften beobachtet werden zu können. Eine „Theorie von Allem" müsste also die Schwerkraft in Begriffen der Quantenmechanik beschreiben. Ein möglicher Kandidat einer solchen Theorie ist die Schleifenquantengravitation. Vergleichbar der aus unteilbaren Einheiten, den Quarks, bestehenden Materie, beschreibt diese Theorie den Raum als quantenmechanisches Spin-Netzwerk im Bereich der Planck-Länge (ca. 10^{-35} m). Auf diesem Größenlevel ist die Raum-Zeit nicht durch Massen gekrümmt, was es erlaubt, auch der Schwerkraft ihren Platz in dem Theoriegebäude zuzuweisen. Die Effekte der Naturkräfte über die Zeit lassen aus dem Spin-Netzwerk etwas entstehen, das als eine Art Schaum beschrieben wird.

Was ist die „dunkle Strömung"?

Eine Reihe von Beobachtungen hat gezeigt, dass ein gewaltiger Strom von Galaxienhaufen, statt in alle Richtungen gleichmäßig, sich in nur eine Richtung zu bewegen scheint. Zudem bewegen sie sich schneller als erwartet. Diese „dunkle Strömung" ließe sich durch eine außerhalb des sichtbaren Universums liegende immense Ansammlung von Masse erklären – möglicherweise ein anderes Universum, das einst in den ersten „Blitzen" des Urknalls mit dem unseren verbunden war – anders ausgedrückt: die Raum-Zeit ist geneigt und ihre Inhalte schieben sich nach „unten". Die jüngste Momentaufnahme des Universums durch die Planck-Satelliten der Europäischen Weltraumorganisation deuten darauf hin, dass die Strömung das Resultat fehlerhafter früherer Messungen ist. Noch ist die Frage nicht endgültig beantwortet.

Verläuft die Zeit nur eine Richtung?

Das Vergehen der Zeit lässt sich am besten als Zunahme der Entrope beschreiben. Als Maß der Unordnung nimmt die Entropie des Universums seit jeher zu. Dieses Phänomen fasst der zweite Hauptsatz der Thermodynamik zusammen (thermische Energie ist nicht beliebig in andere Energieformen umwandelbar) – anders ausgedrückt: als Ganzes gesehen wird die Materie im Universum immer kälter, ungeordneter und weiter verteilt. Dieser Prozess verläuft nicht in umgekehrter Richtung, die Pfeil der Zeit zeigt immer nur in eine Richtung. Beim radioaktiven Zerfall scheinen die beteiligten Teilchen, zumindest für eine Weile, die andere Zeitrichtung zu nehmen. Ist all dies Teil der allgemeinen Thermodynamik oder gibt es einen Weg, die Zeit zurückzudrehen?

UNWÄGBARKEITEN

Ist die Dunkle Energie eine Illusion?

Seit 1998 gibt es ein neues Rätsel in der Physik: die dunkle Energie, eine geheimnisvolle Kraft, die dafür verantwortlich gemacht wird, dass sich die Expansion des Universums beschleunigt. Ist die immer schnellere Expansion des Universums nur eine Illusion? Man geht bei dieser Expansion davon aus, dass das Universum homogen ist und sich in alle Richtungen gleichmäßig ausdehnt. Was aber, wenn seine Strukturen komplexer sind, mit sich unterschiedlich schnell ausdehnenden „Beulen" und „Blasen"? Wenn es sich bei dem Ort, von dem aus wir das Universum beobachten, um einen sich besonders schnell expandierenden Bereich handelte, sähe es für uns so aus, als gelte dies für das gesamte Universum. Es kann also durchaus sein, dass sich die Expansion verlangsamt, so wie von der Urknall-Theorie ursprünglich vorhergesagt – die dunkle Energie wäre dann obsolet.

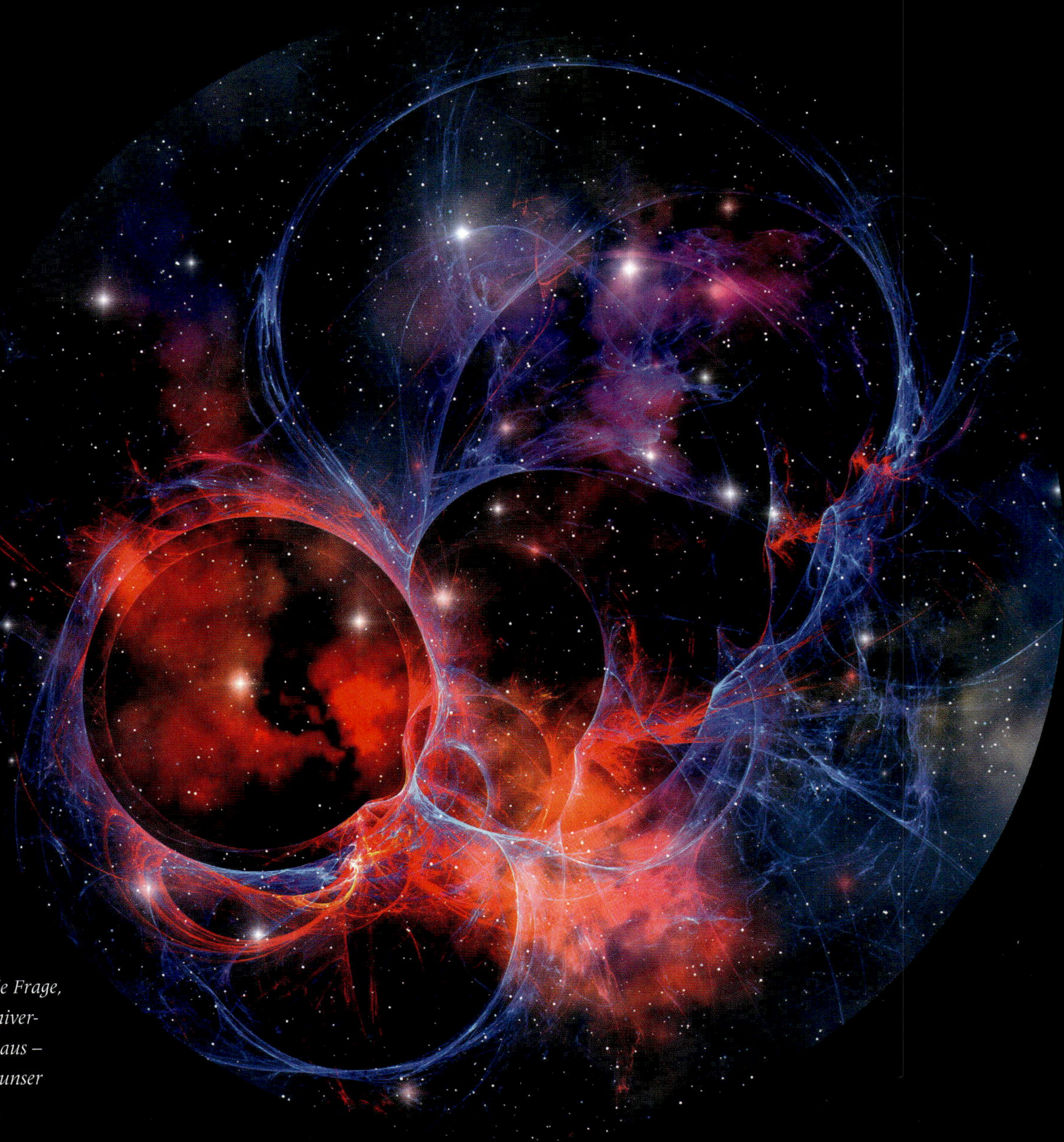

Eine Antwort auf die Frage, welche Form das Universum hat, steht noch aus – es könnte sein, dass unser Bild völlig falsch ist.

Ein Universum ohne Leben?

Die im Universum geltenden Naturgesetze sind exakt so, dass Leben entstehen konnte; bereits kleinste Veränderungen hätten die Entstehung von stabilen Sternen, Planeten und komplexen Lebensformen unmöglich gemacht. So ist die elektromagnetische Kraft 1039 mal stärker als die Schwerkraft. Das Zusammenwirken dieser beiden Kräfte (und anderer) ließ Sterne entstehen, die ihre Energie so langsam abgeben, dass sich stabile Planetensystemen bilden konnten; schließlich veränderten sich die Verhältnisse auf unserem Planeten derart, dass Leben möglich wurde. (Die neuesten Schätzungen besagen, dass es im Universum mehr Planeten als Sterne gibt!) Wären die Verhältnisse zwischen den Naturkräften anders, hätten sich nicht einmal Sterne bilden können, oder aber diese würden so schnell „verbrennen“, dass sich Metalle nicht in ausreichendem Maße gebildet hätten – Voraussetzung für Leben, wie wir es kennen.

Es stellt sich also die Frage, ob das Universum so ist, wie wir es beobachten, weil es so sein muss, damit wir existieren und es beobachten können. Anders gefragt: Könnte es Universen geben, deren Naturgesetze Leben unmöglich machten? Aus der Sicht der Quantenphysik ist die Antwort Nein. Ohne Beobachter wäre ein solches Universum lediglich ein Schaum unrealisierbarer Möglichkeiten, der nichts Reales enthielte …

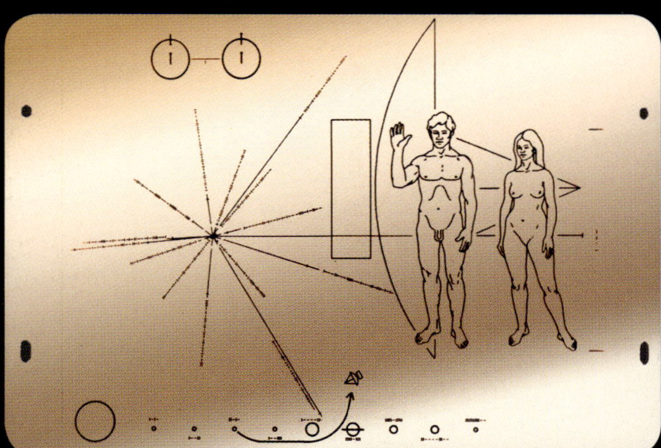

Von der NASA in den Weltraum geschickte „Visitenkarte“ des Menschen; könnte es sich auch um die „Geburtsurkunde“ des Universums handeln?

Ist der Raum erfüllt von Neutrinos?

Eine der Theorien über die dunkle Materie, die einen Großteil des Universums ausmachen soll, besagt, dass sie aus WIMPS besteht, Weakly Interacting Massive Particles, also schwach wechselwirkende massereiche Teilchen. Die meisten Kräfte der Natur würden auf diese theoretisch geforderten WIMPS nicht einwirken, sie könnten demnach überall um uns herum vorhanden sein, ohne irgendwelche Spuren zu hinterlassen. Infrage kämen die gleichsam sterilen Neutrinos, winzige Teilchen, die lediglich von der schwächsten Naturkraft, der Schwerkraft, beeinflusst werden. Die Schwerkraft ist proportional zur Masse eines Objekts; da man davon ausgeht, dass die Masse der Neutrinos bei einem Hunderttausendstel der Elektronenmasse liegt, wirkt auch die Schwerkraft kaum auf die „sterilen“ Neutrinos. Könnte es sein, dass das Universum von diesen Teilchen überschwemmt ist? Eine Reihe neuer Detektoren nehmen sie in den Blick …

Die großen Physiker

ZU DEN GRÖSSTEN PHYSIKERN ZÄHLEN DIE, DIE ES GESCHAFFT HABEN, ETWAS ÜBER DIE GRUNDLAGEN DES UNIVERSUMS HERAUSZUTÜFTELN. Oft fand diese Suche in den Köpfen so großartiger Theoretiker wie Einstein, Newton und Feynman statt; andere gewannen ihre Erkenntnisse auf handfestere Art – z. B. Henry Cavendish, der das Gewicht der Erde in einem Schuppen wog, Ernest Rutherford, der mithilfe von Goldfolie den Atomkern entdeckte, oder Enrico Fermi, der auf einem Basketballplatz ein Atom spaltete. Hier nun blicken wir auf das Leben hinter den Experimenten und Entdeckungen. Die Chronologie zeigt auch, welche großen Physiker zur selben Zeit am Werk waren.

Thales von Milet

Geboren	um 624 v. CHR.
Geburtsort	Milet (heute Westtürkei)
Gestorben	um 547–546 v. CHR
Bedeutung	gilt als „Vater der Wissenschaft“

Über Thales‘ Leben gibt es keinerlei Aufzeichnungen. Er soll von einem ägyptischen Priester unterrichtet worden sein und manche Berichte sagen, er habe eine Zeitlang in Athen gelebt. Das Sicherste, das wir von seiner Existenz wissen, ist: In dem Jahr, in dem die Lydier mit den Medern im Krieg lagen, sagte er eine Sonnenfinsternis voraus. Der entscheidende Kampf zwischen den benachbarten Königreichen wurde 585 v. Chr. am Fluss Halys ausgetragen und endete, als „der Tag zur Nacht wurde“, d. h. während einer Sonnenfinsternis. Diese, so wird gesagt, hatte Thales vorausgesehen; sie galt als Omen dafür, die Kämpfe zu beenden.

Demokrit

Geboren	um 460 v. CHR.
Geburtsort	Abdera (Nordgriechenland)
Gestorben	um 370 v. CHR.
Bedeutung	entwickelte die Atomtheorie

Demokrit wurde im nordgriechischen Abdera geboren, eine in der griechischen Antike sehr bedeutende Stadt. Er soll weit gereist sein und sein Werk wurde von den Lehren ägyptischer Mathematiker, persischer Priester und babylonischer Astronomen beeinflusst. Einer Legende nach beraubte er sich eigenhändig der Sehkraft, um klarer denken zu können. Er hatte offenbar eine humorvolle Art, denn kritischen Kollegen antwortete er oft mit einem Scherz. Nicht alle aber mochten ihn: Platon wollte gar alle seine Werke verbrennen lassen – was ihm glücklicherweise nicht gelang.

Aristoteles

Geboren	384 v. CHR.
Geburtsort	Stageira (Nordgriechenland)
Gestorben	322 v. CHR
Bedeutung	Schlüsselfigur der westl. Wissenschaften

Aristoteles stammt aus der Aristokratie Mazedoniens; als Sohn eines Arztes am Königshof erhielt er seine Bildung in Platons Akademie in Athen. Die Geschichte zeigt, dass er seinen Lehrer noch übertrumpfte und zum einflussreichsten aller griechischen Philosophen wurde. Seine Erkenntnisse in den Bereichen Physik, Astronomie, Biologie und Logik gehörten in Europa und Asien zum Wissenskanon. Er hat sich vielfach geirrt; aber erst mit der Infragestellung aristotelischer Weisheiten begann die moderne Physik.

Archimedes

Geboren	um 290–280 v. Chr.
Geburtsort	Syrakus, Sizilien
Gestorben	212–211 v. Chr
Bedeutung	entdeckte das Prinzip des Auftriebs

Neben der Entdeckung des sogenannten archimedischen Prinzips (vom Auftrieb) und seinen Arbeiten zur Mathematik wurde er durch seine Erfindungen berühmt. Seine Wurfmaschinen zur Verteidigung seiner Heimatstadt vor den Römern sind Legende. Seine „Kralle“ soll Schiffe versenkt, sein „Brennspiegel“ sie in Brand gesetzt haben. Als die Römer Syrakus schließlich eroberten, zeigte er sich ungerührt und blieb derart konzentriert auf ein mathematisches Problem, dass er den Befehl eines streitsüchtigen römischen Soldaten ignorierte – der ihn daraufhin erschlug.

Al-Biruni

Geboren	973
Geburtsort	Kath, Usbekistan
Gestorben	1048
Bedeutung	Erkenntnisse zur Mechanik

Viele islamische Gelehrte bauten ihre Werke auf Erkenntnissen der klassischen Griechen auf. Al-Biruni sprach sieben Sprachen, lebte lange am östlichen Rand der islamischen Welt (heute Afghanistan) und ließ sich auch von indischen Wissenschaftlern inspirieren. Seine Beiträge zur Physik entwickelten die Mechanik und Hydrodynamik (die Bewegung von Flüssigkeiten) weiter. Aber auch seine Berechnung des Erdumfangs wurde berühmt, die er mithilfe des vorgestellten Dreiecks aus einer Bergspitze (im heutigen Pakistan), dem Horizont und dem Zentrum der Erde anstellte.

Alhazen

Geboren	um 965
Geburtsort	Basra, Irak
Gestorben	um 1040
Bedeutung	Begründer der Optik

Im Europa des Mittelalters kannte man den wohl bedeutendsten Wissenschaftler des goldenen Zeitalters des Islam nur unter dem Namen „der Physiker“. Im 10. Jahrhundert galt seine Heimatstadt Basra als kulturelles Zentrum; Alhazen aber wurde im Haus der Weisheit in Bagdad, der führenden Akademie der Zeit, ausgebildet. Er war allerdings nicht nur weise: Vor seinem Fortgang nach Kairo soll er sich gerühmt haben, er könne den Nil beherrschen; diese Prahlerei sollte ihm just in diesem Fluss das Leben kosten.

Averroës

Geboren	1126
Geburtsort	Córdoba
Gestorben	1198
Bedeutung	entwickelte eine frühe Theorie der Trägheit

Zu Lebzeiten war Al Andalus, das Kalifat im Gebiet des heutigen Spanien und Portugal, der mächtigste Ort der islamischen Welt. Averroës kam dort als Sohn des obersten Richters zur Welt. Wie die meisten Gelehrten arbeitete er nicht nur im Bereich der Physik, sondern hinterließ auch bedeutende medizinische und astronomische Erkenntnisse. Seinen größten Einfluss aber hatte er in der Philosophie. Dort suchte Ibn Ruschd (wie er auch genannt wird) die religiöse Wahrheit mit der kritischen Philosophie zu verbinden – ein bis heute radikaler Gedanke.

Galileo Galilei

Geboren	15.02.1564
Geburtsort	Pisa
Gestorben	08.01.1642
Bedeutung	formulierte die Fall- und Pendelgesetze

Viele kennen den berühmten Wissenschaftler nur unter seinem Vornamen. Der Sohn eines Musikers wurde zwar Wissenschaftler, war aber immer auch auf der Suche nach einem einträglichen Geschäft (seine Familie hatte häufig Geldprobleme); das von ihm entwickelte Teleskop wurde ein solches. Die Beschreibungen des Universums, die er mithilfe seines Instruments machte, brachten ihn jedoch in Konflikt mit der Kirche. Um dem Gefängnis zu entgehen, sah er sich gezwungen, seine Erkenntnisse zu widerrufen.

Robert Hooke

Geboren	18.07.1635
Geburtsort	Isle of Wight
Gestorben	14.03.1703
Bedeutung	entwickelte das Hookesche Gesetz

Hooke war ein bedeutender englischer Wissenschaftler des 17. Jahrhunderts und in den 1660er-Jahren Mitbegründer der Royal Society of London (neben Edmund Halley und Christopher Wren). So wurde er Zeuge der mächtigen Fortschritte im Zuge der wissenschaftlichen Revolution – wie der Gasuntersuchungen Robert Boyles, Newtons Entdeckung der Schwerkraft und Huygens' Einsatz eines Pendels zur Messung der Zeit. Außerdem war Hooke einer der ersten Wissenschaftler, die zur Untersuchung biologischer Arten ein Mikroskop einsetzten. So konnte er in Pflanzenfasern winzige Einschlüsse beobachten, die er mit den Zimmern von Mönchen verglich und daher „Zellen" nannte.

Robert Boyle

Geboren	04.02.1627
Geburtsort	Lismore, Irland
Gestorben	10.01.1692
Bedeutung	entdeckte das erste Gasgesetz

In seinem Buch *Der skeptische Chemiker* unternahm Boyle den Versuch, das Studium der Elemente auf eine wissenschaftliche Basis zu stellen und den mystischen Hokuspokus der Alchemie anzuzweifeln. Neben seinen wissenschaftlichen Studien war er aber auch ein Mann Gottes und investierte sein Vermögen in die britische Ostindiengesellschaft zur Verbreitung des Christentums. In seinem letzten Willen bestimmte er eine Summe zur Unterstützung von Vorträgen über das neue religiöse Denken. Bis heute werden Vorträge hierzu gehalten.

Isaac Newton

Geboren	04.01.1643
Geburtsort	Woolsthorpe-by-Colsterworth, Großbritannien
Gestorben	31.03.1727
Bedeutung	Gravitationsgesetz, Bewegungsgesetze

Neben seinen Arbeiten zur Optik und zur Bewegung ist es vor allem Newtons Infinitesimalrechnung, die es ermöglichte, bei den Betrachtungen der Natur die Mathematik einzubeziehen. Als Kind verlor Newton früh seinen Vater und wurde von seiner Mutter abgelehnt; als Erwachsener war er egoistisch, nachtragend und ein Geheimniskrämer. Seine Entdeckungen veröffentlichte er manchmal erst Jahrzehnte später. Den Großteil seiner Werke verfasste er wohl auf dem Familiensitz in Lincolnshire; dorthin hatte er sich vor der in den Städten wütenden Pest zurückgezogen.

Benjamin Franklin

Geboren	17.01.1706
Geburtsort	Boston, USA
Gestorben	17.04.1790
Bedeutung	Konzept positiver und negativer Ladung

Bevor er einer der Gründerväter der Vereinigten Staaten wurde und seine Karriere als Botschafter und Politiker begann, war Franklin ein begeisterter Erfinder. Am bekanntesten wurden seine Arbeiten zur Elektrizität – und er hatte großes Glück, dass er sein berühmtes Drachenexperiment überlebte; wenigstens einer der Wissenschaftler, die es ihm nachtaten, starb durch Stromschlag. Aber Franklin interessierte sich auch für die Meteorologie und die Thermodynamik (insbesondere für den Kühlungseffekt durch Verdampfung). Und er erfand die Glasharmonika.

Henry Cavendish

Geboren	10.10.1731
Geburtsort	Nizza
Gestorben	24.02.1810
Bedeutung	ermittelte die Gravitationskonstante

Cavendish kam in einer adeligen Wissenschaftsfamilie zur Welt. Sein Vater war Mitglied der Royal Society of London und sein Sohn folgte ihm alsbald. Ein späterer Cousin stattete die Universität Cambridge mit dem Cavendish-Laboratorium aus – bis heute ein bedeutendes Forschungszentrum. Cavendish lebte zurückgezogen und arbeitete in seinem Labor, wo er in den 1760er-Jahren den Wasserstoff entdeckte. Seinen Bediensteten hinterließ er regelmäßig Notizen. An den Essen der Royal Society nahm er meistens teil, auch wenn er nur selten dort sprach. Daher wurden viele seiner Entdeckungen erst posthum bekannt.

Joseph Black

Geboren	16.04.1728
Geburtsort	Bordeaux
Gestorben	06.12.1799
Bedeutung	Entdecker der latenten Hitze

Der Sohn eines Weinhändlers studierte Medizin, lernte aber schon als Junge die natürlichen und künstlichen chemischen Prozesse bei der Weinherstellung kennen. Das Interesse an Chemie begleitete ihn sein Leben lang und führte ihn in den 1750er-Jahren zur Entdeckung der sogenannten „fixen Luft" (Kohlenstoffoxid). Damit war ein erster Schritt zum wissenschaftlichen Verständnis der Elemente getan. Black traf sich regelmäßig mit anderen schottischen Intellektuellen seiner Zeit – darunter dem Ökonomen Adam Smith, dem Philosophen David Hume und dem Ingenieur James Watt.

Alessandro Volta

Geboren	18.02.1745
Geburtsort	Como, Italien
Gestorben	05.03.1827
Bedeutung	entwickelte die Voltasche Säule (Batterie)

Volta arbeitete zunächst mit einem Elektrophor, einem scheibenförmigen elektrostatischen Generator, den er weiterentwickelte und bekannt machte. Dann wandte er sich der Chemie zu, die im späten 18. Jh. spannender war als die Physik, und begann alsbald, die beiden Gebiete zu verbinden. Er formulierte das Kapazitätsgesetz, nach dem die Ladung und das Potenzial eines elektrisch geladenen Objekts sich proportional zueinander verhalten. Kurz nachdem Napoleon Italien annektierte, entwickelte Volta seine Batterie; er durfte sie ihm persönlich vorführen und wurde später dafür in den Grafenstand erhoben.

John Dalton

Geboren	06.09.1766
Geburtsort	Eaglesfield, Großbritannien
Gestorben	27.07.1844
Bedeutung	entwickelte die moderne Atomtheorie

Als Quäker blieben John Dalton die englischen Universitäten verschlossen; deshalb erhielt er Privatunterricht – und zwar von John Gough, einem Naturphilosophen aus Manchester (der auch William Whewell, den Mann, der erstmals den englischen Begriff für „Wissenschaftler", *scientist,* verwenden sollte, unterrichtete). Dalton lebte bescheiden in Manchester, auch nachdem er in die Royal Society of London gewählt worden war. Die atomare Maßeinheit (Da) wurde nach ihm benannt. Ein Da entspricht in etwa der Masse eines Wasserstoffatoms.

Joseph Henry

Geboren	17.12.1797
Geburtsort	Albany, USA
Gestorben	13.05.1878
Bedeutung	Entdecker der elektromagnetischen Induktion

Historisch gesehen entdeckte Henry die Induktion als Erster; doch etwa zeitgleich beschrieb in Großbritannien Michael Faraday das Phänomen – und er gilt heute als ihr Entdecker. Henrys Arbeiten an elektromagnetischen Geräten führten Ende der 1830er-Jahre zur Entwicklung des Telegrafen; zudem erfand er die elektrische Türklingel: einen einfachen Mechanismus, der heute überall auf der Welt genutzt wird. Darüber hinaus gründete Henry das US-amerikanische Institut zur Förderung der Naturwissenschaften, das 1846 in das Smithonian Institute integriert wurde und dessen erster Sekretär Henry war.

Michael Faraday

Geboren	22.09.1791
Geburtsort	London, Großbritannien
Gestorben	25.08.1867
Bedeutung	Entdecker der elektromagnetischen Induktion

Faraday wuchs in ärmlichen Verhältnissen auf und lernte zunächst die Buchbinderei. Als er an der Londoner Royal Institution den Chemiker Humphrey Davy hörte und ihm seine Notizen vorlegte, holte dieser ihn als Assistent an das wissenschaftliche Institut. Faradays zahlreiche Forschungen und Experimente führten schließlich zum Konflikt mit seinem mächtigen Mentor; dies war womöglich einer der Gründe für die Depression, die Faraday im mittleren Alter heimsuchte. Später wurde er von den Briten hoch geachtet, führte aber nur noch wenige Experimente durch.

James Prescott Joule

Geboren	24.12.1818
Geburtsort	Salford, Großbritannien
Gestorben	11.10.1889
Bedeutung	Zusammenhang v. Wärme u. mechan. Energie

James Joule übernahm zunächst mit einem Bruder die Brauerei seines Vaters; 1837 richtete er sich ein chemisches Labor ein. Wissenschaft war Joules Hobby – und er schätzte sich glücklich, im nahegelegenen Manchester von John Dalton unterrichtet zu werden. Als er darüber nachdachte, die Effektivität der Dampfmaschinen der Brauerei mit Elektromotoren zu verbessern, entstand aus dem Hobby ein Beruf; Joule suchte nach einem Weg, die Arbeiten beider Systeme zu verbinden. Auf Joules Grabstein findet sich die Zahl 772,55: sein Maß für das mechanische Äquivalent von Wärme.

Lord Kelvin

Geboren	26.06.1824
Geburtsort	Belfast
Gestorben	17.12.1907
Bedeutung	berechnete den absoluten Nullpunkt

Lord Kelvin wurde als William Thomson und Sohn eines Mathematikprofessors geboren. Er besuchte die Schule der Universität in Glasgow, und das erklärt, warum er sich schon früh für Physik interessierte. Neben seinen Arbeiten zur Thermodynamik – denen er 1892 die Ernennung zum 1. Baron Kelvin verdankte – widmete er sich Fragen der Telegrafie und der physikalischen Berechnung. Zudem war er an der Verlegung der ersten Tiefseetelegrafenkabel beteiligt und erfand einen analogen Computer zur Berechnung der Gezeiten, der bis in die 1970er-Jahre hinein in Gebrauch war.

Nikola Tesla

Geboren	10.07.1856
Geburtsort	Smiljan, Kroatien
Gestorben	07.01.1943
Bedeutung	entwickelte elektrische Systeme

In seiner Heimat gilt der Serbe Tesla als Held; das offizielle Tesla-Museum befindet sich daher in Belgrad (Serbien). Geboren wurde er in Kroatien und bis heute gibt es dort nur wenige Städte ohne eine Tesla-Straße. Den größten Teil seines Erwachsenenlebens verbrachte er in den USA. Eigentlich sollte er Priester werden, doch als Nikola an der Cholera erkrankte, versprach sein Vater, dem Wunsch, Ingenieurwesen zu studieren, nachzugeben. Später ging Tesla in die USA, arbeitete für Thomas Edison und dessen Rivalen George Westinghouse und half beiden bei der Entwicklung von Elektrotechnologien.

Wilhelm Röntgen

Geboren	March 27, 1845
Geburtsort	Lennep, Deutschland
Gestorben	10.02.1923
Bedeutung	entdeckte die nach ihm benannte Strahlung

Der Physiker selbst nannte seine Entdeckung „X-Strahlen" (daher der englische Begriff *x ray*) und meldete für sein Bildgebungsverfahren auch kein Patent an, sondern begnügte sich mit einem Professorengehalt. Als Röntgen 1901 als erster Physiker den Nobelpreis erhielt, gab er das Preisgeld weiter; mag sein, dass er das später, als er Bankrott ging, bereute. Röntgen starb an einer Magenkrebserkrankung, die möglicherweise dadurch verursacht wurde, dass er sich über lange Zeit seines Lebens den gefährlichen Strahlen ausgesetzt hatte.

Joseph John Thomson

Geboren	18.12.1856
Geburtsort	Manchester
Gestorben	30.08.1940
Bedeutung	Entdecker des Elektrons

Der Begründer der Teilchenphysik entdeckte, dass Atome keine unteilbaren Teilchen sind, sondern sich aus noch kleineren Partikeln zusammensetzen. Der exzellente Schüler sollte zunächst eine Ausbildung als Dampfmaschinenmechaniker absolvieren; doch bereits als 17-Jähriger wurde er als Mathematik- und Physikstudent am berühmten Trinity College in Cambridge zugelassen – dem er seit 1884 als Physikprofessor treu blieb. Er selbst erhielt 1906, sein Sohn George 1937 den Nobelpreis für Physik; war der Vater der Entdecker des Elektron, so erforschte der Sohn dessen Wellen-Partikel-Dualität.

Heinrich Hertz

Geboren	22.02.1857
Geburtsort	Hamburg
Gestorben	01.01.1894
Bedeutung	Entdecker der Radiowellen

Heinrich Hertz wurde nur 36 Jahre alt (er starb an einer Autoimmunschwäche); doch in diesem kurzen Leben sollte es ihm gelingen, die in allen naturwissenschaftlichen Bereichen, nicht nur in der Physik, grundlegende Einheit der Frequenz nach ihm zu benennen. Seine Entwicklung des Elektrodenabstandssenders war nicht nur bedeutsam für die Radiotechnologie, sondern auch für die Entwicklung des Fernsehens und kabelloser Geräte. Hertz entdeckte auch den fotoelektrischen Effekt, der sich als Sprungbrett für die Quantenphysik erweisen sollte.

Marie und Pierre Curie

Geboren	07.11.1867 (Marie); 15.05.1859 (Pierre)
Geburtsort (Marie)	Warschau (Marie);
Gestorben	04.07.1934 (Marie); 19.04.1906 (Pierre)
Bedeutung	Pioniere bei der Entdeckung der Radioaktivität

Marie Curie kam im russischen Kaiserreich zur Welt, wo sie ihre polnische Muttersprache nicht sprechen durfte, und ging, da Frauen dort nicht zum Studium zugelassen wurden, nach Paris. Hier studierte sie Physik und Chemie an der Sorbonne und traf ihren zukünftigen Ehemann Pierre. Zusammen entdeckten sie die chemischen Elemente Polonium und Radium. Pierre starb bei einem Verkehrsunfall und Marie übernahm seinen Lehrstuhl an der Universität – und wurde so Frankreichs erste Physikprofessorin.

Max Planck

Geboren	23.04.1858
Geburtsort	Kiel
Gestorben	04.10.1947
Bedeutung	Begründer der Quantenphysik

Wie Galileo hätte auch Max Planck Musiker werden können, entschied sich jedoch für die Wissenschaft – auch wenn er Kollegen immer wieder mit eigenen Kompositionen unterhielt. Plancks Münchner Professor, Philipp von Jolly, kritisierte seine Berufswahl mit dem Argument, die Physik sei am Sterben: „Beinahe alles ist entdeckt; was bleibt, ist, einige wenige Lücken zu schließen." Planck sollte ihn eines Besseren belehren, auch wenn dafür mehr als 20 Jahre harte Arbeit nötig waren. Seine erste Frau und beide Töchter starben früh; sein Sohn Erwin wurde nach einem versuchten Attentat auf Hitler hingerichtet.

Ernest Rutherford

Geboren	30.08.1871
Geburtsort	Spring Grove, Neuseeland
Gestorben	19.10.1937
Bedeutung	Entdecker des Atomkerns

Der Neuseeländer begann seine wissenschaftliche Laufbahn in Kanada; seine wichtigsten Arbeiten entstanden indes in Manchester und Cambridge (Großbritannien). Sein Name (er wurde später der 1. Baron Rutherford of Nelson) ist eng mit der frühen Geschichte der Atomphysik verbunden: Chadwick, Geiger, Bohr und Hahn – sie alle arbeiteten unter ihm und ließen sich bei ihren Entdeckungen vielfach von seinen Theorien leiten. Rutherford wurde in Londons Westminster Abbey beigesetzt, neben Isaac Newton. 1997 wurde ihm zu Ehren das Element 104 in Rutherfordium (Rf) umbenannt.

Lise Meitner

Geboren	07.11.1878
Geburtsort	Wien
Gestorben	27.10.1968
Bedeutung	gehört zu den Entdeckern der Kernspaltung

Auch wenn der Nobelpreis für die Entdeckung der Kernspaltung an ihren Kollegen Otto Hahn ging, hinterließ Lise Meitner in der Wissenschaftsgeschichte deutliche Spuren. Denn es war ihre Arbeit mit Hahn, die die gewaltige Zerstörungskraft der Kernspaltung offenbarte und zum sogenannten Manhattan-Projekt zur Entwicklung von Atomwaffen führte. Meitner stammte aus einer jüdischen Familie und musste vor den Nazis fliehen. Sie lebte jahrelang in Schweden und verbrachte ihren Lebensabend in Cambridge. 1997 wurde ihr zu Ehren das Element 109 in Meitnerium umbenannt.

Niels Bohr

Geboren	07.10.1885
Geburtsort	Kopenhagen
Gestorben	18.11.1962
Bedeutung	quantenmechanisches Atommodell

Einer von Bohrs ersten Posten war der des Torhüters in einem Kopenhagener Fußballklub. Genauso energisch ging er seine Wissenschaftskarriere an. Auf der Basis der Quantenmechanik modifizierte er noch vor seinem 28. Geburtstag das Atommodell. Mit 36 war er Direktor seines eigenen Instituts für Physik in Kopenhagen. Sein Engagement im Zweiten Weltkrieg mündete in die massenhafte Rettung dänischer Juden. Nach dem Krieg half er bei der Gründung der Internationalen Atomenergie-Organisation zur Überwachung der Atomtechnologie.

Albert Einstein

Geboren	14.03.1879
Geburtsort	Ulm
Gestorben	18.04.1955
Bedeutung	formulierte die Relativitätstheorie

Einstein, so sagt man, war ein mittelmäßiger Schüler. Doch schon früh widmete er sich eigenen Untersuchungen. Als Teenager blieb er in München, um die Schule zu beenden, während die Eltern nach Italien gingen. Er war äußerst talentiert, doch seine Zeugnisse blieben weit hinter seinen Möglichkeiten zurück. 1902 erhielt er schließlich eine feste Anstellung am Patentamt im schweizerischen Bern. Der relativ anspruchslose Job ließ ihm alle Zeit, um an den Theorien zu arbeiten, die ihn an die Spitze der physikalischen Forschung seiner Zeit befördern sollten.

Georges Lemaître

Geboren	17.07.1894
Geburtsort	Charleroi, Belgien
Gestorben	20.06.1966
Bedeutung	gilt als Begründer der Urknalltheorie

Lemaître ist eine außergewöhnliche Persönlichkeit in der Ruhmeshalle der Physik, denn noch während seines Mathematik- und Physikstudiums bereitete er sich auf das Amt eines katholischen Priesters vor. Mehr noch: Lemaître war ein früher Verfechter der Theorie des expandierenden Universums und des Urknalls, „des urzeitlichen Atoms“, wie er es nannte. Mit seiner intuitiven Theorie eilte er seiner Zeit voraus und es dauerte Jahrzehnte, bis entsprechende Nachweise erfolgten. 2005 wurde er in einer Fernsehumfrage zu einem der „großen Belgier“ gekürt.

Enrico Fermi

Geboren	20.09.1901
Geburtsort	Rom
Gestorben	28.11.1954
Bedeutung	erste kontrollierte Kernspaltungskettenreaktion

Fermis wissenschaftliches Können erwuchs aus einer Tragödie: Sein Bruder starb früh, und Enricos Studium diente nicht zuletzt der Bewältigung seiner Trauer um ihn. Mit 24 wurde er Italiens erster Professor für Atomphysik. Im Laufe nur eines Jahrzehnts öffnete er das Tor zur unbegrenzten Atommacht. 1938 nahm er in Stockholm den Nobelpreis entgegen, kehrte aber nicht nach Rom zurück. Fermi war Jude und beschloss, seine Arbeiten zur Kernspaltung in den USA fortzusetzen. Wie viele seiner Kollegen starb er – in Unkenntnis der Gefahren der Radioaktivität – an einer Krebserkrankung.

Paul Dirac

Geboren	08.08.1902
Geburtsort	Bristol, Großbritannien
Gestorben	20.10.1984
Bedeutung	sagte die Existenz der Antimaterie voraus

Dirac wuchs unter den Entbehrungen der Kriegs- und Nachkriegszeit auf und fand nicht die Mittel für einen Studienplatz in Cambridge. Also machte er zunächst in seiner Heimatstadt Bristol einen Abschluss als Ingenieur und Mathematiker. Schließlich erhielt er ein Stipendium, ging nach Cambridge und entwickelte in nur fünf Jahren die „Dirac-Gleichung"; sie öffnete ihm die Tore zur Quantenphysik. Die Bedeutung seiner Erkenntnisse wird bisweilen mit der von Einsteins Relativitätstheorie verglichen.

Werner Heisenberg

Geboren	05.12.1901
Geburtsort	Würzburg
Gestorben	01.02.1976
Bedeutung	Unschärferelation der Quantenmechanik

Heisenbergs Unschärferelation gehört zu den Grundlagen der Quantenmechanik. Der bedeutende und umstrittene Physiker beteiligte sich an der Umsetzung des Uranprojekts (einer Naziversion des US-amerikanischen Manhattan-Projekts). Nazideutschland hatte wohl nicht genügend Ressourcen, um rechtzeitig Atomwaffen zu entwickeln; manche sagen indes, Heisenberg habe absichtlich Fehler gemacht, um den Entwicklungsprozess zu behindern. Nach dem Krieg arbeitete er an der Entwicklung friedlicher Atomtechnologie und leitete das Max-Planck-Institut für Physik.

Hans Bethe

Geboren	02.07.1906
Geburtsort	Straßburg
Gestorben	06.03.2005
Bedeutung	beschrieb die Energieumwandlung in Sternen

Bethe gehört zu den zahlreichen europäischen Wissenschaftlern jüdischer Herkunft, die in den 1930er-Jahren vor dem Faschismus fliehen mussten und in die USA gingen; dort wurde er der Cheftheoretiker des Manhattan-Projekts. Auch half er bei der Entwicklung der Wasserstoffbombe, die auf der Kernfusion beruht. Unter seinen zahlreichen Wissenschaftsbeiträgen (vor allem zur Anwendung der Quantenmechanik) ragt seine Theorie zur Nukleosynthese in Sternen heraus – darin zeigte er auf, wie kleine Atome in Sternen zu schwereren Elementen fusionieren.

Richard Feynman

Geboren	11.05.1918
Geburtsort	New York City
Gestorben	15.02.1988
Bedeutung	führender Vertreter der Quantenfeldtheorie

Feynman war einer der berühmtesten Physiker des 20. Jahrhunderts – seine mit Esprit vorgetragenen Vorlesungen sind legendär. Der charismatische Universitätsprofessor war nicht nur auf vielen Gebieten der Teilchenphysik führend, sondern auch ein begeisterter Bongospieler, der erst mit seiner dritten Frau richtig glücklich wurde: So sprachen Richard und Gweneth von ihrem Plan, eines Tages die russisch-sibirische Republik Tuwa zu besuchen – weil deren Hauptstadt (Kysyl) keinen Vokal im Namen trägt! Der Tod infolge einer Krebserkrankung vereitelte dieses Vorhaben.

Murray Gell-Mann

Geboren	15.09.1929
Geburtsort	New York City
Bedeutung	entwickelte das Quarkmodell

Murray Gell-Mann hat an den führenden Universitäten der USA gelehrt: Yale, MIT, Caltech sowie am Institute for Advanced Study. Seine Beiträge zur Physik führten zur Klassifikation der Hadronen (stark wechselwirkender Teilchen wie Neutronen und Protonen). Beim Quarkmodell ließ er sich vom „Achtfachen Pfad" des Buddhismus inspirieren. Gell-Mann gründete das Santa Fe Institute: Hier werden mithilfe der Biologie und der Wirtschafts- und Sozialwissenschaften die Grundlagen einer „Theorie komplexer adaptiver Systeme" erarbeitet.

Peter Higgs

Geboren	29.05.1929
Geburtsort	Newcastle upon Tyne, Großbritannien
Bedeutung	entwickelte die Theorie des Higgs-Bosons

Peter Higgs' Name ist inzwischen weltweit mit dem gleichnamigen Boson verknüpft, das 2012 nachgewiesen wurde. Man sagt, Higgs habe beschlossen, Physiker zu werden, als er erfuhr, dass Paul Dirac in Bristol dieselbe Schule wie er besucht hatte. Den größten Teil seiner Laufbahn verbrachte Higgs an der Universität in Edinburgh, wo er bereits 1964 seine Theorie über das Boson und seine durch die Wechselwirkung mit dem (nicht unmittelbar messbaren) „Higgs-Feld" entstehende Masse vorstellte – und zwar, so will es die Legende, nach einem regnerischen Wanderwochenende in den schottischen Bergen.

Stephen Hawking

Geboren	08.01.1942
Geburtsort	Oxford
Bedeutung	postulierte die Strahlung der Schwarzen Löcher

Eine Nervenkrankheit fesselt den bedeutenden Astrophysiker an einen Rollstuhl und beraubte ihn seiner Sprechfähigkeit. Dennoch wurde Stephen Hawkings neben Albert Einstein zur bedeutenden Ikone der Physik. Von 1979 bis 2009 hatte er den Lucasischen Lehrstuhl für Mathematik an der Universität in Cambridge inne (und war einer der Nachfolger von Isaac Newton und Paul Dirac). Sein Buch *Eine kurze Geschichte der Zeit* (1988) wurde einer der erfolgreichsten Bestseller populärer Wissenschaftsdarstellung.

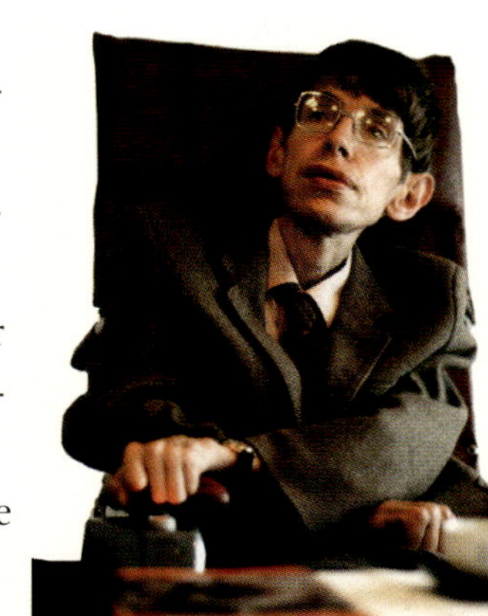

BIBLIOGRAFIE UND ANDERE QUELLEN

Bücher

Ananthaswamy, Anil, *Reisen an die Grenzen der Physik: Wie Kosmologen und Teilchenphysiker an extremen Orten die Geheimnisse des Universums entschlüsseln.* Heidelberg: Spektrum Akademischer Verlag, 2011.

Atkins, P.W. *Galileo's Finger: The Ten Great Ideas of Science.* Oxford: Oxford University Press, 2004.

Duhem, Pierre, *The History of Physics before Einstein.* New York: Encyclopedia Press, 1913.

Feynman, Richard, *Feynman-Vorlesungen über Physik.* 3 Bde., Berlin: Oldenbourg, 2015.

Gribbin, John (Hg.), *A Brief History of Science.* Lewes: Ivy Press Ltd, 1998.

Guth, Alan H., *Die Geburt des Kosmos aus dem Nichts. Die Theorie des inflationären Universum.* München: Droemersche Verlagsanstalt Th. Knaur Nachf., 1999.

Hawking, Stephen, *Eine kurze Geschichte der Zeit.* Reinbeck: Rowohlt, 2011.

Lindley, David, *Das Ende der Physik. Vom Mythos der Großen Vereinheitlichten Theorie.* Basel: Birkhäuser, 2014.

MacArdle, Meredith (Hg.), *Scientists: Extraordinary People who Changed the World.* London: Basement Press, 2008.

Milhorn, H. Thomas, *The History of Physics.* College Station, Texas: VBW Publishing, 2010.

Parsons, Paul (Hg.), *Wissenschaftliche Theorien in 30 Sekunden.* Kerkdriel: Librero, 2014.

Satz, Helmut, *Gottes unsichtbare Würfel. Die Physik an den Grenzen des Erforschbaren.* München: C.H. Beck, 2014

Suplee, Curt, *Milestones of Science.* Washington, DC: National Geographic Society, 2000.

Museen

Canada Science and Technology Museum, Ottawa, Canada, www.sciencetech.technomuses.ca

Cité des Sciences et de l'Industrie, Paris, France, www.cite-sciences.fr

Computer History Museum, Mountain View, Kalifornien, www.computerhistory.org

Copernicus Science Centre, Warschau www.kopernik.org.pl/en

Deutsches Museum, Münchenwww.deutsches-museum.de

Deutsches Technikmuseum, Berlin, www.sdtb.de

Exploratorium, San Francisco, www.exploratorium.edu

Franklin Institute Science Museum, Philadelphia, www2.fi.edu

Huygensmuseum Hofwijck, Niederlande, www.hofwijck.nl

Kepler Museum, Prag, www.keplerovomuzeum.cz

Massachusetts Institute of Technology Museum, Cambridge, MA, www.web.mit.edu/museum

Museo Galileo, Florenz, www.museogalileo.it

Museum of the History of Science, Oxford, www.mhs.ox.ac.uk

Museum of Science and Industry, Chicago, www.msichicago.org

Museum of Science and Industry, Manchester, www.mosi.org.uk

MuseumsQuartier, Wien, www.mqw.at

National Museum of Nature and Science, Tokio, www.kahaku.go.jp/english

Norwegian Museum of Science and Technology, Oslo, www.tekniskmuseum.no

Observatory Museum, Stockholm, www.observatoriet.kva.se/engelska

Pavilion of Knowledge, Lissabon, www.pavconhecimento.pt/home

Phänomenta Flensburgwww.phaenomenta-flensburg.de

Science Museum, London, www.sciencemuseum.org.uk

Smithsonian Institution, Washington, D.C., www.si.edu

Universum Bremen, www.universum-bremen.de

Archive und Sammlungen

Hans Bethe Papers, Cornell University Library, New York, www.rmc.library.cornell.edu

Joseph Black Papers, Edinburgh University Library, Edinburgh, www.lib.ed.ac.uk

Niels Bohr Library and Archives, American Center for Physics, Washington, D.C., www.acp.org

Maria Skłodowska-Curie Museum, Warschau, www.muzeum-msc.pl

Paul Dirac Collection, Florida State University, Tallahassee, www.fsu.edu

Albert Einstein Papers, Hebrew University of Jerusalem, www.huji.ac.il

Faraday Museum/Notebooks, Royal Institution of Great Britain, London, www.rigb.org

Enrico Fermi Collection, University of Chicago, Chicago, www.uchicago.edu

Richard Feynman Archives, Caltech, Pasadena, Kalifornien, www.caltech.edu

Murray Gell-Mann Papers, Caltech, Pasadena, Kalifornien, www.caltech.edu

Werner Heisenberg Papers, Max Planck Institute, München, www.mpp.mpg.de/index.html

Joseph Henry Papers, Smithsonian Institution, Washington, D.C., www.siarchives.si.edu/history/exhibits/henry/henry-papers-database

Robert Hooke Folio, Royal Society, London, www.royalsociety.org

James Prescott Joule Papers, University of Manchester Library, Manchester, www.library.manchester.ac.uk

William Thomson, Lord Kelvin Collection, University of Glasgow Library, Glasgow, www.special.lib.gla.ac.uk

Georges Lemaître Archive, Université catholique de Louvain, Louvain-la-Neuve, Belgien, www.uclouvain.be

Isaac Newton Papers, Cambridge University Library, Cambridge, www. cudl.lib.cam.ac.uk

Rutherford Museum, McGill University, Montreal, www.physics.mcgill.ca/museum/rutherford_museum.htm

J. J. Thomson Papers, Trinity College Library, Cambridge University, Cambridge, www.trin.cam.ac.uk

Nobelpreisträger

Nobelstiftung: www.nobelprize.org

Apps

Launchball, Science Museum für das iPhone

LHSee für Android

Wolfram|Alpha für Android, iPad, iPhone

REGISTER

Die englische Originalausgabe erschien unter dem Titel *Physics. An Illustrated History of the Foundations of Science,* in der Reihe *Ponderables: 100 Breakthroughs that Changed History. Who Did What When* von Tom Jackson

Konzept und Projektmanagement:
Jeanette Limondjian
Layout: Bradbury and Williams
Lektorat: Meredith MacArdle
Bildredaktion: Louise Thomas, www.cashou.com
Wissenschaftliche Beratung: Dr. Mike Goldsmith

Produktion der deutschen Ausgabe:
Michael Konze, Köln
Übersetzung: Kirstin E. Lehman, Michael Konze, Köln

Printed in India

ISBN 978-90-8998-672-6

BILDNACHWEIS
BUCH

Alamy/19th era 2 2–3 Hintergrund; The Bridgeman Art Library Ltd. 134 unten rechts; Mary Evans Picture Library 136 oben links; Craig Hiller 81 oben links; imagebroker 85 unten rechts; INTERFOTO 4 Mitte links, 26 rechts, 50 unten links, 66; ITAR-TASS Photo Agency 139 oben rechts; Gordon Langsbury 121 oben links; MLaoPeople 120 Mitte links; North Wind Picture Archives 68 unten links, 70 unten links; PHOTOTAKE Inc. 7 oben, 82; Pictorial Press Ltd. 73 unten rechts; The Print Collector 73 oben links; Randsc 108 unten rechts; sciencephotos 46 unten, 81 unten rechts; World History Archive 5 links, 16 oben rechts, 29 unten links, 35, 75 unten rechts. **American Physical Society** 105 oben links. **© CERN** 99 oben, 110; Maximilien Brice 116 oben; Claudia Marcelloni 111, 116 oben rechts, 139 unten links. **Corbis** 100 unten links, 106 unten links, 137 oben links, 138 unten rechts; Roger Antrobus 131 unten rechts; Bettmann 5 Mitte rechts, 20 unten links, 33, 40, 42 oben, 78, 84, 90, 92, 96 unten rechts, 97, 99 oben rechts, 137 unten rechts, Vorsatz; Stefano Bianchetti 74 unten links; DK Limited 4 unten links, 8 unten links, 45 unten rechts, 50 oben rechts, 52 unten rechts, 91 unten rechts, 94 unten rechts; Kevin Fleming 102 unten links, 105 unten rechts; Shelley Gazin 139 oben links; Hulton-Deutsch Collection 72 oben, 93; David Lees 26 unten links; Ocean 63; Science Photo Library/Mehau Kulyk 129 oben rechts; Sygma/Bureau L.A. Collection 43 oben rechts; Tarker 49 oben rechts; Underwood & Underwood 136 oben rechts; Michael S. Yamashita 113 oben links, 139 unten rechts. **Dreamstime.com**/Empire 331 48; Nickolayv 15 oben Mitte; Leon Rafael 24; Nico Smit 21; R.N. Whalley 22 oben; Wollertz 131 unten links. **Edgar Fahs Smith Image Collection, Rare Book and Manuscript Library, University of Pennsylvania** 44 unten links, 45 oben rechts, 52 oben links, 58 Mitte rechts, 60 oben links, 87 unten rechts, 133 unten links, 134 oben links, 134 unten links, 135 oben links, 135 unten rechts, 136 unten links, 137 oben rechts, 138 oben links. **Mary Evans Picture Library** 11 oben rechts, 12 links, 12 unten rechts, 30 oben rechts, 49 unten links, 69, 88 Mitte rechts; Alinari Archives/Bruni Archive 101 oben; Iberfoto/Fonollosa 130 unten links; Imagno 138 unten links; INTERFOTO/Sammlung Rauch 68 oben rechts; SZ Photo 80, 138 oben rechts. **aus Harper's *New Monthly Magazine*, Nr. 231, August 1869** 55. **Ivan Kuzmich Federow, *Porträt von Michail Lomonossow*, 1844** 39 oben rechts. **Abbildung mit freundlicher Genehmigung der History of Science Collections, University of Oklahoma Libraries** 8 oben, 19 oben rechts, 23 oben rechts, 27 unten links, 30 unten links, 30 oben Mitte, 32 oben rechts, 32 unten links, 34 Mitte links, 39 unten links, 54 unten links, 59, 130 oben rechts, 132 oben, 132 unten links, 132 unten rechts. **iStockphoto.com**/John Butterfield 28 unten links; Elemental Imaging 58 links; Hulton Archive 17 unten links; Denis Kozlenko 41 unten links, 133 oben rechts. **Alfred Leitner** 100 oben rechts. **Library of Congress, Washington, D.C.** 6 unten links, 20 oben rechts, 42 Mitte links, 45 oben Mitte, 56 oben rechts, 57, 67 Mitte links, 83; Brady-Handy Photograph Collection 134 oben rechts; George Grantham Bain Collection 62 oben links, 71, 135 oben rechts, 135 unten links, 136 unten rechts; Joseph-Siffrèse Duplessis 133 oben links; Henry S. Sadd 37 unten links; Jack Orren Turner 137 unten rechts; Doris Ullmann 86 oben rechts. **Albert Abraham Michelson** 65 Mitte links. **NASA**/AMES Research Center 129 unten links; ESA und das Hubble Heritage Team (STScI/AURA) 86 oben, 96 Mitte links; ESA und Felix Mirabel (French Atomic Energy Commission and Institute for Astronomy and Space Physics/Conicet of Argentina) 113 unten rechts; Johnson Space Center 75 Mitte links; Ernst Mach 64 unten links. **Sutton Nicholls, *Monument to the Great Fire of London*, um1753** 29 unten rechts. **Science & Society Picture Library**/Science Museum 41 unten rechts, 53, 94 oben rechts, 95, 103 unten rechts. **Science Photo Library**/Mark Garlick 127 unten links; Ted Kinsman 119 Mitte links; Mehau Kulyk 2–3 Mitte; New York Public Library 25, 62 oben; David Parker 85 Mitte rechts; Detlev van Ravenswaay 104; Volker Steger 65 oben; Sheila Terry 61; BICEP2 Telescope; NSF/Steffen Richter/Harvard University 117. **Shutterstock.com** 121 unten links; argus 118 oben Mitte rechts, 124 Hintergrund; Esteban de Armas 119 oben Mitte rechts; Binkski 8–9 Mitte; Catmando 115; Andrea Danti 101 oben rechts; Goran Djukanovic 122; Igor Golovnlov 131 oben rechts; Alex Kalmbach 118 unten links; koya979 87 oben rechts; Peter G. Pereira 7 Mitte rechts, 109; maisicon 112; Morphart Creation 17 Mitte rechts, 18 oben rechts, 28 oben rechts, 58 oben Mitte; Maks Narodenko 32 unten rechts; Werner Stoffberg 119 unten links; Andrey Sukhachev 118 unten rechts; weagle95 5 oben rechts, 107; Rob Wilson 126 oben rechts. **Thinkstock.com** 10 unten links, 11 links, 14 oben links, 23 unten links; Dorling Kindersley RF 9 rechts, 72 oben links, 85 oben links, 131 oben links; iStockphoto 36, 47 oben links, 54 Mitte, 77, 89, 114, 120 unten rechts, 123, 126 unten links; 128; Ryan McVay 60 Mitte rechts; Photodisc 22 oben rechts; Photos.com 4 oben rechts, 18 unten links, 27 oben rechts, 34 oben, 37 oben rechts, 38 oben rechts, 43 oben links, 56 unten links, 67 unten rechts, 74 oben rechts, 130 unten rechts, 133 unten rechts. **U.S. Department of Energy** 9 oben links, 106 oben rechts. **U.S. Nuclear Regulatory Commission** 98. **U.S. Navy** Photographer's Mate 3rd Class, Jonathan Chandler 64 oben. **Bartolomeu Velho, *Cosmographia*, 1568** 14 unten rechts. **wallz.eu** 103 oben links. **Roy Williams** 91 oben links, 118 oben Mitte links, 119 oben Mitte links, unten rechts, 127 oben rechts.

ZEITTAFEL

Alamy/INTERFOTO; The Print Collector. **Corbis**/Bettmann; Stefano Bianchetti; DK Limited; Rune Hellestad; Reuters/Sean Adair; Reuters/Dan Lampariello; Francis G. Mayer; Science Photo Library/Mehau Kulyk. **Dreamstime.com**/Jaroslav Bartos; Luis Manuel Tapia Bolivar. **Edgar Fahs Smith Image Collection, Rare Book and Manuscript Library, University of Pennsylvania**. **Mary Evans Picture Library**/AISA Media; Everett Collection; Glasshouse Images; Grosvenor Prints; Iberfoto/BeBa; INTERFOTO; INTERFOTO AGENTUR; INTERFOTO/Toni Schneiders; Pump Park Photography; Rue des Archives; SZ Photo. **Image courtesy of the History of Science Collections, University of Oklahoma Libraries**. **iStockphoto.com**/Karl-Friedrich Hohl. **Library of Congress, Washington, D.C.**/Brady-Handy Photograph Collection; Warren K. Leffler; Matson Photograph Collection. **Harriet Moore**. **NASA**/JHU/APL; MSFC; M. Weiss (Chandra X-Ray Center). **Science & Society Picture Library**/Science Museum, London. **Shutterstock.com**/DVARG; Lludmila Gridna; Ale Justas; Atliketta Sangasaeng. **Thinkstock.com**/Dorling Kindersley RF; Hemera; iStockphoto; Photodisc; Photos.com. **U.S. Navy**/Ensign John Gay. **Roy Williams**.

2001
Erstmals gelingt der Nachweis der **Neutrino-Oszillation.**

Neutrinos

2004
Unter Ausnutzung des Phänomens der **Quantenverschränkung** gelingt es erstmals, den Quantenzustand eines Atoms zu übertragen **(Quantenteleportation).**

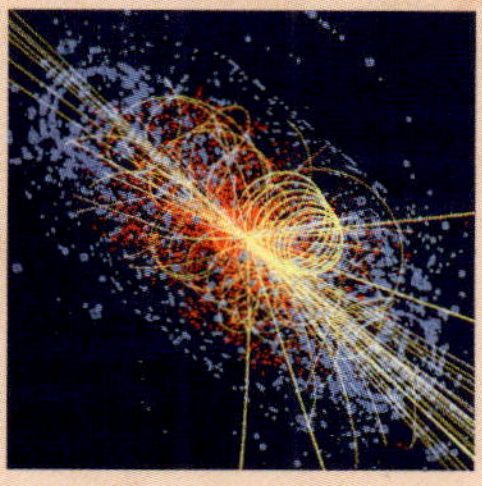
Higgs-Boson

2012
Das **CERN** gibt bekannt, dass das vom Standardmodell geforderte **Higgs-Boson** höchstwahrscheinlich nachgewiesen werden konnte.

2013
Neuere Forschungsergebnisse bestätigen den Nachweis des Higgs-Bosons.

2014
Die vom BICEP2-Detektor am Südpol angeblich nachgewiesenen **Gravitationswellen** („Urknallecho") lösen sich buchstäblich in Staub auf; sie erweisen sich als fehlerhafte Interpretation der von kosmischem Staub ausgehenden Lichtemissionen.

2004
Gründung von **Facebook.**

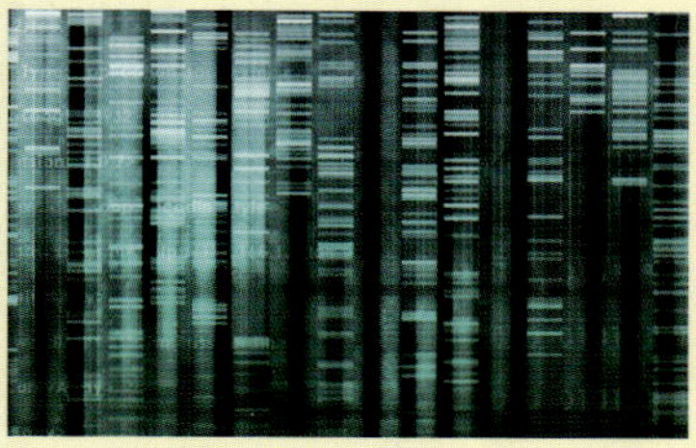
Der genetische Code des Menschen

2005
Eine neue **Öl-Pipeline** verbindet Kaspisches Meer und Mittelmeer.

2009
Erfolgreiche **Gentherapien** für Erbkrankheiten.

2010
Erster **Tablet-Computer.**

2011
MESSENGER ist die erste Sonde, die in eine Umlaufbahn um Merkur fliegt.

Das **Kepler-Weltraumteleskop** findet Kepler 22b, den bislang erdähnlichsten Planeten.

Der Internet-Riese **Google** bietet mehr als drei Milliarden Dollar für die Patente rivalisierender Unternehmen.

2012
Mit **Voyager 1** tritt ersmals ein vom Menschen erzeugtes Objekt in den interstellaren Raum ein.

MESSENGER

2014
Erstmals landet ein Raumfahrzeug auf einem Kometen: der von der Sonde **Rosetta** abgesetzte Lander **Philae.**

führt zu einer weltweiten Panik.

2001
9/11 – Terroristen fliegen entführte Flugzeuge in die Zwillingstürme des World Trade Center und in das Pentagon in Washington.

Zwillingstürme des WTC

2003
Zweiter Golfkrieg, US-Invasion in den Irak, Sturz Saddam Husseins.

2004
Terroranschlag auf Züge in Madrid.

Verheerendes Erdbeben im Indischen Ozean: durch den hierdurch ausgelösten **Tsunami** kommen etwa 200 000 Menschen in 11 Ländern entlang der Küsten ums Leben.

2005
Bombenanschläge auf Londoner U-Bahn.

Hurrikan Katrina überschwemmt New Orleans.

2008
Terroristen töten 173 Menschen in Mumbai.

2009
Barack Obama wird der erste afroamerikanische US-Präsident.

2010
Bei einem **Erdbeben in Haiti** kommen mehr als 230 000 Menschen ums Leben, die Infrastruktur der Insel wird zerstört.

2011
In Japan kommen bei einem Erdbeben und dem dadurch ausgelösten Tsunami 16 000 Menschen ums Leben; im Kernkraftwerk von **Fukushima** kommt es zur Nuklearkatastrophe.

Der Taliban-Führer **Osama bin Laden** wird durch eine US-amerikanische Spezialeinheit getötet.

Diamantenes Thronjubiläum von Elizabeth II.

Etwa 2 Mrd. Menschen auf der ganzen Welt verfolgen die **königliche Hochzeit** von Prinz William und Catherine Middleton.

2012
Elizabeth II. feiert ihr **Diamantenes Thronjubiläum.**

Olympische Sommerspiele in London.

2013
Papst Benedikt XVI. tritt zurück, er wird von Franziskus abgelöst, dem ersten lateinamerikanischen Papst.

Bombenanschlag, Boston-Marathon

Beim Zusammenbruch eines Fabrikgebäudes nahe **Dhaka in Bangladesch** werden über Tausend Menschen getötet.

2011
Paul Cezannes Gemälde *Die Kartenspieler* wird zum Rekordpreis von 259 Mio. Dollar verkauft.

Burj Khalifa

The Shard London Bridge ist das höchste Gebäude in der Europäischen Union.

2012
Der **Tokyo Skytree** wird vollendet, der höchste Turm der Welt (634 m).

2013
Michael Jacksons Familie verklagt die Manager der verstorbenen Pop-Ikone wegen unterlassener Hilfeleistung auf 40 Mio. Dollar.

The Shard London Bridge

2014
Eröffnung der neuen **Philharmonie de Paris.**

2015
Tod von **Günter Grass.**

Die Vermessung des Universums

In der Physik geht es darum zu verstehen, wie das Universum aufgebaut ist, auf allen Ebenen: von der winzigen Welt der Quanten bis zu den astronomischen Größenordnungen. Und selbstverständlich müssen wir es auch im Hinblick auf den Menschen verstehen. Um all dies zu leisten, haben Physiker ein Einheitensystem entwickelt – kurz: SI genannt (frz. *Système international d'unités).*

Basiseinheiten

Maß	Einheit	Symbol
Masse	Kilogramm	kg
Länge	Meter	m
Temperatur	Kelvin	K
Zeit	Sekunde	s
Substanzmenge	Mol	mol
Stromstärke	Ampere	A
Lichtstärke	Candela	cd

Mithilfe dieses Einheitensystems lässt sich das gesamte Universum vermessen. Sämtliche Maßeinheiten wurden ausgehend von sieben Basiseinheiten entwickelt – sie stellen die grundlegenden Maße des Universums dar.

Größenordnungen

Präfix	Symbol		wissenschaftliche Bezeichnung
Exa	E	1 000 000 000 000 000 000	10^{18}
Peta	P	1 000 000 000 000 000	10^{15}
Tera	T	1 000 000 000 000	10^{12}
Giga	G	1 000 000 000	10^{9}
Mega	M	1 000 000	10^{6}
Kilo	k	1 000	10^{3}
Hekto	h	100	10^{2}
Deka	da	10	10^{1}
----	--	1	10^{0}
Dezi	d	0,1	10^{-1}
Zenti	c	0,01	10^{-2}
Milli	m	0,001	10^{-3}
Mikro	µ	0,000 001	10^{-6}
Nano	n	0,000 000 001	10^{-9}
Pico	p	0,000 000 000 001	10^{-12}
Femto	f	0,000 000 000 000 001	10^{-15}
Atto	a	0,000 000 000 000 000 001	10^{-18}

SI-Einheiten sind metrisch, d. h. sie basieren auf der Zahl 10 (und können daher sowohl Werte in äußerst kleinen als auch in Riesendimensionen leicht erfassen) – das bedeutet: Jeder Wert lässt sich mit einem Vielfachen der Zahl 10 darstellen. Mit anderen Worten: 6,24 Milliarden werden als $6{,}24 \times 10^{9}$, 6 Millionstel dagegen als 6×10^{-6} ausgedrückt. Mithilfe einer Reihe von Präfixen kann zudem die Größenordnung angegeben werden. So werden z. B. 6,24 Milliarden Watt oft einfach als 6,24 Gigawatt (6,24 GW bzw. $6{,}24 \times 10^{9}$ W) angegeben – und 6 millionstel Meter sind 6 Mikrometer (6µm; 6×10^{-6} m).

1947

Erfindung des **Transistors.**

Der erste Transistor

1948

Die **Quantenelektrodynamik** wird von Richard Feynman und anderen entwickelt.

Die **Alpher-Bethe-Gammow-Theorie** postuliert erstmals die Entstehung des Universums aus dem Urknall.

1953

Entwicklung des **Masers,** eines Lasers im Mikrowellenbereich.

1962

Nachweis des **Myon-Neutrinos** einer der drei Formen, in denen Neutrinos vorkommen.

1964

Murray Gell-Mann und **George Zweig** entwickeln die Vorstellung, dass u.a. Protonen, Neutronen aus Quarks gebildet werden.

1969

Erste **Stringtheorie.**

1973

Entwicklung des **Standardmodells,** mit dem (außer der Gravitation) alle Elementarteilchen und Wechselwirkungen beschrieben werden.

1974

Stephen Hawking postuliert, dass Schwarze Löcher Energie ausstrahlen und allmählich ihre Masse verlieren.

Schwarzes Loch

1981

Alan Guth veröffentlicht sein **Modell des inflationären Universums;** es erklärt die Expansion unmittelbar nach dem Urknall.

1986

Die **Superstringtheorie** versucht, alle bekannten Elementarkräfte einheitlich zu beschreiben.

1995

Nachweis des **Top-Quarks,** des letzten der sechs Quarks. Erstmals gelingt die Erzeugung eines **Bose-Einstein-Kondensats,** eines Aggregatzustands von extrem gekühlten Atomen, bei dem diverse Quanteneffekte makroskopisch hervortreten.

1998

Zur Erklärung der **Expansionsrate** des Universums wird der Einfluss einer unbekannten Kraft, der **dunklen Energie,** herangezogen.

1942

Wernher von Braun baut die V2-Rakete, mit der der erste suborbitale Raumflug gelingt.

1953

Francis Crick und **James Watson** entdecken die Struktur der DNA (Desoxyribonukleinsäure).

1961

Yuri Gagarin ist der erste Mensch im All.

1969

Mondlandung der Apollo 11: **Neil Armstrong** ist der erste Mensch auf dem Mond.

1976

Die **Concorde** fliegt mit Überschallgeschwindigkeit.

Yuri Gagarin

1981

Das **Columbia-Shuttle,** das erste wiederverwendbare Raumfahrzeug, macht seinen Jungfernflug in den Weltraum.

1989

Tim Berners-Lee entwickelt die Grundlagen des World Wide Web.

1993

Das **Hubble-Teleskop** wird von der Discovery ausgesetzt.

1997

Eine Sondierungssonde landet auf dem **Mars.**

1998

Beginn der Arbeiten zur Montage der **Internationalen Raumstation ISS.**

2000

Der **genetische Code des Menschen** wird entschlüsselt.

1950–53

Korea-Krieg.

1953

Erstbesteigung des Mount Everest durch **Edmund Hillary** und **Tensing Norgay.**

Mahatma Gandhi

1957

Der **Suez-Kanal** wird eröffnet.

1961

Bau der **Berliner Mauer.**

1962

Kubakrise – ein Atomkrieg zwischen den USA und der UdSSR kann abgewendet werden.

1963

Der amerikanische Präsident **John F. Kennedy** wird ermordet.

1965–73

Vietnam-Krieg.

1968

Der Bürgerrechtler **Martin Luther King Jr.** wird ermordet.

1968

Der amerikanische Senator **Robert Kennedy** wird ermordet.

1979

Russische Truppen marschieren in Afghanistan ein; bis 1988/89 halten sie das Land besetzt.

1981

Entdeckung der Krankheit **AIDS.**

Robert Kennedy

1987

Palästinenser beginnen **Intifada** gegen Israel.

1989–90

Fall der Berliner Mauer und Wiedervereinigung.

1991

Erster Golfkrieg. Eine internat. Truppenallianz befreit Kuwait von der irakischen Invasion unter Saddam Hussein.

1994

Eröffnung des **Ärmelkanaltunnels;** er verbindet Frankreich und Großbritannien.

Bei den ersten gemischtrassigen Wahlen in Südafrika gewinnt **Nelson Mandela** und wird zum Präsidenten gewählt.

1997

Der Ausbruch der **Vogelgrippe**

1950er–60er

Andy Warhol, Roy Lichtenstein und David Hockney sind typische Vertreter der **Pop-Art.**

Die Beatles

1960

Die **Beatles** erlangen internationalen Ruhm.

1980

John Lennon stirbt bei einem Attentat.

1985

Live Aid, das größte Rock-Konzert der Welt, findet gleichzeitig in London und Philadelphia statt.

Frühe 1990er

Der **Rave** erreicht seinen Höhepunkt.

1995

Toy Story, produziert von Pixar, ist der erste computeranimierte Film in Spielfilmlänge.

2010

Höchstes Gebäude der Welt: das **Burj Khalifa** (829,8 m) in Dubai.

Die SI-Baiseinheiten

Alle Masseinheiten sind im Grunde willkürlich definiert; wichtig ist, dass sie praktisch sind: Sie dürfen für den allgemeinen Gebrauch nicht zu gross oder zu klein sein – und sie müssen sich leicht ermitteln lassen, sodass Messinstrumente problemlos kalibriert, d. h. eingestellt werden können. Die Definition der SI-Basiseinheiten hat sich im Laufe der Jahre gewandelt und orientiert sich heute zumeist an natürlichen Phänomenen.

Länge: Meter (m)
Ein Meter ist die Strecke, die das Licht im Vakuum während der Dauer von einer 299 792 458-tel Sekunde zurücklegt.

Masse: Kilogramm (kg)
Ein Kilogramm ist gleich der Masse eines internationalen Kilogrammprototyps – ein Masseexemplar aus Platin und Iridium, das in der SI-Zentrale in Paris hinterlegt ist.

Zeit: Sekunde (s)
Eine Sekunde beschreibt die 9 192 631 770-fache Periodendauer der Strahlung beim Übergang eines Elektrons in einem Caesium-133-Atom von einer Energieebene zu einer anderen.

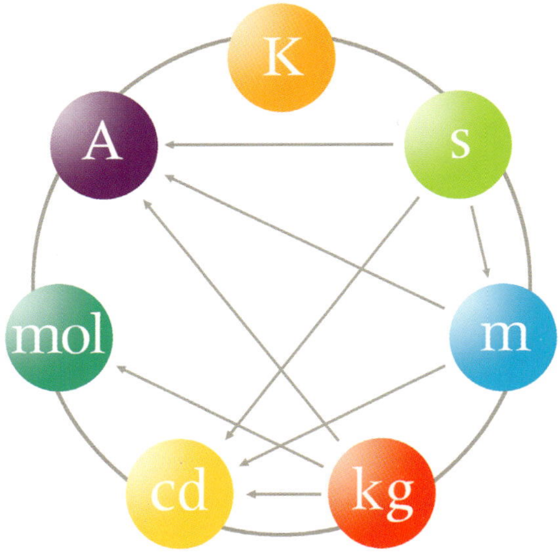

Die SI-Einheiten bedingen einander. Das Diagramm zeigt, wie beinahe jede Einheit von dem Wert mindestens einer weiteren abhängt – ändert sich eine, dann ändern sich auch die anderen Einheiten.

Stromstärke: Ampere (A)
Ein Ampere bemisst die Stärke eines konstanten elektrischen Stroms, der zwischen zwei gradlinigen, parallelen und unendlich langen Leitern (mit vernachlässigbar kleinem, kreisförmigem Querschnitt) im Vakuum und im Abstand von 1 m fließt und dabei pro Längenmeter zwischen diesen Leitern die Kraft von 2×10^{-7} Newton produziert.

Thermodynamische Temperatur: Kelvin (K)
Ein Kelvin ist der 273,16-te Teil der thermodynamischen Temperatur des Tripelpunkts von Wasser (die Temperatur, bei der Eis, Wasser und Wasserdampf im thermodynamischen Gleichgewicht existieren).

Substanzmenge Mol (mol)
Ein Mol beschreibt die Menge einer Substanz, die dieselbe Anzahl von Einzelteilchen enthält wie Atome in 12 Gramm des Kohlenstoff-Isotops ^{12}C.

Lichtstärke: Candela (cd)
Eine Candela bemisst die Lichtintensität in einer gegebenen Richtung einer Strahlungsquelle, die Strahlung mit einer Frequenz von 540×10^{12} Hz und einer Strahlstärke von einem 683-tel Watt pro Steradiant aussendet. (Der Steradiant ist ein abgeleitetes Maß im SI-Einheitensystem für den kegelförmigen Raumwinkel.)

1900–1939

1886
Nikola Tesla entwickelt das in modernen Stromnetzen verwendete Wechselstrom-System.

Heinrich Hertz gelingt erstmals die Übertragung von elektromagnetischen Wellen.

Ein Jet durchbricht die Schallmauer.

1887
Ernst Mach kann mittels fotografischer Methoden sichtbar machen, wie sich Objekte schneller als der Schall bewegen.

Das **Michelson-Morley-Experiment** beweist, das die Annahme eines Äthers gegenstandslos ist.

1895
Wilhelm Röntgen entdeckt die Röntgenstrahlen.

1896–97
Henri Becquerel entdeckt die Radioaktivität; ein Jahr später weist **Joseph John Thomson** die Existenz des Elektrons nach.

1860
Antonio Meucci erfindet das Telefon.

Thomas Edison

1869
Dmitri Mendelejew entwickelt eine Systematik der chemischen Elemente, das Periodensystem, das Zusammenhänge zwischen Atommasse und chemischen Eigenschaften aufzeigt.

1877–83
Thomas Edison erfindet den Phonografen sowie eine alltagstaugliche Glühbirne.

1895
Louis Lumières Laufbildkamera ist die Geburtsstunde der Filmindustrie.

Flug des ersten **Luftschiffes.**

1898
Iwan Petrowitsch Pawlow untersucht die Konditionierung von Verhaltensweisen bei Hunden.

1861
Die **italienischen Unabhängigkeitskriege** führen zur Gründung eines vereinten Italiens.

1870–71
Deutsch-Französischer Krieg.

1871
Die deutschen Länder vereinigen sich zu einem **Nationalstaat.**

1883
Ausbruch des indonesischen Vulkans **Krakatau.**

1893
Als erstes Land verleiht **Neuseeland** Frauen das Wahlrecht.

1897
Schwere Hungersnot in **Indien.**

1874
Erste **Impressionismus-Ausstellung** in Paris.

1877
Erstes Tennisturnier in **Wimbledon.**

1886
Errichtung der **Freiheitsstatue** in New York.

1890–1940
Als Wegbereiter der **Klassischen Moderne** gilt u.a. das Werk von Paul Cézanne.

1891
Erfindung des **Basketballs.**

1896
Erste **Olympischen Spiele** der Neuzeit in Griechenland.

Ende des 19. Jhs. entwickelt sich in den USA der **Blues.**

1900
Max Planck berechnet die Konstante, mit der die Energie eines Photons mit dessen Frequenz in Beziehung steht.

1901
Guglielmo Marconi sendet ein Funksignal über den Atlantik.

Guglielmo Marconi

Marie und Pierre Curie

1903
Marie and **Pierre Curie** untersuchen radioaktive Stoffe und entdecken zwei Elemente (Radium und Polonium).

1905
Albert Einsteins *Annus mirabilis:* Erklärung des photoelektrischen Effekts und der Brownschen Bewegung; grundlegende Arbeiten zur Speziellen Relativitätstheorie.

1900
David Hilbert präsentiert 23 Mathematikprobleme, die es im kommenden Jahrhundert zu lösen gilt.

1901
Erste Verleihung des **Nobelpreises.**

1903
Erster motorisierter Flug der **Gebrüder Wright.**

Gebrüder Wright

Model T Ford

1904
Der New Yorker Thomas Sullivan vermarktet erstmals **Teebeutel.**

1901
Der 1890 erfundene **Instantkaffee** wird eingeführt.

Nationalistische Soldaten während der chinesischen Revolution

1911–12
Die **chinesische Revolution** beendet die kaiserliche Herrschaft in China und führt zur Ausrufung der Republik.

1909–12
Pablo Picasso und **Georges Braque** begründen den Kubismus.

Pablo Picasso

UM 1910
In den USA entwickelt sich der Jazz.

1911
In **Hollywood** wird das erste Filmstudio gegründet.

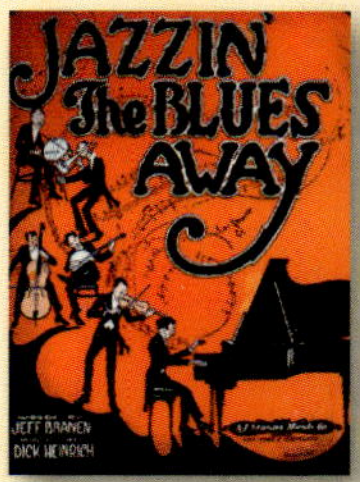

Jazz-Plakat

Abgeleitete SI-Einheiten

MITHILFE EINER KOMBINATION AUS DEN SIEBEN BASISEINHEITEN LÄSST SICH FÜR ALLES IM UNIVERSUM EIN MASS ANGEBEN. Da dies jedoch sehr kompliziert werden kann, gibt es eine Reihe von sog. abgeleiteten SI-Einheiten; sie werden mithilfe der Multiplikation bzw. Division zweier oder dreier Basiseinheiten gebildet. Viele dieser Einheiten sind nach großen Physikern benannt.

Die nachfolgende Tabelle enthält alle abgeleiteten Einheiten. Ein Beispiel: Das Newton misst die notwendige Kraft, um eine gegebene Masse in einer gegebenen Zeit auf eine bestimmte Geschwindigkeit zu beschleunigen; daher ist ein Newton gleich der Masse mal der Länge dividiert durch die Zeit, dividiert durch die Zeit – oder: $kg \times m \times s^{-2}$ (die $^{-2}$ zeigt an, dass die Zahl zweimal durch die Zeit dividiert wurde).

Abgeleitete Einheiten

Name	Symbol	Physikalische Größe	Ableitung in SI-Einheiten	
Radiant	rad	Winkel		
Steradiant	sr	Raumwinkel		
Hertz	Hz	Frequenz	s^{-1}	
Newton	N	Kraft		$kg \times m \times s^{-2}$
Pascal	Pa	Druck	N/m^2	$kg \times m^{-1} \times s^{-2}$
Joule	J	Energie, Arbeit, Wärme	$N \cdot m$	$kg \times m^2 \times s^{-2}$
Watt	W	Leistung	J/s	$kg \times m^2 \times s^{-3}$
Coulomb	C	elektrische Ladung		$s \times A$
Volt	V	elektrische Spannung	W/A	$kg \times m^2 \times s^{-3} \times A^{-1}$
Farad	F	elektrische Kapazität	C/V	$kg^{-1} \times m^{-2} \times s^4 \times A^2$
Ohm	Ω	elektrischer Widerstand	V/A	$kg \times m^2 \times s^{-3} \times A^{-2}$
Siemens	S	elektrischer Leitwert	A/V	$kg^{-1} \times m^{-2} \times s^3 \times A^2$
Weber	Wb	magnetischer Fluss	$V \cdot s$	$kg \times m^2 \times s^{-2} \times A^{-1}$
Tesla	T	magnetische Flussdichte (Magnetfeld)	Wb/m^2	$kg \times s^{-2} \times A^{-1}$
Henry	H	Induktivität	Wb/A	$kg \times m^2 \times s^{-2} v A^{-2}$
Grad Celsius	°C	Temperatur		
Lumen	lm	Lichtstrom		$cd \times sr$
Lux	lx	Lichtstärke	lm/m^2	$m^{-2} \times cd \times sr$
Becquerel	Bq	Aktivität des radioaktiven Zerfalls pro Sekunde		s^{-1}
Gray	Gy	Energiedosis (Kerma)	J/kg	$m^2 \times s^{-2}$
Sievert	Sv	Körperdosis (Äquivalentdosis)	J/kg	$m^2 \times s^{-2}$
Katal	kat	katalytische Aktivität		$s^{-1} \times mol$

1907

Das **Geiger-Marsden-Experiment** zeigt, dass die gesamte positive Ladung eines Atoms im Kern konzentriert ist.

1909

Robert Millikan bestimmt die elektr. Ladung von Elektronen.

Robert Millikan

1911

Heike Kamerlingh Onnes entdeckt die Supraleitung in Quecksilber (gekühlt auf unter 4,2 Kelvin).

1912

Victor Franz Hess entdeckt die kosmische Hintergrundstrahlung.

1913

Niels Bohr präsentiert ein Atommodell, das Elemente der Quantenmechanik enthält.

1916

Einstein vollendet seine Allgemeine Relativitätstheorie.

Atommodell

1917

Entdeckung des **Protons.**

1924

Als Vermittler zwischen elementaren Kräften wird das Konzept der **Bosonen** entwickelt.

1925

Wolfgang Pauli entwickelt sein Ausschlussprinzip, ein Eckpfeiler der Quantenphysik.

1927

Werner Heisenberg formuliert seine Unschärferelation, eine weitere zentrale Aussage der Quantenphysik.

1928

Paul Diracs Elektronen-Gleichung liefert Hinweise auf die Existenz von Antimaterie.

Paul Dirac

1932

Entdeckung des **Neutrons** und des **Positrons. Fritz Zwicky** postuliert die Existenz **dunkler Materie.**

1938

Entdeckung des Phänomens der **Suprafluidität** einer Flüssigkeit bei extrem niedrigen Temperaturen.

1939

Veröffentlichung der Entdeckung, dass die **Kernspaltung** möglich ist.

1908

Henry Ford präsentiert das **Modell T** und führt es in Serie ein.

1911

Ernest Rutherford, Hans Geiger und **Ernest Marsden** zeigen, dass das Atom einen positiv geladenen Kern hat, den ein Vakuum umgibt.

1913

Der Philosoph und Mathematiker **Bertrand Russell** reduziert die Mathematik auf einige wenige logische Prinzipien.

1926

Robert Goddard startet die erste Flüssigbrennstoff-Rakete – ein Ausblick auf die Raumfahrt der Zukunft.

Robert Goddard

1928

Alexander Fleming entdeckt das Antibiotikum **Penicillin.** Es gilt schon bald als „Wundermittel".

Alexander Fleming

1930

Clyde Tombaugh entdeckt **Pluto,** er ist der neunte bekannte Planet.

1936

Alan Turing entwickelt eine Maschine, die ausschließlich mit Algorithmen arbeitet.

1940

Durch Beschuss von Uran mit schweren Wasserstoffisotopen gelingt erstmals die Herstellung eines **Plutonium-Isotops.**

Werhner von Braun

1912

Die **Titanic** sinkt nach Kollision mit einem Eisberg im Atlantik.

1914–18

Erster Weltkrieg.

Erster Weltkrieg

1914

Eröffnung des **Panama-Kanals.**

1917

Russische Revolution.

1918–19

Eine weltweite **Grippe-Epidemie** tötet etwa 20 Millionen Menschen.

1919

Der **Völkerbund** wird gegründet, der Vorläufer der Vereinten Nationen.

1926

Saudi-Arabien entsteht aus einer arabischen Provinz.

1927–49

Chinesischer Bürgerkrieg. Er endet mit der Gründung der kommunistischen Volksrepublik China unter Mao Zedong.

1929

Weltwirtschaftskrise durch den **Börsencrash** in den USA.

1936–39

Spanischer Bürgerkrieg.

1939–1945

Zweiter Weltkrieg.

1948

Mahatma Gandhi wird ermordet.

Landung alliierter Truppen in der Normandie

1920ER

Der **Surrealismus** reüssiert in der ganzen Welt in den unterschiedlichsten Facetten.

1920ER–30ER

Walter Gropius ruft in Weimar das **Bauhaus** ins Leben und damit eine bis heute stilbildende Kunst- und Architekturrichtung.

Epoche des **Art-déco.**

1922

Howard Carter entdeckt das Grab **Tutanchamuns** in Ägypten.

1927

Der Jazzsänger ist der erste Spielfilm mit Ton.

1928

Premiere der **Dreigroschenoper** von Kurt Weill und Bertolt Brecht in Berlin.

1929

Zum ersten Mal werden in der Filmbranche **Oscars** verliehen.

SPÄTE 1940ER

Die **Postmoderne** erobert Kunst, Architektur und Literatur rund um den Globus.

Definitionen der SI-Basiseinheiten

In den kommenden Jahren werden Neudefinitionen der meisten SI-Basiseinheiten erwartet, die sich an exakteren Neufestlegungen einiger Naturkonstanten orientieren und so die Fehlerspanne weiter reduzieren, sodass sie zunehmend auf unveränderten Werten basieren, ganz gleich, auf welchen Ort im Universum sie sich beziehen.

Frühe Messsysteme orientierten sich häufig am menschlichen Körper – so etwa das Längenmaß am Fuß oder am Schritt eines Menschen. Das metrische System war der Versuch (mit begrenztem Erfolg), Maße an Phänomenen in der Natur, also z. B. an den Eigenschaften von Wasser oder an der Größe unseres Planeten zu orientieren. Den neuen SI-Definitionen werden physikalische Konstanten (unveränderliche Größen im Universum) zugrunde liegen.

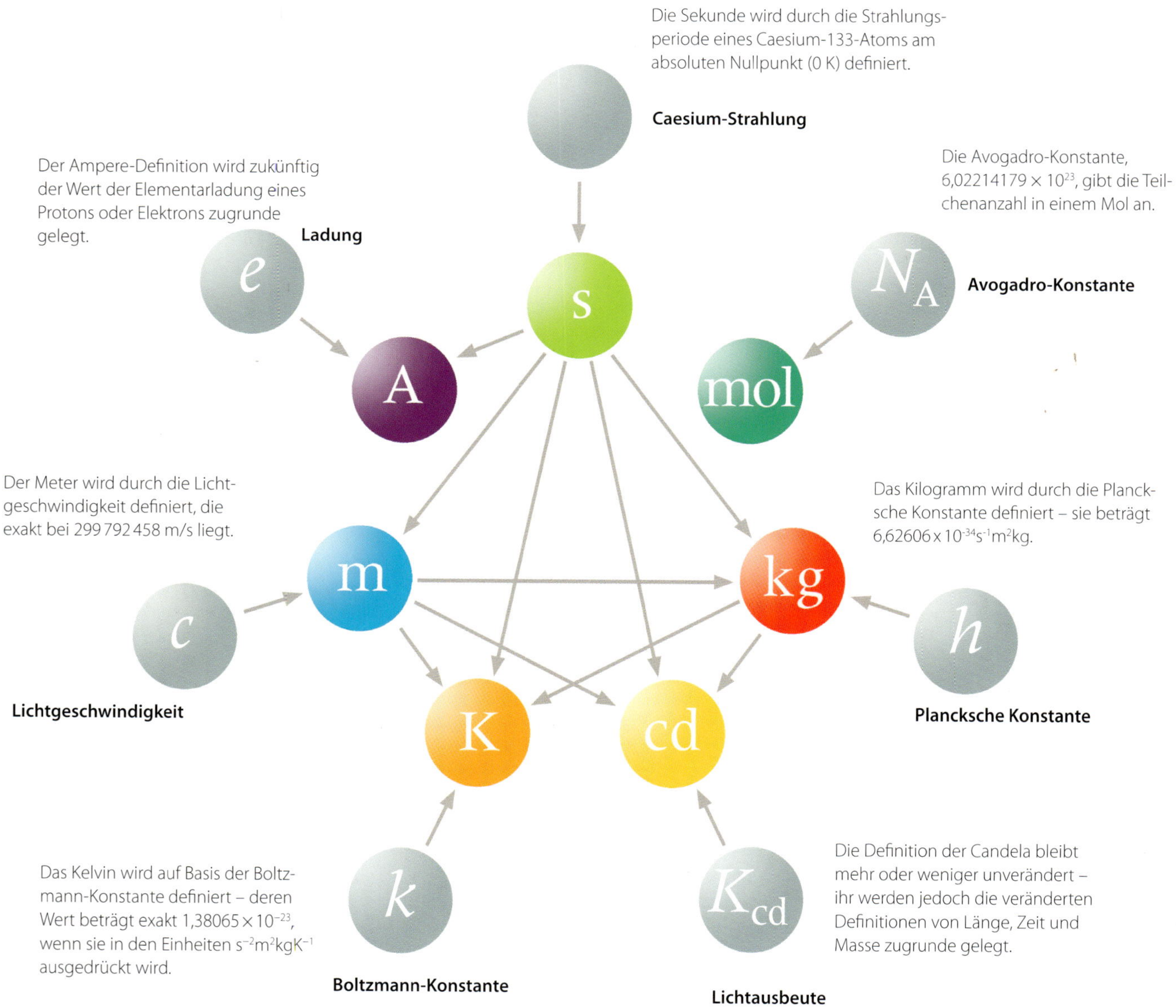

1785
Charles Augustin de Coulomb entdeckt, dass die elektrische Kraft proportional ist zur elektrischen Ladung und umgekehrt proportional zum Quadrat der Entfernung zwischen geladenen Objekten **(Coulombsches Gesetz).**

1798
Henry Cavendish konstruiert eine riesige Drehwaage zur Messung der Gravitationskonstante (G).

Alessandro Volta

1800
Alessandro Volta entwickelt die erste Batterie, die Voltasche Säule.

1801
John Dalton revidiert antike Vorstellungen zur Atomtheorie: aus verschiedenen Elementen zusammengesetzten Substanzen liegen spezifische atomare Strukturen zugrunde.

1801
Thomas Young weist anhand der Interferenzmuster gebeugten Lichts nach, dass sich Licht wie eine Welle verhält.

1820
Hans Ørsted entdeckt den Zusammenhang zwischen Strom und magnetischen Feldern. **André-Marie Ampère** begründet ein neues Gebiet der Physik, die Elektrodynamik.

André-Marie Ampère

1821
Thomas Johann Seebeck entdeckt den thermoelektrischen Effekt, die gegenseitige Beeinflussung von Temperatur und Elektrizität.

1824
Nicolas Léonard Sadi Carnot veröffentlicht eine Schrift, in der er zeigt, wie Wärmeenergie in kinetische Energie umgewandelt werden kann **(Carnot-Prozess).**

1827
Der Botaniker **Robert Brown** entdeckt die unregelmäßige Bewegung mikroskopisch sichtbarer Teilchen, die **Brownsche Molekularbewegung.**

1789
Antoine Lavoisier u.a. präsentieren ein System zur Benennung chemischer Elemente.

1796
Edward Jenner führt die erste Impfung gegen Pocken durch.

Edward Jenner

1798
Der Deutsche **Alois Senefelder** entwickelt das Verfahren der Lithografie.

1807
In der Pall Mall in London leuchten die ersten **Gaslaternen.**

1813
J. J. Berzelius entwickelt ein Modell zum Verständnis der Elektrolyse.

1823
Charles Babbage baut den ersten mechanischen Computer; er nennt ihn **Differenzmaschine**.

Charles Babbages Differenzmaschine

1820er
Erste fotografische Verfahren werden entwickelt.

1825
Die **erste öffentliche Eisenbahn** fährt in England, 10 Jahre später in Deutschland.

1829
Erste Veröffentlichung einer **nichteuklidischen Geometrie**.

1788
Erste britische Kolonie in Botany Bay, Australien, gegründet.

1789
Die **Französische Revolution** führt zum Ende des Ancien Régime und etabliert eine Republik.

1801
Thomas Jefferson wird US-Präsident.

1804
Napoleon Bonaparte wird Kaiser von Frankreich und beginnt seine Feldzüge.

1806
Gründung des **Rheinbunds.** Preußens Niederlage gegen Napoleon in der **Schlacht bei Jena und Auerstedt.**

1806
Das **Heiligen Römische Reich** erlischt.

Napolean Bonaparte

1807
Großbritannien verbietet den **Sklavenhandel.**

1815
Schlacht von Waterloo: Die Engländer besiegen Napoleon.

1822
Brasilien gewinnt seine Unabhängigkeit von Portugal.

1823
Mexiko wird Republik.

1830
In Frankreich führt die **Juli-Revolution** zur Gründung einer konstitutionellen Monarchie unter Louis Philippe I. Die Trikolore wird zur neuen Flagge.

1837
Königin Victoria besteigt den englischen Thron.

1799
Der **Stein von Rosette** wird nahe des Ortes Rosette im Nildelta entdeckt; er ermöglichst die Entzifferung der ägyptischen Hieroglyphen.

1800–50
Zeitalter der **Romantik** in der europäischen Kunst und Literatur.

1808
Während der **Napoleonischen Kriege** berichten erstmals Kriegskorrespondenten über den Krieg in Zeitungen.

1818
Mary Shelley veröffentlicht *Frankenstein;* viele halten das Buch für den ersten Science-Fiction-Roman.

Arc de Triomphe

1835
Der **Arc de Triomphe** wird in Paris gebaut.

1840
Der Belgier Adolphe Sax erfindet das **Saxofon.**

1845
Uraufführung von **Richard Wagners *Tannhäuser*** an der Semperoper in Dresden.

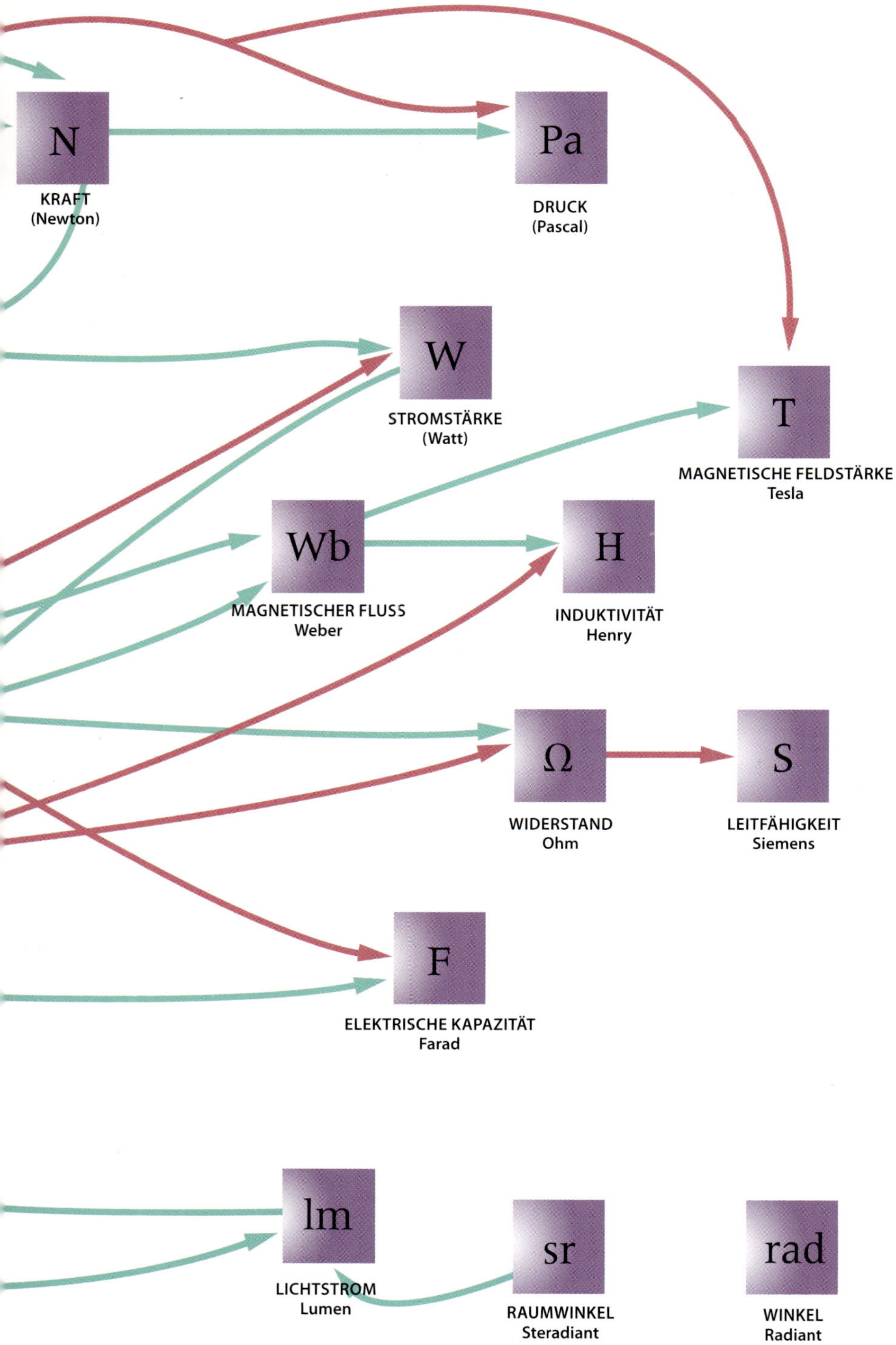

Konstanten

DIE ERFORSCHUNG UND VERMESSUNG DES UNIVERSUMS FÖRDERTE EINIGE UNVERÄNDERLICHE GRÖSSEN ZUTAGE, die sich niemals ändern – ganz gleich, auf welchen Ort im Universum sie sich beziehen (so glauben wir zumindest bisher).

Die physikalischen Konstanten bilden gleichsam die „Verdrahtung" des Universums – sie sind unveränderlich und verbinden zugleich sämtliche Facetten der Natur zu einem unglaublich dynamischen Universum. Einige sind Proportionalitätskonstanten – sie verbinden einzelne Komponenten untereinander, z. B. das große G (die Konstante im Gravitationsgesetz) oder die Plancksche Konstante (die die Energie mit der Strahlungsfrequenz koppelt). Andere bilden einfach fundamentale Größen – etwa das Elektron oder die Lichtgeschwindigkeit. Die Tabelle rechts ist u. U. nicht ganz leicht zu verstehen, aber so sind nun einmal die physikalischen Zahlen und Werte in Formeln definiert.

Christiaan Huygens

1678
Christiaan Huygens begründet die Wellentheorie des Lichts.

1687
Isaac Newton formuliert in seinen *Principia* die Grundgesetze der Bewegung und der universellen Gravitation.

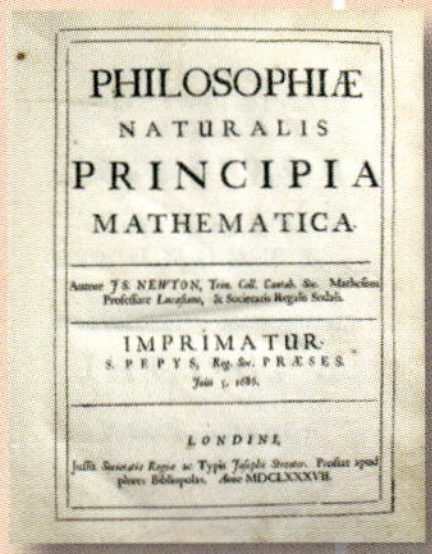

PHILOSOPHIÆ
NATURALIS
PRINCIPIA
MATHEMATICA

IMPRIMATUR

LONDINI

Newtons Principia

hoek zufällig Mikroorganismen – Grundlage der Mikrobiologie und Bakteriologie.

1675
Leibniz' Überlegungen zur Logik führen zur **Dyadik,** Grundlage der modernen Computertechnik.

1680
Der (flugunfähige) Vogel **Dodo** stirbt aus.

1682
Peter der Große wird Kaiser von Russland.

Peter der Große

1683
Das **Osmanische Reich** erreicht seinen Höhepunkt an Ausdehnung und Macht.

Der Große Brand von London

1704
Newton entwickelt, im Widerspruch zu **Huygens,** seine Teilchentheorie des Lichts.

1714
Daniel Gabriel Fahrenheit entwirft die nach ihm benannte Temperatur-Skala.

1730
Stephen Gray kann experimentell nachweisen, dass es Materialien gibt, die Elektrizität leiten und solche, die isolierend wirken.

1745
Pieter van Musschenbroek entwickelt die „Leidener Flasche", ein einfacher Kondensator, der elektrische Energie speichern kann.

Leidener Flasche

1762
Joseph Black untersucht die sogenannte latente Wärme, Energie, die aufgenommen oder abgegeben wird, wenn ein Stoff von einem Aggregatzustand in einen anderen übergeht.

1771
Luigi Galvani entdeckt, dass Froschschenkel unter dem Einfluss von Elektriziät kontrahieren.

1780
Antoine Lavoisier und **Pierre-Simon Laplace** beschreiben Wärme als eine messbare Substanz, die sie *Caloricum* nennen. Das von ihnen entwickelte Kalorimeter dient der Wärmemessung.

1701
Jethro Tull erfindet die Sämaschine und schafft so die Voraussetzungen für eine Revolution der Landwirtschaft.

1705
Edmund Halley berechnet die Umlaufzeit des Kometen, der jetzt seinen Namen trägt und gemäß seinen Berechnungen zu sehen ist.

1729 **Newtons** *Principia* erscheinen in englischer Sprache.

Isaac Newton

1735
Carl von Linné entwickelt das erste vollständige System zur Klassifizierung von Lebewesen.

1750er
In England beginnt die **industrielle Revolution.**

1752
Benjamin Franklin lässt während eines Gewitters einen Drachen fliegen und erfindet den Blitzableiter.

1757
Der **Sextant** wird erfunden, ein Navigationsgerät für die Berechnung von Breitengraden.

1764
James Watt entwickelt die erste Dampfmaschine.

James Watt

1707
England und **Schottland** werden formal unter dem Namen Großbritannien vereint.

1714
König Georg I. aus dem Hause Hannover besteigt den britischen Thron.

1748
Platin wird aus Südamerika importiert.

1755
Beim **Erdbeben von Lissabon** sterben etwa 30 000 Menschen.

Das Erdbeben von Lissabon

1767
James Cook erforscht Australien.

1775–83
Amerikanischer Unabhängigkeitskrieg.

1709
Das originale **Eau de Cologne** wird erstmals hergestellt.

1729
In England entsteht der **Methodismus** bzw. die Methodistische Kirche.

1749–1832
Leben **Johann Wolfgang von Goethes.**

1744
In London veranstaltet das Auktionshaus **Sotheby's** seine erste Versteigerung.

1750–1820
Epoche der europäischen **Klassik in der Musik,** namhafte Vertreter sind u. a. Joseph Haydn, Wolfgang Amadeus Mozart und Ludwig van Beethoven.

Mozart

1768
König Georg III. gründet die **Royal Academy of Arts** in London.

1780er
Goethe und Schiller schreiben Klassiker der Weltliteratur.

Universelle Konstanten

Physikalische Größe	Einheitenzeichen	Wert	Relative Standard-unsicherheit
Lichtgeschwindigkeit im Vakuum	C	299 792 458 $\mathrm{m \cdot s^{-1}}$	definiert
Newtonsche Gravitationskonstante	G	$6{,}67384(80)\times 10^{-11}\ \mathrm{m^3 \cdot kg^{-1} \cdot s^{-2}}$	$1{,}2 \times 10^{-4}$
Plancksche Konstante	h	$6{,}626069\ 57(29) \times 10^{-34}\ \mathrm{J \cdot s}$	$4{,}4 \times 10^{-8}$
reduzierte Planksche Konstante	$\hbar = h/(2\pi)$	$1{,}054571726(47) \times 10^{-34}\ \mathrm{J \cdot s}$	$4{,}4 \times 10^{-8}$

Elektromagnetische Konstanten

Physikalische Größe	Einheitenzeichen	Wert (SI-Einheiten)	Relative Standard-unsicherheit
magnetische Feldkonstante (Vakuumpermeabilität)	μ_0	$4\pi \times 10^{-7}\ \mathrm{N \cdot A^{-2}} = 1{,}256637061... \times 10^{-6}\ \mathrm{N \cdot A^{-2}}$	definiert
elektrische Feldkonstante (Vakuumpermittivität)	$\mu_0 = 1/\ (\mu_0 c^2)$	$8{,}854187817... \times 10^{-12}\ \mathrm{F \cdot m^{-1}}$	definiert
charakterist. Scheinwiderstand	$Z_0 = \mu_0 c$	$376{,}730313461...\ \Omega$	definiert
Coulomb-Konstante	$k_e = 1/4\pi\varepsilon_0$	$8{,}987551787... \times 10^{9}\ \mathrm{N \cdot m^2 \cdot C^{-2}}$	definiert
Elementarladung	e	$1{,}602176565(35) \times 10^{-19}\ \mathrm{C}$	$2{,}2 \times 10^{-8}$
Bohrsches Magneton	$\mu_B = e\hbar/2m_e$	$9{,}27400968(20) \times 10^{-24}\ \mathrm{J \cdot T^{-1}}$	$2{,}2 \times 10^{-8}$
Leitwertquantum	$G_0 = 2e^2/h$	$7{,}7480917346(25) \times 10^{-5}\ \mathrm{S}$	$3{,}2 \times 10^{-10}$
inverses Leitwertquantum	$G_0^{-1} = h/2e^2$	$12906{,}4037217(42)\ \Omega$	$3{,}2 \times 10^{-10}$
Josephson-Konstante	$K_J = 2e/h$	$4{,}83597870(11) \times 10^{14}\ \mathrm{Hz \cdot V^{-1}}$	$2{,}2 \times 10^{-8}$
magnetisches Flussquantum	$\emptyset_0 = h/2e$	$2{,}067833758(46) \times 10^{-15}\ \mathrm{Wb}$	$2{,}2 \times 10^{-8}$
Kernmagneton	$\mu_N = e\hbar/2m_p$	$5{,}05078353(11) \times 10^{-27}\ \mathrm{J \cdot T^{-1}}$	$2{,}2 \times 10^{-8}$
Von-Klitzing-Konstante	$R_K = h/e^2$	$25812{,}8074434(84)\ \Omega$	$3{,}2 \times 10^{-10}$

Atomare und Nuklearkonstanten

Physikalische Größe	Einheitenzeichen	Wert (SI-Einheiten)	Relative Standard-unsicherheit
Bohrscher Radius	$a_0 = \alpha/4\pi R_\infty$	$5{,}2917721092(17) \times 10^{-11}\ \mathrm{m}$	$3{,}2 \times 10^{-9}$
klassischer Elektronenradius	$r_e = e^2/4\pi\varepsilon_0 m_e m^2$	$2{,}8179403267(27) \times 10^{-15}\ \mathrm{m}$	$9{,}7 \times 10^{-10}$
Elektronenmasse	m_e	$9{,}10938291(40) \times 10^{-31}\ \mathrm{kg}$	$4{,}4 \times 10^{-8}$
Fermische Kopplungskonstante	$G_F/(\hbar c)^3$	$1{,}166364(5) \times 10^{-5}\ \mathrm{GeV^{-2}}$	$4{,}3 \times 10^{-6}$
Feinstrukturkonstante	$\alpha = \mu_0\, e^2\, c/(2h) = e^2/(4\pi\varepsilon_0 \hbar c)$	$7{,}2973525698(24) \times 10^{-3}$	$3{,}2 \times 10^{-10}$
Hartree-Energie	$E_h = 2R_\infty hc$	$4{,}35974434(19) \times 10^{-18}\ \mathrm{J}$	$4{,}4 \times 10^{-8}$

Faradays Labor

1831
Michael Faraday zeigt, dass ein stromdurchflossener Leiter durch ein Magnetfeld in Bewegung versetzt werden kann. Umgekehrt induziert die Bewegung eines Leiters durch ein Magnetfeld elektr. Strom.

1842
Christian Doppler veröffentlicht seine Erkenntnisse zu dem nach ihm benannten Effekt: Wellenförmige Signale werden durch die Bewegung der Signalquelle in Relation zum Beobachter gestaucht bzw. gedehnt.

Julius von Mayer formuliert den Energieerhaltungssatz: Innerhalb eines geschlossenen Systems bleibt Energie erhalten und kann weder erzeugt noch vernichtet werden.

Joule-Apparat

1843
James Prescott Joule berechnet die Äquivalenz von Wärme und Arbeit.

1848
William Thomson (Lord Kelvin) führt die thermodynamische **Kelvin-Temperaturskala** ein, die bei 0 K, dem absoluten Nullpunkt, beginnt.

1849
Hippolyte Fizeau misst die Lichtgeschwindigkeit.

Bunsenbrenner

1861
Gustav Kirchhoff und **Robert Bunsen** nutzen die Spektroskopie, um chemische Elemente anhand der von ihnen ausgehenden Strahlungen zu identifizieren.

1865
Rudolf Clausius entwickelt mit dem Begriff der Entropie den Zweiten Hauptsatz der Thermodynamik, der besagt, dass sich Wärmeenergie nicht beliebig in andere Energieformen umwandeln lässt.

1829
Erfindung der **Nähmaschine.**

1837
Mit Ergänzungen zu Symbolen für Musik und Mathematik vollendet **Louis Braille** seine Schrift für Blinde.

1844
Morse versendet erstmals eine Nachricht mit dem von ihm entwickelten Telegrafen.

1845
Stephen Perry erfindet das Gummiband.

1850
Erstes **Unterwasserkabel** zwischen England und Frankreich.

Charles Darwin

1851
Das **Foucaultsche Pendel** liefert den Nachweis, dass sich die Erde tatsächlich dreht.

1855
Henry Bessemer entwickelt den Hochofen und hilft damit, die Kosten zur Herstellung von Stahl erheblich zu senken.

1859
Charles Darwin veröffentlicht *Über die Entstehung der Arten* und stellt seine Überlegungen zur Evolutionstheorie vor.

1859
Der **Verbrennungsmotor** wird erfunden.

1864
Louis Pasteur entdeckt das Verfahren der Pasteurisierung, durch das schonend Mikroben in einigen Flüssigkeiten wie etwa Milch abgetötet werden.

1866
Alfred Nobel erfindet Dynamit.

Gregor Johann Mendel veröffentlicht seine Gesetze über genetische Vererbung.

Königin Victoria

1839–42
Erster Opiumkrieg zwischen Großbritannien und China.

England beendet 1840 die Überführung von Verbrechern nach Australien.

1848
Jahr der Revolutionen in Europa mit Umwälzungen u. a. in Deutschland, Frankreich, Österreich-Ungarn und Italien.

1848–55
Kalifornischer Goldrausch.

1850ER
Großbritannien baut sein Reich auf und seine Einflusssphäre aus.

1850
Die **Weltbevölkerung** steigt auf etwa 1,1 Mrd. Menschen.

1856–60
Zweiter Opiumkrieg.

1861–5
Der **Amerikanischer Bürgerkrieg** führt zum Ende der Sklaverei in den USA.

Amerikanischer Bürgerkrieg

1861
Nach der Schlacht von Solferino wird die Hilfsorganisation **Rotes Kreuz** gegründet.

1865
Die Ausstellung von **Manets** *Olympia* führt zu einem riesigen Skandal.

Karl Marx

1848
Karl Marx und **Friedrich Engels** veröffentlichen *Das kommunistische Manifest.*

Die satirischen Zeitschriften *Kladderadatsch* und *Eulenspiegel* erscheinen erstmals.

1851
Der **Crystal Palace** wird für die Weltausstellung im Hyde Park errichtet. Später versetzt man ihn in den Süden Londons, wo er 1936 durch ein Feuer zerstört wird.

Crystal Palace

Basiseinheiten und abgeleitete Einheiten

BETRACHTEN WIR NUN EINMAL, WIE DIE PHYSIK MIT DEN VIER DIMENSIONEN DES UNIVERSUMS UMGEHT. Die nebenstehende Grafik zeigt die Beziehungen zwischen den Basiseinheiten und den abgeleiteten Einheiten auf etwas andere Art und Weise. Um sie zu verstehen, bedarf es der Beachtung einiger Regeln.

Alle Einheiten bestehen aus einer Kombination von Basiseinheiten. (Achtung: Das Mol wird nur zum Zählen von Mols eingesetzt!) Die blauen Linien zeigen an, dass eine Einheit multipliziert wird (x); die roten Linien zeigen eine Division an (÷). Die Anzahl der Pfeilspitzen gibt an, wie oft eine Multiplikation bzw. Division stattfindet.

Hier erkennt man auch, dass der Steradiant und der Radiant nicht durch Basiseinheiten definiert sind – denn beide sind dimensionslose Einheiten. Der Radiant ist ein Winkel, der für einen Kreisbogen benötigt wird, der dieselbe Länge wie der Kreisradius hat. Der Steradiant ist ein Raumwinkel – und zwar der Kegel einer Kugel, bei dem die Kegelbasis dem Quadrat des Kugelradius' entspricht.

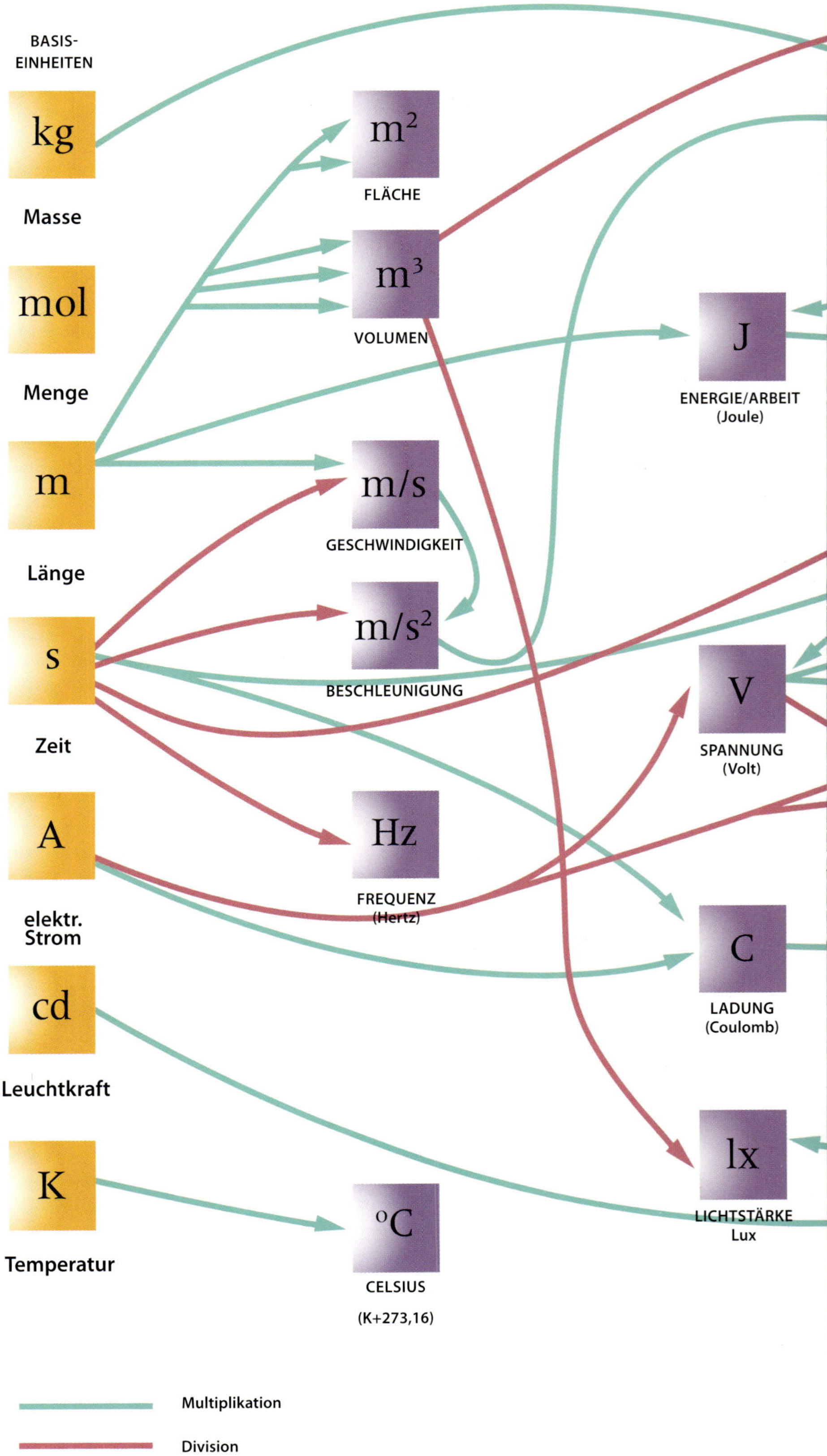

versums mit der Erde als Zentrum.

1528

Federik Grisogono erklärt die Gezeiten als Ergebnis einer vom Mond ausgehenden magnetartigen Kraft.

1543

Nikolaus Kopernikus entwirft das heliozentrische Weltbild: Die Erde ist ein sich um die eigene Achse drehender Planet, der die Sonne umkreist. Damit verwirft er den jahrhundertelang dominierenden Geozentrismus.

Nikolaus Kopernikus

1581

Galileo Galilei stellt fest, dass die Periode eines Pendels nicht von dessen Auslenkung oder Gewicht abhängig ist, sondern von dessen Länge.

1452–1519

Leben **Leonardo da Vincis,** des großen Künstlers und Wissenschaftlers.

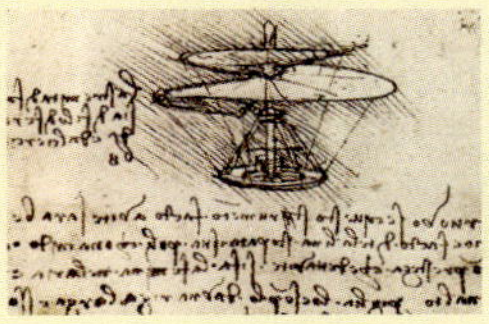

Seite aus Leonardos Notizbüchern

1581

Entwicklung der **ersten nichtlinearen Gleichungen.**

Durch Einführung der Variablen x und y gilt **François Viète** als Vater der Algebra.

1492

Kolumbus überquert den Atlantik. Die (blutige) Kolonialpolitik der Europäer in der Karibik und Amerika nimmt ihren Anfang.

1517

Luther veröffentlicht seine „95 Thesen", mit denen er die katholische Kirche angreift und der protestantischen Reformation Bahn bricht.

1526

Babur, ein Nachkomme Dschingis Khans, gründet das Reich der Mongolen in Indien.

1588

Die **spanische Flotte** versucht England einzunehmen, wird aber besiegt.

Spanische Armada

UM 1430–35

Donatelli schafft die erste freistehende Skulptur in Europa, zugleich die erste Aktfigur seit der Antike.

1438

Die Inkas errichten in Peru die Stadt **Machu Picchu** mit großartigen Steinmauern, Terrassen und Treppen.

UM 1503–06

Leonardo da Vinci (1452–1519) malt die *Mona Lisa.*

William Shakespeare

1564–1616

Leben des englischen Dramatikers **William Shakespeare.**

16. JAHRHUNDERT

Die Stadt **Timbuktu** in Mali etabliert sich als bedeutendes kulturelles Zentrum.

1569

Der Geograf und Kartograf **Gerhard Mercator** entwickelt die nach ihm benannte Karten-Projektion.

1600

William Gilbert beweist, dass die Erde ein riesiger Magnet ist und dass sich magnetische Objekte (z. B. Kompasse) nach dessen Polen ausrichten.

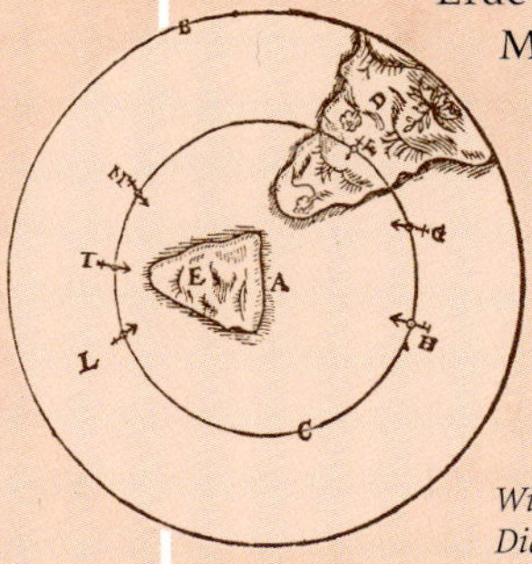

William Gilberts Diagramm

1621

Willebrord Snell entwickelt eine Formel, mit der man berechnen kann, wie Licht durch verschiedene Medien gebrochen wird.

Ein Diamant funkelt wegen der Lichtbrechung und der Reflexion.

1610

Galileo Galilei beschreibt erstmals astronomische Beobachtungen mit dem Fernrohr.

1614

John Napier entwickelt Logarithmen, die komplexe Multiplikationen und Divisionen auf einfache Additionen und Subtraktionen reduzieren.

Johannes Kepler formuliert drei Gesetze zur Planetenbewegung.

Galileo Galilei

1622

Der Engländer **William Oughtred** erfindet den Rechenschieber.

1603

Die Tokugawa begründen das **Tokugawa-Shogunat** (Edo-Zeit) in Japan.

1606

John Smith richtet Englands erste Kolonie in Nordamerika in Jamestown ein, sein Leben verdankt er der Indianerin Pocahontas.

1618–48

Dreißigjähriger Krieg.

Dreißigjähriger Krieg

1619

Erste **afrikanische Sklaven** werden nach Nordamerika in die Kolonien verschleppt.

Pilgrim Fathers

1620

Die **Pilgrim Fathers** wandern von England nach Amerika aus.

1624

Kardinal Richelieu wird Erster Minister Frankreichs.

UM 1600

Beginn des **Barock** in der Kunst durch Künstler wie Caravaggio und Rubens.

1632–35

Der Großmogul Shah Jahan lässt das **Tadsch Mahal** bauen.

Tadsch Mahal

Im Innern der Materie

SCHAUEN WIR UNS NUN DIE MATERIE AN, DEN STOFF, AUS DEM WIR MENSCHEN UND ALLES ANDERE, DAS WIR SEHEN KÖNNEN, BESTEHEN. Die schier unendlich vielen Substanzen sind allesamt aus einer Kombination von 90 Elementen gebildet (es gibt noch einige mehr, die hier vernachlässigt werden können). Jedes Element enthält eine eigene Art von Atom – mit jeweils spezifischen Eigenschaften.

Elemente können in Form reiner Substanzen vorkommen (wie Gold oder Sauerstoff); meistens aber verbinden sich ihre Atome mit einem oder mehreren anderen Elementen zu einer zusammengesetzten Substanz – und zwar im Zuge einer chemischen Reaktion. Die Art, wie Atome dabei reagieren, hängt von der jeweiligen Anzahl ihrer subatomaren Partikel ab.

Alle Materie kommt in einer der drei Grundformen vor. Ein Festkörper hat eine feste Gestalt; eine Flüssigkeit fließt und nimmt die Form ihres Behälters an; ein Gas passt sich ebenfalls der Form seines Behältnisses an, füllt dieses aber vollkommen aus. Jede Substanz kann in eine andere Form umgewandelt werden, durch Hinzufügung oder Wegnahme von kinetischer Energie, mit anderen Worten: indem sie erwärmt oder abgekühlt bzw. der Druck verändert wird.

Festkörper: Auf der Makroskala lassen sich Farbe, Form, Festigkeit und viele andere Eigenschaften bestimmen.

Kristall: Die Molekularstruktur erzeugt Eigenschaften auf der Makroskala.

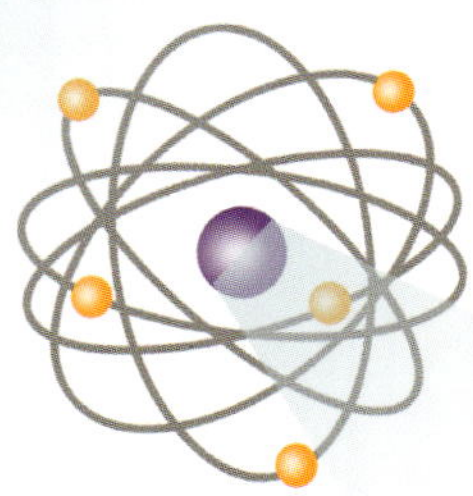

Atom: Die Anordnung der Elektronen in einem Atom bestimmt die chemischen Eigenschaften eines Elements und kontrolliert den Prozess der Molekülbildung.

Kern: Er setzt sich aus einer bestimmten Anzahl von Protonen und Neutronen zusammen (und macht z. B. beim Atom nahezu die gesamte Masse aus).

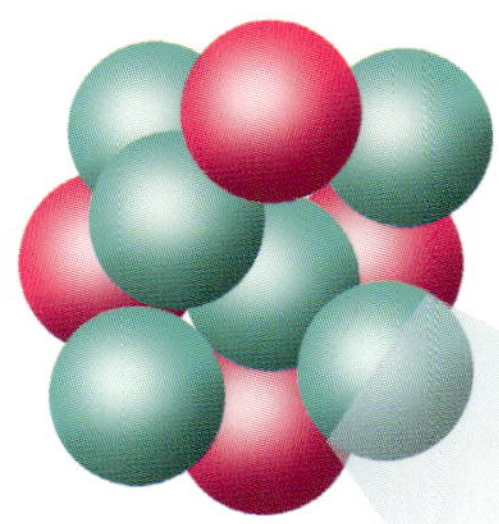

Quarks: Protonen und Neutronen setzen sich aus drei noch kleineren Partikeln zusammen, den Quarks. Sie bilden die fundamentalen Einheiten der Materie.

1638

Galileo veröffentlicht seine **Fallgesetze**; sie besagen u.a. dass der Fallweg eines Objekts proportional zum Quadrat der Fallzeit ist.

1644

Evangelista Torricelli entwickelt ein Quecksilberbarometer zur Messung des Luftdrucks.

1650

Otto von Guericke präsentiert seine Vakuumluftpumpe.

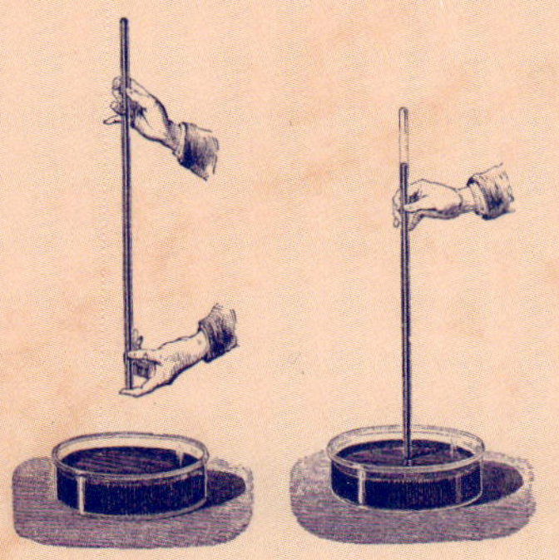

Torricellis Quecksilberbarometer

1660

Robert Hooke präsentiert sein Elastizitätsgesetz, das das proportionale Verhältnis zwischen der Verformung fester Körper und der auf sie einwirkenden Kräfte beschreibt.

1662

Robert Boyle und **Dennis Papin** nutzen Luftpumpen zur Erforschung von Gasen. Das nach Boyle benannte Gesetz besagt, dass der Gasdruck bei kor stanter Temperatur umgekehrt proportional zum Volumen ist.

Robert Boyle und Dennis Papin

1663

Die von **Otto von Guericke** entwickelte Schwefelkugel ist ein elektrostatischer Generator, der elektrische Energie durch Reibun mit der Hand erzeugt.

1642

Der 19-jährige **Blaise Pascal** erfindet eine mechanische Rechenmaschine.

Pascals Rechenmaschine

1650–1700

Das **Zeitalter der Aufklärung** beginnt, eine Epoche und Blütezeit der Vernunft.

1654

Pascal und **Fermat** begründen die Wahrscheinlichkeitsrechnung, um Aussagen über die Zukunft treffen zu können.

1660

Gründung der **Royal Society** in London.

Robert Boyle veröffentlicht *Der skeptische Chemiker;* die Abhandlung gilt als Wendepunkt von der Alchemie zur Chemie als Wissenschaft.

Antoni van Leeuwenhoek

1670

Erfindung von **Minutenzeigern** für Uhren.

1674

Mithilfe von ihm selbst geschliffener Linsen entdeckt **Antoni van Leeuwen-**

1638

Die **Folter** wird in England verboten.

1640

Portugal erklärt seine Unabhängigkeit.

1642–49

Englischer Bürgerkrieg zwischen den Gefolgsleuten Karls I. und dem Parlament, dem später Oliver Cromwell vorstand.

1642

Die Stadt **Montreal** wird in Kanada gegründet.

Oliver Cromwell

1644

Im Kaiserreich China endet nach fast drei Jahrhunderten die Ming-Dynastie, die von der **Mandschu-Dynastie** abgelöst wird; später wird deren Name in Qing-Dynastie geändert.

1650

Die **Weltbevölkerung** beträgt geschätzte 500 Millionen.

Die Anhänger des religiösen Predigers George Fox werden (zunächst spöttisch) als **„Quaker"** (Zitterer) bezeichnet.

1658

Eine staatliche Bank in Schweden gibt die **erste europäische Banknote** aus.

1660

Wiederherstellung der Monarchie: König Karl II. wird gebeten, die Geschicke des Landes zu leiten.

Karl II.

1661

Extreme Dürrejahre führen in Indien zu einer großen **Hungersnot.**

1665

In London bricht die **Pest** aus.

Die Große Pest von London

FRÜHE 1640ER

Meisterwerke **europäischer Künstler** wie Bernini, Rembrandt, Velásquez, Poussin und Teniers.

1644–1737

Leben des Geigenbaumeisters **Antonio Stradivari.**

1648

Porzellan aus Delft wird beliebt.

1664

Gründung des **Trappisten-Ordens** mit strengen Askeseregeln.

Delfter Porzellan

1666

Der **Große Brand von London** geht von der Pudding Lane aus, vier Tage lang brennt die Stadt, die Folgen sind verheerend: fast das gesamte mittelalterliche London wird zerstört, etwa 100 000 Menschen werden obdachlos.

1694

Gründung der **Bank of England.**

Konversionstabellen

Länge

Länge	Multiplikations-faktor	Maßeinheit
Millimeter	0,04	Zoll
Zentimeter	0,39	Zoll
Meter	3,28	Fuß
Meter	1,09	Yard
Kilometer	0,62	Meilen
Zoll	25,4	Millimeter
Zoll	2,54	Zentimeter
Fuß	30,48	Zentimeter
Yard	0,91	Meter
Meile	1,61	Kilometer

Mass and Weight

Masse und Gewichte	Multiplikations-faktor	Maßeinheit
Gramm	0,035	Unze
Gramm	0,032	Unze (apoth.)
Kilogramm	2,20	Pfund
Kilogramm	2,68	Pfund (apoth.)
Tonne (1000 kg)	1,10	Short ton (US-am.)
Unze	28,35	Gramm
Unze (apoth.)	31,10	Gramm
Pfund	0,45	Kilogramm
Pfund (apoth.)	0,37	Kilogramm
Short to" (US-am.)	0,91	(metrische) Tonne

Volumen

Volumen	Multiplikations-faktor	Maßeinheit
Milliliter	0,20	Teelöffel
Milliliter	0,07	Esslöffel
Milliliter	0,03	flüssige Unze
Liter	4,23	Cup
Liter	2,11	Pinte
Liter	1,06	Quart
Liter	0,26	Gallone
Kubikmeter	35,31	Kubikfuß
Kubikmeter	1,31	Kubikyard
Teelöffel	4,93	Milliliter
Esslöffel	14,79	Milliliter
flüssige Unze	29,57	Milliliter
Cup	0,24	Liter
Pinte	0,47	Liter
Quart	0,95	Liter
Gallone	3,79	Liter
Kubikfuß	0,03	Kubikmeter
Kubikyard	0,76	Kubikmeter

Geschwindigkeit

Geschwindigkeit	Multiplika-tionsfaktor	Maßeinheit
Meilen pro Stunde	1,61	km/Std.
Kilometer pro Stunde	0,62	m/h

Temperatur

Temperatur	Multiplika-tionsfaktor	Maßeinheit
Grad Fahrenheit	(°F–32)÷1,8	Grad Celsius
Grad Celsius	(°C 1,8)+32	Grad Fahrenheit

um 334 v. Chr.
Aristoteles ist der Auffassung, dass schwere Körper schneller zu Boden fallen als leichte.

325 v. Chr.
Pytheas konstatiert einen Zusammenhang von Ebbe und Flut mit den Mondphasen.

250 v. Chr.
Chinesische Philosophen glauben, dass fallende Körper sich mit konstanter Geschwindigkeit bewegen.

Archimedes

um 240 v. Chr.
Archimedes entwickelt das Prinzip der Hydrostatik und erklärt, weshalb Objekte schwimmen oder untergehen.

um 50 n. Chr.
Heron von Alexandria entwickelt die erste Wärmekraftmaschine; sie verwandelt Energie, die bei der Ausdehnung erwärmten Gases entsteht, in Bewegungsenergie.

Die Maschine des Heron von Alexandria

um 83 n. Chr.
In **China** werden Kompasse bestehend aus Magnetit und Nadeln benutzt; zuvor hatten Wahrsager solche Magneteisensteine für Weissagungen verwendet.

um 550
Johannes Philoponus nimmt an, dass die Bewegung eines Körpers als Ergebnis kontinuierlich auf ihn wirkender Impulse verstanden werden kann.

300 v. Chr.
Euklid veröffentlicht „Die Elemente", eine Abhandlung zum Stand der Mathematik bis zu seiner Zeit.

Euklid

270 v. Chr.
Aristarch stellt Platons geozentrischem Modell des Universums ein heliozentrisches gegenüber – mit der Sonne im Mittelpunkt des Sonnensystems. Seine Position findet kaum Zustimmung.

200 v. Chr.
Um Metallwaffen in China zu härten, verwendet man erstmals **Chrom.**

120 v. Chr.
Hipparchos teilt den Himmel in Längen- und Breitengrade; er zeigt, dass sich die Erde um ihre eigene Achse dreht und entdeckt die Gesetze der Präzession.

90–20 v. Chr.
Der römische Ingenieur und Architekt **Vitruv** schreibt ein 10-bändiges Werk über Architektur.

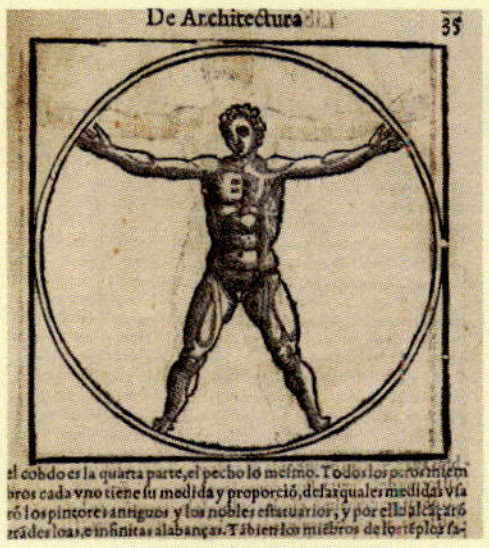

Vitruvs De Architectura

um 83 – um 161
Ptolemäus, der letzte der alten griechischen Astronomen, entwickelt die erste mathematische Erklärung zu den Veränderungen des Sonnensystems.

129 – um 216
Der griechische Arzt **Galen** gilt als Pionier für das Gebiet der Obduktion und medizinischer Experimente.

499
Der indische Mathematiker **Aryabhata** etabliert die Trigonometrie, das Konzept der Null und das System numerischer Gleichungen.

332 v. Chr.
Alexander gründet in Ägypten die Hafenstadt **Alexandria.**

221 v. Chr.
Der erste Kaiser des vereinigten China, **Qin Shihuangdi.** Er hinterließ der Nachwelt die berühmte Terrakotta-Armee.

215 v. Chr.
Die **Große Mauer** in China erreicht eine Länge von 2253 Kilometern.

Chinesische Mauer

211 v. Chr.
Hannibal überquert die Alpen – ihn begleiten Kriegselefanten – und greift erfolgreich Rom an, wird später aber selbst besiegt.

71 v. Chr.
Der Gladiator **Spartacus** ist Anführer eines Sklavenaufstands gegen Rom.

um 30
Jesus Christus wird gekreuzigt.

43
Die **Römer** dringen bis nach England vor.

um 45
Paulus verkündet in seinen Briefen wichtige Grundsätze der christlichen Lehre.

79
Der **Vesuv** bricht aus und begräbt mit seinem Ascheregen die römischen Städte **Pompeji** und **Herculaneum.**

um 300 v. Chr.
Basierend auf früheren Überlieferungen werden die **Schriften des Hinduismus** niedergeschrieben.

um 200 v. Chr.
Enstehung der Inschriften auf dem Stein von Rosette.

Stein von Rosette

264 v. Chr.
Austragung erster öffentlicher **Gladiatorenkämpfe.**

um 140 v. Chr.
Die griechische Statue der **Venus von Milo** entsteht.

43 n. Chr.
Gründung der **Stadt London.**

um 122
Die Römer errichten den **Hadrianswall.**

220
Nachweis erster **klassischer chinesischer Landschaftsbilder.**

250
In Südamerika beginnt das Zeitalter der **Maya.**

300
Die Stadt **Axum** in Äthiopien entsteht.

330
Konstantin der Große erklärt Byzanz zur Hauptstadt des Römischen Reiches und benennt es in Konstantinopel um.

365
Der **Leuchtturm von Alexandria** in Ägypten, eines der sieben Weltwunder, wird bei einem Erdbeben zerstört.

Elementarteilchen

Es besitzt ein Proton, das von einem Elektron umkreist wird – daher die Atomzahl 1. Rechts daneben folgt das Helium mit zwei Protonen und zwei Elektronen (Atomzahl 2). Die Atomzahl von Lithium ist 3, doch das dritte Elektron befindet sich ein wenig abseits von den anderen beiden; deshalb steht das Lithium in der zweiten Tabellenreihe bzw. Periode (daher der Name des Systems). Diese zweite Energieebene bietet Platz für insgesamt acht Elektronen und läuft daher weiter bis zum Neon (mit der Atomzahl 10) – vor Beginn der dritten Periode usw.

14	15	16	17	18
				2 He HELIUM 4,002602
6 C KOHLENSTOFF 12,0107	7 N STICKSTOFF 14,0067	8 O SAUERSTOFF 15,9994	9 F FLUOR 18,9984032	10 Ne NEON 20,1797
14 Si SILIZIUM 28,0855	15 P PHOSPHOR 30,973762	16 S SCHWEFEL 32,065	17 Cl CHLOR 35,453	18 Ar ARGON 39,948
32 Ge GERMANIUM 72,64	33 As ARSEN 74,9216	34 Se SELEN 78,96	35 Br BROM 79,904	36 Kr KRYPTON 83,798
50 Sn ZINN 118,71	51 Sb ANTIMON 121,76	52 Te TELLUR 127,6	53 I IOD 126,90447	54 Xe XENON 131,293
82 Pb BLEI 207,2	83 Bi BISMUT 208,9804	84 Po POLONIUM 209	85 At ASTAT 210	86 Rn RADON 222
114 Fl FLEROVIUM 289	115 Uup UNUNPENTIUM 289	116 Lv LIVERMORIUM 291	117 Uus UNUNSEPTIUM 294	118 Uuo UNUNOCTIUM 294

68 Er ERBIUM 167,259	69 Tm THULIUM 168,93421	70 Yb YTTERBIUM 173,054	71 Lu LUTETIUM 174,9668
100 Fm FERMIUM 257	101 Md MENDELEVIUM 258	102 No NOBELIUM 259	103 Lr LAWRENCIUM 262

Die nebenstehende Tabelle listet das gesamte Universum auf – von der Masse riesiger Schwarzer Löcher und interstellarer Gasnebel bis zum Licht und zu den Kräften, die sie zusammenhalten. Kaum zu glauben, das für all das nur eine Handvoll Partikel notwendig sind!

Das Standardmodell der Elementarphysik bietet die beste Beschreibung der Materie; es erfasst beinahe alles – Materie, Kräfte und Strahlungen – auf der Ebene von Partikeln und ihrer Interaktion, der Zu- und Abfuhr von Energie. (Um Bewegung zu verstehen, benötigen wir außerdem die Relativität – die lässt sich jedoch bisher noch nicht auf der Ebene subatomarer Teilchen beschreiben). Jedes Partikel weist eine spezifische Reihe von Quanteneigenschaften auf, die es einzigartig macht. Einige der hier aufgeführten Partikel sind nur theoretisch erfasst (vielleicht gibt es sie gar nicht?) – und viele andere sind bisher nur unvollständig beschrieben. Die wichtigsten sind die sogenannten Superpartner: Sie wurden bisher noch nie beobachtet – und im Licht der jüngsten Forschung scheint die Chance, dass sie tatsächlich existieren, eher zu schwinden. Ihre Idee entstammt der Theorie der Supersymmetrie (SUSY), die eine schemenhafte Verbindung zwischen Bosonen (Kräftepartikel) und Fermionen (Materiepartikel) annimmt, und zwar dahingehend, sich unter einer SUSY-Transformation ineinander umwandeln zu können – das Potenzial der Superpartikel!

Elementarteilchen

Partikel
BOSONEN (Kräfte)
Graviton
Photon
Gluon
EICHBOSONEN
W^+
W^-
Z^0
Higgs-Boson
FERMIONEN (Materie)
LEPTONEN, 1. GENERATION:
Elektron
Elektron-Neutrino
QUARKS, 1. GENERATION:
Up
Down
LEPTONEN, 2. GENERATION:
Muon
Muon-Neutrino
QUARKS, 2. GENERATION:
Charm
Strange
LEPTONEN, 3. GENERATION:
Tau
Tau-Neutrino
QUARKS, 3. GENERATION:
Top
Bottom

UM 1000
Der arabische Wissenschaftler **Alhazen** erforscht optische Phänomene und kann zeigen, dass das, was wir sehen, das Ergebnis von Lichtreflexionen ist, die von einem Objekt ausgehen.

1121
Der persische Physiker **Al-Khazini** vermutet, dass die Schwerkraft in Richtung des Mittelpunkts der Erde wirkt.

Averroës

UM 1150
Averroës definiert Kraft als die Arbeit, die notwendig ist, um die Bewegung eines Objekts zu verändern. Seine Ideen tragen zur Entwicklung einer Theorie der Trägheit bei.

1267
Roger Bacon untersucht die Eigenschaften der Vergrößerungslinsen.

1304
Dietrich von Freiberg erklärt, dass ein Regenbogen entsteht, indem das Sonnenlicht durch Regentropfen gebrochen und refektiert wird.

Regenbogen

1320
William von Ockham proklamiert das Parsimonitätsprinzip, das Prinzip der Sparsamkeit, auch als **Ockhams Rasiermesser** bekannt: die einfachsten Erklärungen, die mit den wenigsten Hypothesen auskommen, sind die mit dem größten Wahrheitsgehalt.

1350
Jean Buridan nimmt an, dass Verzögerungen nicht das Ergebnis sich abschwächender Impulse sind, sondern aus Gegenimpulsen resultieren.

1440
Nikolaus von Kues widerspricht der Vorstellung eines begrenzten Uni-

1088
Shen Kuo fasst in seinem umfangreichen Werk chinesisches Wissen etwa zum Magnetkompass und den beweglichen Drucktypen zusammen.

Leonardo Fibonacci

1202
Leonardo Fibonacci führt die arabischen Ziffern, die Dezimalstelle und das Konzept der Null in Europa ein.

Gutenbergs Werkstatt

1440
Johannes Gutenberg erfindet den modernen Buchdruck in Europa.

Cosimo de Medici gründet nach dem Athener Vorbild von Platon eine Akademie in Florenz.

410
Westgotische Krieger unter **Alarichs** Führung plündern Rom.

700–1200
Das **arabische goldene Zeitalter** hat seine Zentren in Bagdad und im spanischen Córdoba.

800
Krönung **Karls des Großen** zum ersten röm.-deutschen Kaiser.

UM 900
Polynesier erreichen die Küste Neuseelands.

Normannische Eroberer

1066
Die **Normannen** erobern England.

1128
Der christliche Kreuzritterorden der **Tempelritter** wird gegründet.

Dschinghis Khan

1147
Erste Erwähnung der Stadt **Moskau** in Russland.

1206
Unter **Dschingis Khan** bildet sich das **Mongolische Reich,** das auf dem Höhepunkt seiner Macht von Mitteleuropa bis China reicht.

1215
Besiegelung der **Magna Charta,** eine Proklamation der politischen Grundrechte.

1337
Beginn des **Hundertjährigen Krieges** zwischen England und Frankreich.

Der „schwarze Tod"

1348–50
Die **Beulenpest** tötet wahrscheinlich 75 Mio. Menschen in Europa.

1356
Mit der **„Goldenen Bulle"** regelt Kaiser Karl IV. Wahl und Krönung deutsch-römischer Könige.

1453
Die **Osmanen** erobern Konstantinopel. Das Byzantinische Reich endet wenig später.

690–91
Der **Felsendom,** das älteste islamische Bauwerk, wird in Jerusalem errichtet.

Der Felsendom in Jerusalem

UM 800
Die **ersten Burgen** entstehen in Europa.

1136
Beginn des Zeitalters der **Gotik.**

Kathedrale von Rheims

Angkor Wat

12. JAHRHUNDERT
Der Tempel-Komplex von **Angkor Wat** wird in Kambodscha errichtet.

1300
Die Bewohner der ***Osterinseln*** beginnen riesige Statuen herzustellen.

1325
Azteken gründen die Stadt **Tenochtitlán** (an der Stelle des heutigen Mexico City).

UM 1380
In Japan entsteht das **Nō-Theater**.

1402
Die Bauarbeiten zur **Verbotenen Stadt** in Peking beginnen.

Periodensystem

DAS PERIODENSYSTEM STELLT DIE ELEMENTE IN EINER ART UND WEISE DAR, DIE IHRE JEWEILIGEN EIGENSCHAFTEN UNMITTELBAR VERDEUTLICHT. Um das System zu verstehen, bedarf es der Beachtung nur weniger Regeln.

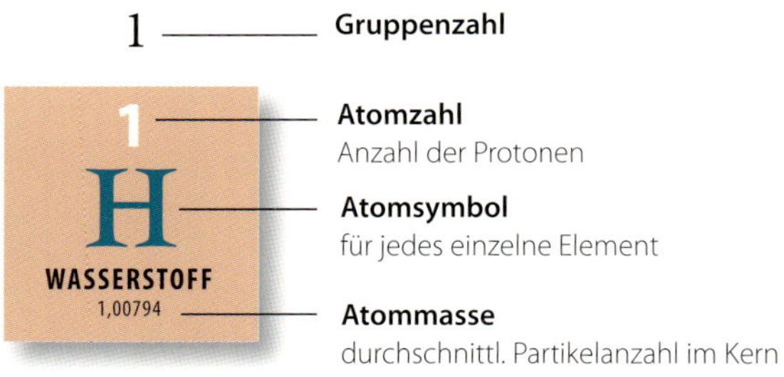

Das Periodensystem stellt Gruppen von Elementen nach physikalischen und chemischen Eigenschaften zusammen – d. h. danach, wie sie reagieren. Die Atome aller Elemente enthalten in ihrem Kern Protonen (i. d. R. auch Neutronen), die von leichteren Elektronen „umkreist" werden. Die Elektronen sind für die chemische Reaktion verantwortlich – sie diktieren, wie ein Element reagiert und sich mit anderen verbindet. Jedes Element weist eine bestimmte Anzahl von Protonen und eine gleiche Anzahl von Elektronen auf. Entlang dieser atomaren Struktur ist das Periodensystem aufgebaut. Es beginnt oben links mit dem Wasserstoff, dem leichtesten und einfachsten Atom:

- Alkalimetalle
- Erdalkalimetalle
- Übergangsmetalle
- Halbmetalle (Metalloide)
- Übergangselemente
- andere Nichtmetalle
- Halogene
- Edelgase
- Lanthanoide
- Actinoide
- Radioaktive
- Au Festkörper
- He Gase
- Br Flüssigkeiten
- Mt synthet. Stoffe

1	2	3	4	5	6	7	8	9	10	11	12	13
1 H WASSERSTOFF 1,00794												
3 Li LITHIUM 6,941	4 Be BERYLLIUM 9,012182											5 B BOR 10,811
11 Na NATRIUM 22,98976928	12 Mg MAGNESIUM 24,305											13 Al ALUMINIUM 26,9815386
19 K KALIUM 39,0983	20 Ca CALCIUM 40,078	21 Sc SCANDIUM 44,955912	22 Ti TITAN 47,867	23 V VANADIUM 50,9415	24 Cr CHROM 51,9961	25 Mn MANGAN 54,938045	26 Fe EISEN 55,845	27 Co KOBALT 58,933195	28 Ni NICKEL 58,6934	29 Cu KUPFER 63,546	30 Zn ZINK 65,38	31 Ga GALLIUM 69,723
37 Rb RUBIDIUM 85,4678	38 Sr STRONTIUM 87,62	39 Y YTTRIUM 88,90585	40 Zr ZIRKON 91,224	41 Nb NIOB 92,90638	42 Mo MOLYBDÄN 95,96	43 Tc TECHNETIUM 98	44 Ru RUTHENIUM 101,07	45 Rh RHODIUM 102,9055	46 Pd PALLADIUM 106,42	47 Ag SILBER 107,8682	48 Cd KADMIUM 112,411	49 In INDIUM 114,818
55 Cs CAESIUM 132,9054519	56 Ba BARIUM 137,327	57-71 La-Lu LANTHANIDEN	72 Hf HAFNIUM 178,49	73 Ta TANTAL 180,94788	74 W WOLFRAM 183,84	75 Re RHENIUM 186,207	76 Os OSMIUM 190,23	77 Ir IRIDIUM 192,217	78 Pt PLATIN 195,084	79 Au GOLD 196,966569	80 Hg QUECKSILBER 200,59	81 Tl THALLIUM 204,3833
87 Fr FRANCIUM (223)	88 Ra RADIUM (226)	89-103 Ac-Lr ACTINIDEN	104 Rf RUTHERFORDIUM 267	105 Db DUBNIUM 270	106 Sg SEABORGIUM 271	107 Bh BOHRIUM 274	108 Hs HASSIUM 277	109 Mt MEITNERIUM 278	110 Ds DARMSTADTIUM 281	111 Rg ROENTGENIUM 281	112 Cn COPERNICIUM 285	113 Uut UNUNTRIUM 286

57 La LANTHAN 138,90547	58 Ce CERIUM 140,116	59 Pr PRASEODYM 140,90765	60 Nd NEODYM 144,242	61 Pm PROMETHIUM 145	62 Sm SAMARIUM 150,36	63 Eu EUROPIUM 151,964	64 Gd GADOLINIUM 157,25	65 Tb TERBIUM 158,92535	66 Dy DYSPROSIUM 162,5	67 Ho HOLMIUM 164,93032
89 Ac ACTINIUM (227)	90 Th THORIUM 232,03806	91 Pa PROTACTINIUM 231,03588	92 U URAN 238,02891	93 Np NEPTUNIUM 237	94 Pu PLUTONIUM 244	95 Am AMERICIUM 243	96 Cm CURIUM 247	97 Bk BERKELIUM 247	98 Cf CALIFORNIUM 251	99 Es EINSTEINIUM 252

ZEITTAFEL, GESCHICHTE DER PHYSIK

600 v. Chr. – 599 n. Chr.

Physik

um 585 v. Chr.
Für **Thales von Milet** besteht das Universum aus verschiedenen Formen von Wasser; er untersucht die Eigenschaften von Magneten und von statischer Elektrizität. Er ist einer der ersten Philosophen, der für Naturerscheinungen keine übernatürlichen Erklärungen sucht.

Thales von Milet

500 v. Chr.
Die **Pythagoräer** halten die Erde für eine Sphäre.

460er-Jahre v. Chr.
Die Denker der Antike glauben, dass die Welt aus wenigen fundamentalen Substanzen besteht; die auf **Empedokles** zurückgehende klassische griechische Weltsicht nimmt an, dass es vier dieser Urstoffe gibt: Erde Feuer, Wasser und Luft.

um 445 v. Chr.
Für **Leukipp** besteht das Universum aus unteilbaren Einheiten, den Atomen; sein Schüler Demokrit führt die Theorie des Atomismus weiter aus.

Wissenschaft Erfindungen

600 v. Chr.
Seit etwa vier Jahrhunderten benutzen **Chinesen** Pinsel für ihre kalligrafischen Arbeiten. Und seit etwa drei Jahrhunderten verwenden Mathematiker in Indien das Konzept der Zahl Null.

um 600 v. Chr.
Herodot zufolge segelten die Phönizier als Erste rund um Afrika.

450 v. Chr.
Künstler und Architekten greifen bei ihren Berechnungen erstmals auf den **Goldenen Schnitt** zurück.

um 400–340 v. Chr.
Die chinesischen Astronomen **Gan De** und **Shi Shen** legen das erste bekannte Sternenverzeichnis an; es umfasst mehr als 100 Konstellationen.

Aristoteles

350 v. Chr.
Aristoteles fügt den bekannten vier Elementen ein fünftes hinzu, den Äther; er beschreibt ihn als Element, das das Universum ausfüllt.

In Indien werden erstmal **Niederschlagsmessungen** vorgenommen.

Weltgeschichte

um 563–483 v. Chr.
Leben des Prinzen **Gautama Siddhartha,** des Gründers des Buddhismus.

um 551–479 v. Chr.
Leben des **Konfuzius,** dessen Philosophie die Regierungen und die sozialen Verhältnisse in China, Japan, Korea und Vietnam über Jahrtausende maßgeblich prägen wird.

521–486 v. Chr.
Darius der Große herrscht über das riesige Persische Reich.

490 v. Chr.
Die Griechen besiegen die Perser bei **Marathon.**

480 v. Chr.
Die Perser besiegen **Sparta** in der Schlacht bei den Thermopylen.

um 460 v. Chr.
Geburt des **Hippokrates,** des „Vaters der Medizin". Sein Eid gilt als erste grundlegende Formulierung ärztlicher Ethik.

Hippokrates

um 400 v. Chr.
Blützeit der **Maya** in Südamerika und der **Zapoteken** in Mittelamerika.

336 v. Chr.
Alexander der Große beginnt seine Eroberungskriege. Sein Reich umfasst schließlich Persien, Palästina, Ägypten und Teile Indiens. In Ägypten beendet er die Herrschaft der letzten Pharaonen.

Kultur

Akropolis

um 429 v. Chr.
Der **Akropolis**-Komplex in Athen wird vollendet.

um 387 v. Chr.
Der Philosoph **Platon** gründet seine Akademie in Athen.

Platon

Kontext	Masse	Ladung	Spin	Stärke	Bereich	Beobachtet?	Superpartikel
Schwerkraft	0	0	2	10^{-38}	unendlich	nein	Gravitino
Elektromagnetismus	0	0	1	10^{-2}	unendlich	ja	Photino
starke Kraft	0	0	1	1	10^{-13}	indirekt	Gluino
schwache Kraft	80 000	1	1	10^{-13}	10^{-16}	ja	W+ Wino
schwache Kraft	80 000	-1	1	10^{-13}	10^{-16}	ja	W– Wino
schwache Kraft	91 000	0	1	10^{-13}	10^{-16}	ja	Zino
schwache Kraft	> 78 000	0	0	[?]	[?]	ja	Higgsino
radioaktiver Zerfall	0,51	–1	1/2	k. A.	k. A.	ja	Selektron
atomare Struktur	0?	0	1/2	k. A.	k. A.	ja	Elektron-Sneutrino
Atomkerne	5	2/3	1/2	k. A.	k. A.	indirekt	Up-Squark
Atomkerne	9	–1/3	1/2	k. A.	k. A.	indirekt	Down-Squark
	106	–1	1/2	k. A.	k. A.	ja	Muon-Slepton
	~0	0	1/2	k. A.	k. A.	ja	Muon-Sneutrino
	1 400	2/3	1/2	k. A.	k. A.	indirekt	Charm-Squark
	170	–1/3	1/2	k. A.	k. A.	indirekt	Strange-Squark
	1 784	–1	1/2	k. A.	k. A.	ja	Tau-Slepton
	> 35	0	1/2	k. A.	k. A.	ja	Tau-Sneutrino
	174 000	2/3	1/2	k. A.	k. A.	indirekt	Top-Squark
	4 400	–1/3	1/2	k. A.	k. A.	indirekt	Bottom-Squark

Probl I

Investiganda est curva Linea ADB
qua grave a dato quovis puncto A
datum quodvis punctum B vi grav
suæ citissime descendet

Solutio.

À dato puncto A ducatur recta in
et super eadem recta describatur li
(ducta et si opus est producta) occurr
ADC cujus basis et altitudo sit ad
spective ut AB ad AQ. Et hæc
punctum B et erit Curva illa li
ad punctum B vi gravitatis suæ.